高等学校公共基础课系列教材

大 学 物 理

（上册）

主　编　侯兆阳　王晋国

副主编　柯三民　王　真　高全华

西安电子科技大学出版社

内 容 简 介

　　本书是为适应当前教学改革的需要，根据教育部高等学校物理基础课程教学指导分委员会制定的"非物理类理工学科大学物理课程教学基本要求"，结合编者多年的教学实践和教改经验编写而成的。

　　全书分为上、下两册。上册包括力学、热学；下册包括电磁学、波动光学和近代物理。本书除了介绍理工科普通物理教学大纲要求的基本内容外，还穿插介绍了物理学理论的发展历史和物理知识点在工程技术中的应用，并选编了将物理知识向当今科学前沿延伸的阅读材料，同时将课程思政元素融入物理知识的学习中。

　　本书可作为高等院校理工科非物理类专业以及经管类、文科相关专业的大学物理教材，也可作为物理爱好者的自学参考书。

图书在版编目(CIP)数据

大学物理. 上册/侯兆阳，王晋国主编. --西安：西安电子科技大学出版社，2024.5
ISBN 978 - 7 - 5606 - 7200 - 7

Ⅰ. ①大… Ⅱ. ①侯… ②王… Ⅲ. ①物理学—高等学校—教材 Ⅳ. ①O4

中国国家版本馆 CIP 数据核字(2024)第 051017 号

策　　划　刘小莉
责任编辑　刘小莉
出版发行　西安电子科技大学出版社(西安市太白南路 2 号)
电　　话　(029)88202421　88201467　　　邮　　编　710071
网　　址　www.xduph.com　　　　　　电子邮箱　xdupfxb001@163.com
经　　销　新华书店
印刷单位　陕西天意印务有限责任公司
版　　次　2024 年 5 月第 1 版　2024 年 5 月第 1 次印刷
开　　本　787 毫米×1092 毫米　1/16　印张 13.5
字　　数　316 千字
定　　价　37.00 元
ISBN 978 - 7 - 5606 - 7200 - 7/O

XDUP 7502001 - 1

＊＊＊如有印装问题可调换＊＊＊

前　言

　　物理学是研究物质的基本结构、基本运动规律以及基本相互作用的学科。物理学的基本理论早已渗透到自然科学的各个门类，应用于工程技术的不同领域。物理学所展现的认识论和方法论，在人类追求真理、探索未知世界的过程中，具有普遍意义。所以，物理学是整个自然科学和工程技术的基础。

　　大学物理课程是高等学校重要的基础理论课，在为学生打好必要的物理基础、培养学生的科学世界观、提高学生分析问题和解决问题的能力、增强学生探索精神和创新意识等方面具有其他课程不能替代的作用，在培养人才的科学素质方面具有非常重要的地位。

　　为了适应当前教育改革的需要，响应教育部"推进新工科建设与发展，开展新工科研究和实践"的号召，适应面向未来新技术和新产业发展的需要，推动理科基础向工科应用延伸，我们编写了这套教材。

　　本书的主要特色和创新点如下：

　　（1）将基础物理知识与新技术应用有机融合。每项高新技术的产生和发展都与物理学的发展密不可分，本书努力将基础物理知识与现代高新工程技术相结合。全书每章均选取一个合适的关键物理知识点，阐明它们在高新工程技术中的应用，实现理论与实际的有机融合。例如，在第 1 章质点运动学中，介绍完求解质点运动的两类常见问题后，又分析了其计算方法在北斗惯导小车中的应用；在第 3 章动量、能量和动量矩中，介绍完动量定理后，又分析了其在火箭飞行控制中的应用。通过将物理知识与实际工程技术融合，将理论与实际应用紧密连接起来，解决学生关心的"学物理有什么用"的问题，激发学生的学习兴趣。

　　（2）将基础物理知识向当今科学前沿延伸。在教育部高等学校物理基础课程教学指导分委员会制定的"非物理类理工学科大学物理课程教学基本要求"中提到，大学物理课程的基本内容是几十甚至几百年前就建立起来的理论体系，其中有些内容不免与现实脱节。为此，本书在每章主要内容的后面增加了延伸阅读，努力将本章的基础物理知识向当今科学前沿延伸。例如，第 4 章中增加了"从猫下落翻身到运动生物力学"阅读材料，第 5 章中增加了"非线性振动简介"阅读材料。这样可以使学生尽早接触前沿科学技术的发展脉搏和现代物理的前沿课题，具有鲜明的时代特色。

　　（3）将传统纸质教材与数字化资源有机结合。本书对每章中的关键点和较难的知识点都附有优秀教师的讲解视频，学生通过扫描知识点旁边的二维码可以随时观看讲课视频，另外在超星公司的学银在线平台（http://www.xueyinonline.com）开设了对应的"大学物理"在线开放课程，可供学生同步学习复用，从而帮助学生在学习过程中提高效率和兴趣，同时为教师开展工作丰富了教学手段。

（4）将课程思政元素融入物理知识的学习中。为了响应教育部"推动课程思政全程融入课堂教学"的号召，本书精心选择和组织教材内容，将课程思政元素融入物理知识的学习中。全书在每章主要内容的后面都增加了"科学家简介"一栏，介绍与本章物理知识密切相关的国内外知名物理学家，介绍他们的学习环境、成长经历和学术成就。例如，在第1章中，通过介绍伽利略的生平，让学生感受物理学家追求真理、实事求是的科学态度，以及不向宗教迷信势力妥协的高贵品质；在第3、4、6章中，通过介绍钱学森、钱伟长、邓稼先等人的生平，让学生感受科学家的爱国主义情怀。同时，在每章中引入我国物理学理论的发展和技术应用成果，如我国自主研制的"北斗导航系统""光学干涉绝对重力仪"等，以增强学生的民族自豪感，激发学生的爱国情怀。

（5）将物理理论处理的问题实际化。本书在每章的课后题中，除了常规的思考题和练习题外，还增加了一些接近实际情形、难度稍大的提升题，这类采用物理知识处理的问题与生活中的实际结果更接近，使物理理论指导工科实践的意义得到彰显，也有助于激发学生学习物理理论的兴趣。同时，本书提供了这类问题的详细解答过程，以及 MATLAB 程序实现代码，学生通过扫描二维码可以方便地自主学习。

本书由长安大学应用物理系教材编写组共同编写，侯兆阳、王晋国担任主编，柯三民、王真、高全华担任副主编。侯兆阳编写了绪论和第 1、2、3、9 章，王晋国编写了第 4、5、10、11 章，柯三民编写了第 6、12 章，王真编写了第 7、13 章，高全华编写了第 8、14 章。侯兆阳和王晋国对全书进行了校对和审定。长安大学应用物理系在线课程建设组提供了讲课视频资料。在本书的编写过程中，西安电子科技大学出版社刘小莉编辑给予了大力协助，在此表示诚挚的谢意。

由于时间仓促，编者水平有限，书中难免存在不足之处，敬请广大读者批评指正。

编　者

2024 年 1 月

目 录

第一篇 力 学

第二篇　热　　学

绪论　物理学导论

0.1　物理学的研究对象

物理学是研究物质结构和相互作用以及物质运动基本规律的学科，它是关于自然界最基本形态的科学。其研究范围十分广泛：空间尺度从比质子(10^{-15} m)更小的粒子(夸克)到目前可探测到的最远距离(10^{26} m)的类星体，包含的时间为从短到 10^{-25} s 的不稳定的粒子寿命到长达 10^{39} s 的质子寿命；空间尺度跨越 42 个数量级，时间范围跨越 65 个数量级；涉及的温度从接近绝对零度的低温，到热核反应的几亿摄氏度高温；速度从静止到运动速度的极限——光速。除研究物质的气、液、固三态外，物理学还研究等离子态、中子态等。

物质世界虽然在结构上纷繁多姿，在运动形式上变化多端，但它们间的相互作用只有四种基本形式，如表 0.1.1 所示。其中，强相互作用最强，引力相互作用最弱，它们相差达 10^{38} 倍。强相互作用和弱相互作用都是短程相互作用，它们只能在原子核半径以下的范围内起作用；引力相互作用是长程作用，在原子、分子及质量较小的物体范围中极其微弱，往往可忽略，但它在天体运动中是主要因素；电磁相互作用范围较大，在原子、分子和一般物体的尺度内它都起着重要作用，它是许多复杂作用的基础。

表 0.1.1　四种基本形式的相互作用

类型	强度	作用距离
强相互作用	10^2	短(10^{-15} m)
电磁相互作用	1	长
弱相互作用	10^{-11}	短(10^{-18} m)
引力相互作用	10^{-36}	长

0.2　物理学的发展简史

物理学的发展大致可以分成三个时期：公元 1600 年以前是物理学的萌芽期，1600—1900 年为经典物理学的建立时期，1900 年以后为近代物理产生和发展时期。

0.2.1　物理学的萌芽

早期的物理学含义非常广泛，它是人们在直觉经验的基础上探寻自然现象的一种哲理。中国作为发明了指南针、火药、造纸和印刷术的文明古国，在哲学思考上也很有研究。我国春秋战国时期的《墨经》是一本很古老的科学书籍，里面记载了许多关于自然科学问题的研究。其中有一句话"力，刑之所以奋也。"其中的"刑"即"形"，可解释为"物体"，"奋"可解释为"运动的加速度"，这与牛顿第二定律（$F=ma$）是有一定联系的。书中还记载：万物都是由"不可斫"的"端"（即"点"）所构成的。与之差不多同时代出现的古希腊"原子"说，是世界上关于物质组成问题的最早文字记载。

公元前 7—前 6 世纪，古希腊文化进入了一个繁荣时期，其杰出的代表人物——亚里士多德（Aristoteles，前 384—前 322 年）系统地研究了运动、空间和时间等自然科学方面的问题，并著有《物理学》《力学问题》《论天》及《玄学》等著作。physics 一词最早出现在《物理学》这本书中，它是从希腊文"自然"一词推演而来的。在古代欧洲，物理学一词是自然科学的总称，随着科学的发展，它的各部分才逐渐形成独立的学科，如天文学、生物学、地质学等。

17 世纪以前，在中国、古希腊、阿拉伯、印度、埃及和西欧诸国，人们虽然在生产实践和社会生活中，通过观察和思考积累了许多有关力学、光学、声学和电磁学方面的知识，但大部分没有形成系统的理论，也没有总结出有定量关系的、可以经过严格论证的物理定律，所以，和其他自然科学一样，物理学一直处于原始状态。

0.2.2　经典物理学的建立

在 16 世纪以后，科学空前发展并逐步建立了比较完整的系统理论。物理学先驱伽利略（Galileo，1564—1642 年）研究了落体和斜面运动，做了著名的比萨斜塔实验，发展了科学实验方法并提出了物质惯性等重要概念。17 世纪英国物理学家牛顿（Newton，1643—1727 年）在前人工作的基础上，于 1678 年发表了他的名著《自然哲学的数学原理》，在其中提出了牛顿三大定律，这成为经典力学的理论基石；后来他在开普勒（Kepler，1571—1630 年）提出的行星运动三定律的基础上，提出了万有引力定律。牛顿三大定律和万有引力定律是牛顿对物理学的两大杰出贡献。牛顿还是位数学家，他和莱布尼兹同时创立了微积分并应用于力学，使力学与数学不断结合。后来，欧拉（Euler，1707—1783 年）等人进一步使力学沿分析方向发展，建立了分析力学。至此，常速宏观物体的机械运动所遵循的规律——经典力学建立起来了。我们常把经典力学称为牛顿力学，它的建立被认为是第一次科学革命，牛顿也因此被誉为科学史上的一位巨人。

1850 年左右，在大量实验的基础上，人们确立了能量转化和守恒定律，其另一种表达形式是热力学第一定律。这一定律和进化论及细胞学说并列为当时的三大自然发现。在能量守恒的基础上，能量转化方向的研究促使 1851 年热力学第二定律建立。另外，对于低温的研究使人们于 1848 年了解到"绝对零度"即 −273℃ 是不可能达到的，这就是热力学第三定律。同时，物理学家意识到温度是热现象的基础，是一切热现象的出发点，应列入热力学定律。因为这时热力学第一、第二定律都已有了明确的内容和含义，有人提出这应该是第零定律。于是热力学形成了一个以四个热力学定律为基础的系统完整的体系。热学和热力学的微观理论是建立在原子-分子理论上的，19 世纪末期，从分子运动论逐渐发展到统计物理，建立了统计物理学。

从美国的富兰克林（Franklin，1706—1790 年）提出正、负电荷的概念，到英国的卡文迪许（Cavendish，1731—1810 年）精密地用实验证明了静电力与距离的平方成反比，再经过法国人库仑（Coulomb，1736—1806 年）的研究最后确立了静电学的基础——库仑定律，电学从此走上了定量研究的科学道路。电荷的流动显现为电流，电流会对周围产生磁的效应。英国物理学家法拉第（Faraday，1791—1867 年）于 1831 年发现并确立了电磁感应定律，这一划时代的发现是今天广泛应用电力的开端。19 世纪末，麦克斯韦（Maxwell，1831—1879 年）完整地总结了电和磁的联系，建立了微分形式的"麦克斯韦方程组"，该方程组的形式极为对称和优美，被誉为物理学上"最美的一首诗"，至此经典电磁学建立起来了。

17 世纪，人们对光的本质提出了两种假说：一种是牛顿的微粒说，它认为光是发光物体射出的大量的微粒；另一种是荷兰科学家惠更斯（Huygens，1629—1695 年）的波动说，它认为光是发光物体发出的波动。这两种学说曾展开了旷日持久的论战。开始由于牛顿在科学界的威望，以及光在均匀介质中的直线传播、折射与反射现象等实验的支持，微粒说占据有利地位；后来，随着光的干涉、衍射现象的发现，给波动说以强有力的支持；最后，由麦克斯韦确认了光实际上是一种电磁波，波动光学由此建立。

到 19 世纪末和 20 世纪初，经典物理学理论已经系统完整地建立起来了，包括力学、热力学、统计物理学、电磁学和光学，至此，经典物理学辉煌的科学大厦建立起来了。

0.2.3　近代物理学的产生和发展

经过力学、热力学、统计物理学、电磁学和光学各分支学科的迅猛发展，到 19 世纪末经典物理学看来似乎已经很完善了。英国物理学家开尔文（Kelvin，1824—1907 年）在著名的题为《遮盖在热和光的动力理论上的 19 世纪乌云》的演说中说："在已经基本建成的科学大厦中，后辈物理学家似乎只要做一些零碎的修补工作就行了；但是，在物理学晴朗天空的远处，还有两朵令人不安的乌云。"开尔文所说的一朵乌云指的是热辐射的"紫外灾难"，它冲击了电磁理论和统计物理学；另一朵乌云指的是迈克尔逊-莫雷实验的"零结果"，它否定了以太的存在。开尔文没料到，正是这两朵小小的乌云引发了物理学史上一场伟大的革命。

1905 年，著名物理学家爱因斯坦（Einstein，1879—1955 年）抛开绝对时间和绝对空间的概念，把革命的时空观引入物理学，成功地解释了迈克尔逊-莫雷实验，最终促使了相对论的建立。

1900 年，普朗克对黑体辐射的维恩公式和瑞利-金斯公式进行了修改，并做了一个大胆而有决定意义的假设：谐振子的能量不能连续取值，只能取一些分立值。所得公式与实验曲线符合得很好。普朗克对经典物理学中能量连续的观念进行了革命，提出了能量"量子化"的概念，圆满地解决了黑体辐射中"紫外灾难"的难题。爱因斯坦、康普顿、玻尔、德布罗意等物理学家将"量子化"的概念加以推广和应用，解释了许多经典物理学无法解释的实验现象，最终薛定谔和海森堡完成了数学表述，这样，一门新的学科——量子力学诞生了。

以相对论和量子力学为理论基础的近代物理学，把经典物理学作为一定条件下的近似理论而包含在自己的理论框架内。例如，它把牛顿力学作为相对论力学在低速情况下的近似；它把经典电磁理论发展成了电动力学；它把经典的统计热力学发展成了量子统计物理学。因此近代物理学实现了物理学上真正的大综合。

以相对论和量子力学为理论基础，物理学中的各个分支学科都获得了飞速的发展，例如出现了固体、能带结构理论、量子光学、原子和原子核物理学、凝聚态物理（包含超导、超流、表面、液晶等各种量子理论）、粒子物理、天体物理等；物理问题的研究由简单到复杂、由平衡到非平衡、由有序到无序、由线性到非线性方面转移，物理学正在向着更深、更广的方向发展。同时，物理学也更紧密地与各高新技术相联系，在促进生产力发展和社会进步方面发挥着更大的作用。

0.3　物理学对社会进步和科技发展的作用

物理学的发展始终是与人类的生产活动紧密相连的，物理学所研究的许多重大问题都是人类社会生活中当时迫切需要解决的问题。这些问题的解决一方面使物理学向前跨越了一步，同时往往使生产力得到了一次大解放。例如，18 世纪初，在实际生产中，为了提高蒸汽机的效率，许多物理学家和工程师研究关于热机效率的问题，其中卡诺定理的提出为提高热机效率指明了方向，同时也促进了热力学第二定律的发现；而蒸汽机的广泛应用大大提高了生产力，引起了人类历史上的第一次工业革命，使人类社会向前推进到了一个新阶段。又如，19 世纪后半叶，法拉第电磁感应定律的发现促成了电动机、发电机的产生，使劳动生产力得到了又一次大解放，电磁波的发现和应用使人类社会加速进入了电气化时代，从而形成了人类历史上的第二次工业革命。

20 世纪初，以相对论和量子力学理论为基础的近代物理学，彻底打破了人们旧的时空观念，揭示了微观粒子的运动规律，提出了一系列认识世界的新思想、新概念和新方法，大大增强了人们改造自然和创造新物质、新材料的能力，从而促使各种高新技术和产品大量涌现，对世界文明产生了不可估量的作用和深远影响。例如，量子力学建立后，研究人员以量子力学为基础发现了半导体的能带结构，阐明了半导体材料的导电机制。1947 年，肖克莱（Shockley，1910—1989 年）、巴丁（Bardeen，1908—1991 年）和布拉顿（Brattain，1902—1987 年）发明了第一只晶体管，从而促成了以计算机为代表的信息技术的发展。近代物理学的建立，不仅使物理学的各分支科学迅速实现现代化，同时也使自然科学中的其他学科如化学、生物学获得了巨大的进步。例如，物理学家克里克（Crick，1916—2004 年）和生物学家沃森（Watson，1928—）共同发现了生物遗传基因中的 DNA 双螺旋结构，由此揭开了现代分子生物学的新篇章。以分子生物学和量子生物学为基础的现代生物学和生物工程技术的崛起，正日益深刻地影响着人类社会生活的各个方面。

现在，人们已清楚地看到，物理学长期以来作为自然科学的带头学科，在过去的岁月中为人类社会和科学技术的发展做出了光辉灿烂的贡献；在未来，高度发展的现代物理学仍将在人类文明和科技进步中产生不可估量的影响。

0.4　矢　量　简　介

0.4.1　矢量和标量

物理学中我们经常会遇到两类物理量：一类物理量，如时间、质量、能量、温度等，只有大小和正负，而没有方向，这类物理量称为**标量**；另一类物理量，如位移、速度、力、动量等，既有大小又有方向，而且合成时遵从平行四边形运算法则，这类物理量称为**矢量**。矢量通常用黑体字母 **A** 或带有箭头的字母 $\vec{A}$ 来表示。作图时，常用有向线段表示（见图 0.4.1），线段的长度按一定比例表示矢量的大小，箭头的方向指向矢量的方向。

图 0.4.1　矢量的图示

矢量的大小叫作矢量的模。矢量 **A** 的模常用 $|A|$ 或 A 表示。如果矢量 e_A 的模等于 1，且 e_A 的方向与矢量 **A** 相同，则称 e_A 为矢量 **A** 方向上的单位矢量。引进单位矢量后，矢量 **A** 可表示为

$$A = Ae_A \tag{0.4.1}$$

把矢量在空间平移，矢量的大小和方向都不会改变，矢量的这一性质称为矢量的平移不变性，它是矢量的一个重要性质。

0.4.2　矢量的加减法

1．矢量相加

利用平行四边形求合矢量的方法叫作矢量相加的平行四边形法则。如图 0.4.2 所示，设有两矢量 **A** 和 **B**，将它们相加时，可将两矢量的起点交于一点，以这两个矢量为邻边作平行四边形，从两矢量的交点出发做平行四边形的对角线，此对角线即为 **A** 和 **B** 两矢量的和，用矢量式表示

$$C = A + B \tag{0.4.2}$$

C 称为合矢量，而 **A** 和 **B** 则称为矢量 **C** 的分量。因为平行四边形的对边平行且相等，所以两矢量合成的平行四边形法则可简化为三角形法则，如图 0.4.3 所示，将矢量 **A** 和 **B** 首尾相接，由 **A** 的起点到 **B** 的末端的量就是合矢量 **C**。

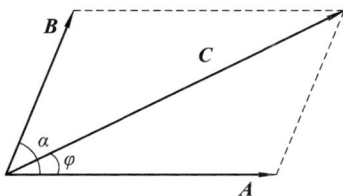

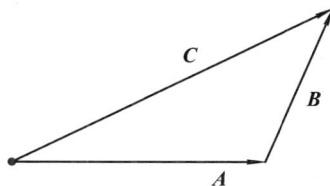

图 0.4.2　两矢量合成的平行四边形法则　　　图 0.4.3　两矢量合成的三角形法则

对于两个以上矢量相加，例如求 **A**、**B**、**C**、**D** 的合矢量 **R**，则可根据三角形法则，先求出其中两个矢量的合矢量，然后将该矢量与第三个矢量相加，求得三矢量的合矢量，以此类推，把所有相加的矢量首尾相连，然后由第一个矢量的起点到最后一个矢量的末端作一矢量，这个矢量就是它们的合矢量 **R**，如图 0.4.4 所示。这种求合矢量的方法称为矢量合成的多边形法则。

合矢量的大小和方向可通过计算求得。如图 0.4.5 所示，合矢量 **C** 的大小和方向为

$$C = \sqrt{A^2 + B^2 + 2AB\cos\alpha} \tag{0.4.3}$$

$$\varphi = \arctan\frac{B\sin\alpha}{A + B\cos\alpha} \tag{0.4.4}$$

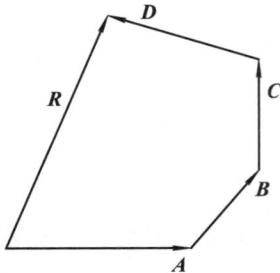

图 0.4.4　矢量合成的多边形法则　　　　图 0.4.5　两矢量合成的计算

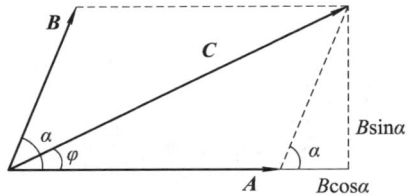

2. 矢量相减

两矢量 **A** 与 **B** 之差也是一矢量，用 **A**−**B** 表示。矢量 **A** 与 **B** 之差可写成量 **A** 与量 −**B** 之和，即

$$A - B = A + (-B) \tag{0.4.5}$$

如同两矢量相加一样，两矢量相减也可以采用平行四边形法则，如图 0.4.6(a)所示。由图 0.4.6(b)也可以看出，如两矢量 **A** 与 **B** 从同一点画起，则自 **B** 末端向 **A** 末端做一矢量，就是 **A** 与 **B** 之差 **A**−**B**。

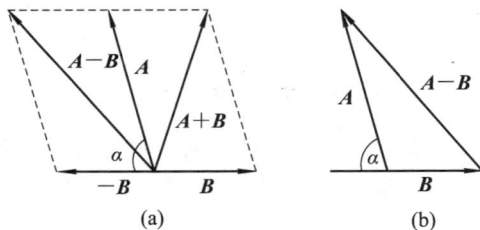

图 0.4.6　两矢量相减

求矢量差的大小和方向，仍可用式(0.4.3)和式(0.4.4)进行计算，但必须注意，这时角 α 是 **A** 与 −**B** 之间小于 π 的夹角。

3. 矢量的正交分解与合成

一个矢量可分解为几个分矢量。最常用的矢量分解是把一个已知矢量分解在两个或三个相互垂直的指定方向上，这种分解称为**正交分解**。如图 0.4.7 所示，取平面直角坐标系 OXY，矢量 **A** 在 x 轴和 y 轴上的分矢量 A_x、A_y 都是一定的，即

$$A = A_x + A_y \tag{0.4.6}$$

设沿 x、y 轴正方向的单位矢量分别为 **i**、**j**，则 $A_x = A_x i$，$A_y = A_y j$，其中

$$A_x = A\cos\alpha, \quad A_y = A\sin\alpha$$

于是式(0.4.6)可写成

$$A = A\cos\alpha\, i + A\sin\alpha\, j$$

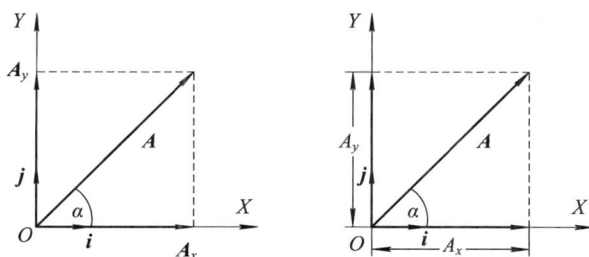

图 0.4.7　矢量在平面直角坐标系的正交分解

显然，矢量 $\boldsymbol{A}$ 的模为

$$A = \sqrt{A_x^2 + A_y^2}$$

矢量 $\boldsymbol{A}$ 与 x 轴的夹角 α 为

$$\alpha = \arctan \frac{A_y}{A_x}$$

运用矢量在直角坐标轴上的分量表示法，可以使矢量的加减运算简化。设平面直角坐标系内有矢量 $\boldsymbol{A}$ 和 $\boldsymbol{B}$，它们与 x 轴的夹角分别为 α 和 β，如图 0.4.8 所示，则矢量 $\boldsymbol{A}$、$\boldsymbol{B}$ 在两坐标轴上的分量可表示为

$$\begin{cases} A_x = A\cos\alpha \\ A_y = A\sin\alpha \end{cases} \quad 和 \quad \begin{cases} B_x = B\cos\alpha \\ B_y = B\sin\alpha \end{cases}$$

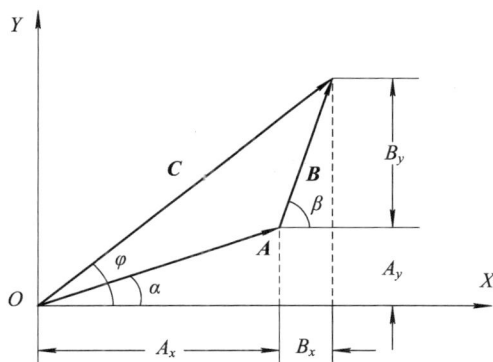

图 0.4.8　两矢量合成的解析法

由图 0.4.8 可知，合矢量 $\boldsymbol{C}$ 在两坐标轴的分量 C_x 和 C_y 与矢量 $\boldsymbol{A}$、$\boldsymbol{B}$ 的分量之间的关系为

$$\begin{cases} C_x = A_x + B_x \\ C_y = A_y + B_y \end{cases}$$

矢量的大小和方向由下式确定：

$$\begin{cases} C = \sqrt{C_x^2 + C_y^2} \\ \varphi = \arctan \dfrac{C_y}{C_x} \end{cases}$$

0.4.3　矢量的乘法

矢量具有大小和方向,因此,两矢量相乘也不像标量相乘那样简单。下面介绍两矢量相乘的两种方法:一种叫标积,另一种叫矢积。

1. 矢量的标积

两矢量 A、B 的标积是一个标量,其值等于两矢量的模 A、B 与它们之间夹角 α 的余弦的乘积,写作

$$A \cdot B = AB\cos\alpha$$

如图 0.4.9 所示,$A \cdot B$ 相当于 A 的大小与 B 沿 A 方向分量的积(或相当于 A 的大小与 B 沿 A 方向分量的乘积)。

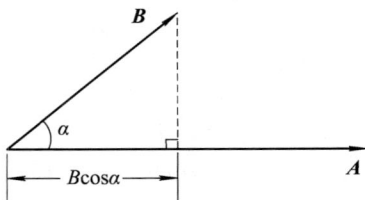

图 0.4.9　两矢量的标积

2. 矢量的矢积

两个矢量的矢积仍为一矢量,如图 0.4.10 所示,用 C 表示矢量 A 和 B 的积,写作

$$A \times B = C$$

矢量 C 的模为

$$C = AB\cos\alpha$$

其中,A、B 分别为矢量 A、B 的模,α 为 A、B 之间小于 180°的夹角。

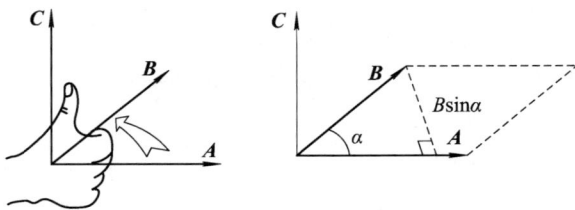

图 0.4.10　两矢量的矢积

矢量 C 的方向垂直于 A 和 B 所组成的平面,其指向可用右手螺旋法则确定,如图 0.4.10 所示。当右手四指从 A 经小于 180°的角转向 B 时,右手拇指的指向(即右旋前进的方向)就是 C 的方向,如果以 A 和 B 组成平行四边形的邻边,则 C 是这样一个矢量:它垂直于平行四边形所在的平面,其指向代表着此平面的正法线方向,而它的大小则等于平行四边形的面积。

第一篇 力 学

　　力学是物理学中历史最悠久、发展最完善的学科之一，它起源于公元前 4 世纪古希脂学者亚里士多德关于力产生运动的说法，以及我国《墨经》中关于杠杆原理的论述。力学发展成为一门系统的独立学科则是从 1687 年牛顿发表《自然哲学的数学原理》后开始的。牛顿在伽利略、笛卡儿、惠更斯等许多科学家研究的基础上，通过分析和总结，提出了著名的牛顿运动定律，奠定了经典力学的基础，因此经典力学也被称为牛顿力学。

　　中国古人在对各种原动力广泛而有效的利用和对各种简单机械的发明使用中，逐步发明了许多力学工具并积累了许多力学的经验知识。距今六千多年前，生活在西安东郊的半坡人巧妙地利用水的浮力和瓶子的重心作用制作的汲水尖底瓶具有自动汲水功能。在春秋战国时期，以《墨经》和《考工记》两本书为标志，中国古代力学达到了初步形成阶段。《墨经》中对力作了"力，重之谓下与重，奋也。""力，刑之所以奋也"的定义，这里"刑"同"形"，这两句话已经比较清楚地揭示了物体之所以下落是受到了力的作用以及力是物体运动变化的原因。《考工记》中对惯性也有明确的记载："劝登马力，马力既竭，辀犹能一取焉"。汉代的《尚书纬•考灵曜》提出了"地恒动不止，而人不知人；譬如人在大舟中，闭牖而坐，舟行而不觉也"的论点，它反映出古人已认识到了伽利略的相对性原理。古人也根据掌握的力学原理设计发明了许多仪器与建筑物，如战国时期李冰主持修建的都江堰、东汉张衡发明的地动仪、隋朝李春建成的赵州桥、北宋苏颂制作的水运仪象台等，无一不体现出古人对力已有了一定的理解与运用能力。但是总体来说在中国古代并没有出现一部专门的力学著作，力学知识只是散见于各种书籍之中。

　　力学的研究对象是物体的机械运动。在长期的发展过程中，它形成了严谨的理论体系和非常完备的研究方法，即通过对大量物理现象和实验事实的观察与分析，建立物理模型，然后通过严谨的数学演绎和逻辑推理做出推论和预言，并将这些推论和预言用实践进行检验，加以修改和完善。因此，力学被人们誉为最完美、最普遍的理论。直到 20 世纪初人们才发现力学在微观和高速运动领域存在一定的局限性，并逐渐被量子力学和相对论所取代。但是在一般的技术领域(如土木建筑、机械制造、水利设施等)，力学仍然是不可或缺的重要基础理论。

　　本篇主要介绍质点力学、刚体的定轴转动以及机械振动与机械波。

第 1 章   质 点 运 动 学

法国科学家笛卡儿曾说过："物质的全部花样或其形式的多样性都依靠于运动"。物质和运动是不可分割的两个概念，物质是运动的载体，运动是物质的存在形式之一。运动是绝对的，静止是相对的。

本章采用矢量和微积分的概念、运算和方法，主要研究描述质点机械运动的物理量以及它们之间的关系，但不探究运动发生变化的原因。

1.1   质点、参考系与坐标系

1.1.1   质点与质点系

1. 质点

任何物体都有一定的大小和形状，即使是很小的分子、原子以及其他微观粒子也不例外。一般来说，物体的大小和形状的变化对物体的运动会产生一定程度的影响。但是，如果在我们所研究的问题中，物体的大小和形状不起作用，或者所起的作用并不显著，可以忽略不计，我们就可以近似地把该物体看作一个具有质量而没有大小和形状的理想物体，并称之为质点。质点是一个理想的物理模型。

一个物体能不能被看作质点是相对的，而不是绝对的，对具体问题必须要做具体分析。例如，研究地球绕太阳公转时，由于地球到太阳的平均距离约为地球半径的 10^4 倍，因此地球上各点相对于太阳的运动可以看作是相同的，这时就可以忽略地球的大小和形状，把地球当作一个质点。但是在研究地球自转时，如果仍然把地球看作一个质点，就无法研究实际问题了。

2. 质点系

当物体不能被看作质点时，可把整个物体看成是由许多质点组成的系统。我们将包含两个或两个以上质点的力学系统称为**质点系**。质点系内各质点不仅受到外界物体对质点系的作用力——外力的作用，还受到质点系内各质点之间的相互作用力——内力的作用。外力和内力的区分取决于质点系的选取。例如，以太阳系为质点系，则太阳和各行星之间的万有引力是内力，而太阳系外的行星和不属于太阳系的天体之间的引力就是外力。对于由地球和月球组成的地-月系统来说，太阳对地球、月球的引力是外力，地球和月球之间的引力则是内力。在研究固体、气体、液体的某些物理属性时也可以把它们看作质点系。弄清质点系内各质点的运动，就可以弄清楚整个物体的运动。所以，研究质点的运动是研究物体运动的基础。

1.1.2　参考系与坐标系

1. 参考系

自然界中的一切物质都在不停地运动，运动是物质的固有属性，是存在于人们的意识之外的，这就是运动本身的绝对性。运动虽然具有绝对性，但对一个物体运动的描述却具有相对性。同一个物体相对于不同的观察者来说，具有不同的运动状况。例如，当一列火车通过某站台时，伫立在站台上的人看来，火车在前行；而静坐在车厢里的乘客看来，火车相对于他并没有运动，站台在向后离去。因此，在描述一个物体的位置及位置的变化时，总要选取其他物体作为参考物，然后考察所讨论物体相对于该参考物体是如何运动的，选取的参考物不同，对物体运动情况的描述也就不同。这就是运动描述的相对性。

为描述物体的运动而选作参考标准的物体或物体系叫作**参照物**，与参照物固连在一起的三维空间称为参考空间。物体位置的变动总是伴随着时间的变动，所谓考察物体的运动，也就是考察物体的位置变动与时间的关系。因此，要考察物体的运动，还必须有计时的装置，即钟。参考空间和与之固连的钟的组合称为**参考系**。但习惯上，通常把参照物称为参考系，不必特别指出与之相连的参考空间和钟。同一物体的运动情况相对于不同的参考系是不同的。例如，在地面附近自由下落的物体，以地球为参考系，它做直线运动；以匀速行驶的火车为参考系，它做曲线运动。一般来说，研究某一物体的运动，选取什么物体或物体群作参考系在运动学中是任意的，可视问题的性质和方便而定。参考系选定后，为了定量表示物体相对于参考系的位置，还必须在参考系上建立适当的坐标系。

2. 坐标系

为了从数量上定量确定物体相对于参考系的位置和运动状态，必须在参考系上建立某种坐标系，这样物体在某时刻的位置和运动状态就可用一组坐标来表示。最常用的坐标系有如下三种。

1）直角坐标系

在参考物 K 上任选一点 O 作为坐标原点，并选取 X、Y、Z 三个轴，则质点的位置就由 X、Y、Z 三个坐标确定。沿 X 轴、Y 轴和 Z 轴的单位矢量分别为 i、j、k，如图 1.1.1 (a)所示。

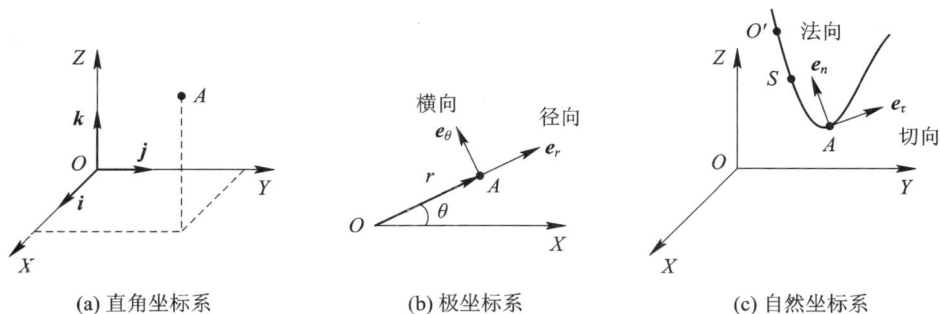

(a) 直角坐标系　　　　(b) 极坐标系　　　　(c) 自然坐标系

图 1.1.1　坐标系

2）极坐标系

直角坐标系是最常用的坐标系，但对某些运动，如质点在有心力作用下的运动等，用直角坐标系就不那么方便了，而用平面极坐标系（简称极坐标系）会有许多优点。在平面上取一点 O 作为极点，将从极点 O 发出的一条射线作为极轴，方向始于极点，这就构成了极坐标系。在极坐标系里，用 r、θ 两个坐标来表示质点的位置。r 是质点到极点的距离，称为极径；θ 是质点与极点连线同极轴的夹角，称为极角。在极坐标系里，沿径向和横向的单位矢量分别为 e_r 和 e_θ，它们分别表示 r 增加的方向和 θ 增加的方向，且 e_r 和 e_θ 两者相互垂直，但要注意 e_r 和 e_θ 并不是常矢量，它们因质点所在位置的不同而不同，如图 1.1.1(b)所示。

3）自然坐标系

另一种常用的坐标系是自然坐标系，这种坐标系常用于已知物体运动轨迹的情况。沿质点轨迹建立一弯曲的坐标轴，选择轨迹上任意一点 O' 为原点，并用由原点 O' 至质点 A 所在位置的弧长 S 作为质点的位置坐标，坐标增加的方向是人为规定的，弧长 S 叫作自然坐标。质点所在位置处的切向单位矢量 e_τ 和法向单位矢量 e_n 建立的二维坐标系称为自然坐标系。例如，火车 A 沿已知轨道行驶，在轨道上取一定点 O'（如某车站）作为计时起点，于是 A 在轨道上的位置就可由 $O'A$ 之间的轨道曲线长度 S 来确定，如图 1.1.1(c)所示。

除了以上介绍的几种坐标系外，常用的还有球坐标系、柱坐标系等。物体的运动状态完全由参考系决定，与坐标系的选取无关。坐标系不同，只是描述运动的变量不同，对应的物体的运动状态没有变化。

1.2 描述质点运动的物理量

1.2.1 位置矢量

我们研究质点的运动，首先需要确定质点相对于参考系的位置。如图 1.2.1 所示，当确定了坐标系后，用由坐标原点 O 指向质点 P 的矢量 $\overrightarrow{OP}$ 来确定质点位置，这个矢量称为**位置矢量**，简称为位矢，常用 $\boldsymbol{r}$ 来表示。

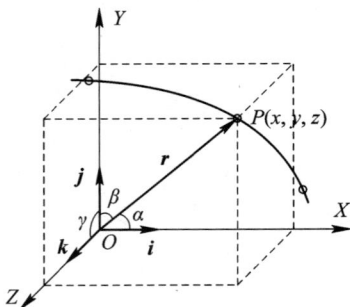

图 1.2.1 位矢

在直角坐标系中，位矢 $\boldsymbol{r}$ 可以表示成

$$\boldsymbol{r} = x\boldsymbol{i} + y\boldsymbol{j} + z\boldsymbol{k} \tag{1.2.1}$$

其中，$\boldsymbol{i}$、$\boldsymbol{j}$、$\boldsymbol{k}$ 为沿三个坐标轴方向的单位矢量；x、y、z 称为位矢 $\boldsymbol{r}$ 的三个分量，这三个分

量是标量。由位矢的三个分量可以求出位矢的大小以及位矢的方向余弦。

位矢的大小：

$$|\boldsymbol{r}| = r = \sqrt{x^2 + y^2 + z^2}$$

位矢的方向余弦：

$$\cos\alpha = \frac{x}{r}, \quad \cos\beta = \frac{y}{r}, \quad \cos\gamma = \frac{z}{r}$$

质点运动时，其位矢 $\boldsymbol{r}$ 随时间变化，也就是说，位矢 $\boldsymbol{r}$ 是时间 t 的函数，这意味着位矢的分量 x、y、z 也是时间的函数。描述运动过程中位置随时间变化的函数关系称为**运动方程**，可以表示为

$$\boldsymbol{r} = \boldsymbol{r}(t) \tag{1.2.2}$$

或

$$\begin{cases} x = x(t) \\ y = y(t) \\ z = z(t) \end{cases} \tag{1.2.3}$$

如果从参数方程(1.2.3)中消去时间 t，便得到质点的**运动轨迹方程**，又称为**轨道方程**，即

$$f(x, y, z) = 0 \tag{1.2.4}$$

运动方程也可以用其他坐标表示。如果选用极坐标，则有

$$\begin{cases} r = r(t) \\ \theta = \theta(t) \end{cases} \tag{1.2.5}$$

如果选用自然坐标系，则有

$$s = s(t) \tag{1.2.6}$$

1.2.2 位移

如图 1.2.2 所示，设质点沿曲线轨道运动，在 t 时刻位于 P_1 处，在 $t+\Delta t$ 时运动到 P_2 处，P_1 和 P_2 两点的位矢分别为 $\boldsymbol{r}_1$ 和 $\boldsymbol{r}_2$，质点在 Δt 时间内位置矢量的增量为

$$\Delta \boldsymbol{r} = \boldsymbol{r}_2 - \boldsymbol{r}_1 \tag{1.2.7}$$

我们称之为由位置 P_1 到 P_2 的**位移**，它是描述物体位置变动大小和方向的物理量。

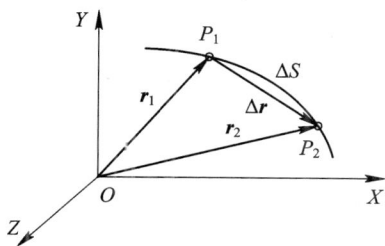

图 1.2.2 位移

在直角坐标系中，位移的表达式为

$$\begin{aligned} \Delta \boldsymbol{r} = \boldsymbol{r}_2 - \boldsymbol{r}_1 &= (x_2 - x_1)\boldsymbol{i} + (y_2 - y_1)\boldsymbol{j} + (z_2 - z_1)\boldsymbol{k} \\ &= \Delta x \boldsymbol{i} + \Delta y \boldsymbol{j} + \Delta z \boldsymbol{k} \end{aligned} \tag{1.2.8}$$

位移的大小为

$$|\Delta \boldsymbol{r}| = \sqrt{(x_2 - x_1)^2 + (y_2 - y_1)^2 + (z_2 - z_1)^2} = \sqrt{\Delta x^2 + \Delta y^2 + \Delta z^2} \tag{1.2.9}$$

位移的大小只能记作 $|\Delta \boldsymbol{r}|$，不能记作 Δr。Δr 通常表示两个位矢的长度的增量，即 $\Delta r = |\boldsymbol{r}_2| - |\boldsymbol{r}_1|$，而 $|\Delta \boldsymbol{r}|$ 则表示位移的大小。

必须注意，位移表示物体位置的改变，并非质点所经历的路程。如图 1.2.2 所示，位移是有向线段 $\overrightarrow{P_1 P_2}$，它的量值为割线的长度 $|\Delta \boldsymbol{r}|$。路程是标量，即曲线 $P_1 P_2$ 的长度 ΔS。一般来说，$|\Delta \boldsymbol{r}| \neq \Delta S$。只有在 Δt 趋于零时，才有 $|\mathrm{d}\boldsymbol{r}| = \mathrm{d}S$。

1.2.3   速度

研究质点的运动，不仅要知道质点的位移，还需要知道质点运动的快慢程度。

如图 1.2.2 所示，在时间间隔 Δt 内，质点位置变化产生位移 $\Delta \boldsymbol{r}$，$\Delta \boldsymbol{r}$ 与 Δt 的比值称为质点在 t 时刻附近 Δt 时间内的**平均速度**，即

$$\bar{\boldsymbol{v}} = \frac{\Delta \boldsymbol{r}}{\Delta t} \tag{1.2.10}$$

平均速度的方向与位移 $\Delta \boldsymbol{r}$ 的方向相同。

显然，以平均速度描述运动的快慢是粗糙的，因为在 Δt 时间内质点的运动可以时快时慢，方向也可以不断改变，所以平均速度不能反映质点运动的真实细节。如果我们要精确地知道质点在某一时刻或某一位置的实际运动情况，应使 Δt 尽量减小，即 $\Delta t \to 0$，用平均速度的极限值来描述，称为**瞬时速度**，简称**速度**，数学表达式为

$$\boldsymbol{v} = \lim_{\Delta t \to 0} \bar{\boldsymbol{v}} = \lim_{\Delta t \to 0} \frac{\Delta \boldsymbol{r}}{\Delta t} = \frac{\mathrm{d}\boldsymbol{r}}{\mathrm{d}t} \tag{1.2.11}$$

速度的方向就是 $\Delta t \to 0$ 时位移 $\Delta \boldsymbol{r}$ 的极限方向，即沿质点所在轨道处的切线方向并指向质点前进的一方。

直角坐标系中，式(1.2.11)可表示为

$$\boldsymbol{v} = \frac{\mathrm{d}\boldsymbol{r}}{\mathrm{d}t} = \frac{\mathrm{d}x}{\mathrm{d}t}\boldsymbol{i} + \frac{\mathrm{d}y}{\mathrm{d}t}\boldsymbol{j} + \frac{\mathrm{d}z}{\mathrm{d}t}\boldsymbol{k} \tag{1.2.12}$$

或者表示为分量式：

$$v_x = \frac{\mathrm{d}x}{\mathrm{d}t}, \quad v_y = \frac{\mathrm{d}y}{\mathrm{d}t}, \quad v_z = \frac{\mathrm{d}z}{\mathrm{d}t} \tag{1.2.13}$$

速度的大小 $|\boldsymbol{v}| = \left|\frac{\mathrm{d}\boldsymbol{r}}{\mathrm{d}t}\right|$ 称为**速率**，常表示为 v。在直角坐标系中，有

$$v = |\boldsymbol{v}| = \left[\left(\frac{\mathrm{d}x}{\mathrm{d}t}\right)^2 + \left(\frac{\mathrm{d}y}{\mathrm{d}t}\right)^2 + \left(\frac{\mathrm{d}z}{\mathrm{d}t}\right)^2\right]^{\frac{1}{2}} \tag{1.2.14}$$

速度、速率的国际单位为 m/s。

1.2.4   加速度

质点运动时，其速度的大小和方向都可能随时间发生变化，加速度就是描述速度变化快慢的物理量。

如图 1.2.2 所示，在时间间隔 Δt 内，质点由位置 P_1 变化至 P_2，并发生速度增量 $\Delta \boldsymbol{v} = \boldsymbol{v}_2 - \boldsymbol{v}_1$，我们定义平均加速度为

$$\bar{\boldsymbol{a}} = \frac{\Delta \boldsymbol{v}}{\Delta t} \tag{1.2.15}$$

同样地，平均加速度描述速度的变化也比较粗糙。为了准确地描述质点速度变化的快慢，必须引入瞬时加速度，即**加速度**。

质点在某时刻或某位置处的加速度等于在该时刻附近 Δt 趋于零时平均加速度的极限，其数学表达式为

$$\boldsymbol{a} = \lim_{\Delta t \to 0} \bar{\boldsymbol{a}} = \lim_{\Delta t \to 0} \frac{\Delta \boldsymbol{v}}{\Delta t} = \frac{\mathrm{d}\boldsymbol{v}}{\mathrm{d}t} = \frac{\mathrm{d}^2 \boldsymbol{r}}{\mathrm{d}t^2} \tag{1.2.16}$$

加速度为矢量，其方向与 $\Delta \boldsymbol{v}$ 的极限方向相同。加速度的国际单位为 $\mathrm{m/s^2}$。

在直角坐标系中，加速度可表示为

$$\boldsymbol{a} = \frac{\mathrm{d}\boldsymbol{v}}{\mathrm{d}t} = \frac{\mathrm{d}v_x}{\mathrm{d}t}\boldsymbol{i} + \frac{\mathrm{d}v_y}{\mathrm{d}t}\boldsymbol{j} + \frac{\mathrm{d}v_z}{\mathrm{d}t}\boldsymbol{k} = \frac{\mathrm{d}^2 x}{\mathrm{d}t^2}\boldsymbol{i} + \frac{\mathrm{d}^2 y}{\mathrm{d}t^2}\boldsymbol{j} + \frac{\mathrm{d}^2 z}{\mathrm{d}t^2}\boldsymbol{k} \tag{1.2.17}$$

或者表示为分量式：

$$a_x = \frac{\mathrm{d}v_x}{\mathrm{d}t} = \frac{\mathrm{d}^2 x}{\mathrm{d}t^2}, \quad a_y = \frac{\mathrm{d}v_y}{\mathrm{d}t} = \frac{\mathrm{d}^2 y}{\mathrm{d}t^2}, \quad a_z = \frac{\mathrm{d}v_z}{\mathrm{d}t} = \frac{\mathrm{d}^2 z}{\mathrm{d}t^2} \tag{1.2.18}$$

其大小为

$$a = |\boldsymbol{a}| = \left[\left(\frac{\mathrm{d}v_x}{\mathrm{d}t}\right)^2 + \left(\frac{\mathrm{d}v_y}{\mathrm{d}t}\right)^2 + \left(\frac{\mathrm{d}v_z}{\mathrm{d}t}\right)^2 \right]^{\frac{1}{2}}$$

$$= \left[\left(\frac{\mathrm{d}x^2}{\mathrm{d}t^2}\right)^2 + \left(\frac{\mathrm{d}y^2}{\mathrm{d}t^2}\right)^2 + \left(\frac{\mathrm{d}z^2}{\mathrm{d}t^2}\right)^2 \right]^{\frac{1}{2}} \tag{1.2.19}$$

1.2.5　运动学的基本问题

在质点运动学中有如下两类常见的求解质点运动的问题。

第一类问题：已知运动方程 $\boldsymbol{r} = \boldsymbol{r}(t)$，求质点运动的位移、速度和加速度。此类问题由定义求导可解。

第二类问题：已知加速度 $\boldsymbol{a} = \boldsymbol{a}(t)$ 或速度 $\boldsymbol{v} = \boldsymbol{v}(t)$ 以及初始条件，求质点的位置、位移等。此类问题用积分方法求解。

例 1.2.1　一质点在 XOZ 平面上运动，运动方程为 $x = 3t + 5$、$y = \frac{1}{2}t^2 + 3t - 4$。式中 t 的单位以 s 计，x、y 的单位以 m 计。

(1) 以时间 t 为变量，写出质点位置矢量的表达式；

(2) 写出 $t = 1$ s 时刻和 $t = 2$ s 时刻质点的位置矢量，计算这 1 s 内质点的位移；

(3) 写出质点速度矢量的表示式，计算 $t = 4$ s 时刻质点的速度；

(4) 写出质点加速度矢量的表示式，计算 $t = 4$ s 时刻质点的加速度。

解　(1) $\boldsymbol{r} = (3t + 5)\boldsymbol{i} + \left(\frac{1}{2}t^2 + 3t - 4\right)\boldsymbol{j}$。

(2) 当 $t = 1$ s 时，有

$$\boldsymbol{r}_1 = 8\boldsymbol{i} - 0.5\boldsymbol{j}$$

当 $t = 2$ s 时，有

$$\boldsymbol{r}_2 = 11\boldsymbol{i} + 4\boldsymbol{j}$$

这 1 s 内质点的位移为

$$\Delta \boldsymbol{r} = \boldsymbol{r}_2 - \boldsymbol{r}_1 = 3\boldsymbol{i} + 4.5\boldsymbol{j}$$

（3）根据速度的定义式有

$$\boldsymbol{v} = \frac{\mathrm{d}\boldsymbol{r}}{\mathrm{d}t} = 3\boldsymbol{i} + (t+3)\boldsymbol{j}$$

$t=4$ s 时刻质点的速度为

$$\boldsymbol{v}_4 = 3\boldsymbol{i} + 7\boldsymbol{j}$$

（4）根据加速度的定义式有

$$\boldsymbol{a} = \frac{\mathrm{d}\boldsymbol{v}}{\mathrm{d}t} = \boldsymbol{j}$$

由此可见，该质点的加速度为恒量，$t=4$ s 时刻质点的加速度仍为 $\boldsymbol{j}$ m/s^2。

例 1.2.2 一艘正在行驶的汽艇，在关闭发动机后，有一个与它的速度相反的加速度，其大小与速率的平方成正比，即 $a = \dfrac{\mathrm{d}v}{\mathrm{d}t} = -kv^2$，式中 k 为常数，已知 v_0 是关闭发动机时汽艇的速度。试求：

（1）该汽艇速度随时间的变化关系；

（2）该汽艇行驶距离随时间的变化关系。

解 对于一维问题，由于运动是沿着直线的，因此该直线可看作 X 轴。质点的位移、速度和加速度均可看成代数量。当我们确定了 X 轴的正方向时，正、负号就足以表明有关量的方向。我们假设初速度方向为 X 轴的正方向。

视频 1-1

（1）将加速度 $a = \dfrac{\mathrm{d}v}{\mathrm{d}t} = -kv^2$ 改写为

$$\frac{\mathrm{d}v}{v^2} = -k\mathrm{d}t$$

两端积分：

$$\int_{v_0}^{v} \frac{\mathrm{d}v}{v^2} = \int_{0}^{t} -k\mathrm{d}t$$

得

$$\frac{1}{v_0} - \frac{1}{v} = -kt$$

即

$$v = \frac{v_0}{1 + kv_0 t}$$

（2）将速度 $v = \dfrac{\mathrm{d}x}{\mathrm{d}t} = \dfrac{v_0}{1 + kv_0 t}$ 改写为

$$\mathrm{d}x = \frac{v_0}{1 + kv_0 t}\mathrm{d}t$$

两端积分：

$$\int_{0}^{x} \mathrm{d}x = \int_{0}^{t} \frac{v_0}{1 + kv_0 t}\mathrm{d}t$$

得

$$x = \frac{1}{k}\ln(1 + kv_0 t)$$

例 1.2.3　一物体悬挂在弹簧上作竖直振动，其加速度 $a = -ky$，式中 k 为常数，y 是以平衡位置为原点测得的坐标，假定振动的物体在坐标 y_0 处的速度为 v_0，试求速度 v 与坐标 y 的函数关系。

解　以物体在平衡位置时为 Y 轴的坐标原点，取竖直向下为 Y 轴的正方向，将加速度 $a = \dfrac{\mathrm{d}v}{\mathrm{d}t} = -ky$ 改写为

视频 1-2

$$a = \frac{\mathrm{d}v}{\mathrm{d}t} = \frac{\mathrm{d}v}{\mathrm{d}y}\frac{\mathrm{d}y}{\mathrm{d}t} = \frac{\mathrm{d}v}{\mathrm{d}y}v = -ky$$

可进一步写为

$$v\mathrm{d}v = -ky\mathrm{d}y$$

两端积分：

$$\int_{v_0}^{v} v\mathrm{d}v = \int_{y_0}^{y} -ky\mathrm{d}y$$

可得

$$v = \sqrt{v_0^2 + k(y_0^2 - y^2)}$$

1.2.6　质点运动学在工程技术中的应用

质点运动学是物理学中力学问题研究的基础，它与许多运动（如原子和其他微观粒子运动、分子热运动、电磁运动等）都有着密不可分的联系，所以质点运动学的建立为后来其他重大发现打下了基础。同时，质点运动学理论在工程技术中有许多重要应用，比如惯性导航系统。

惯性导航系统是以陀螺仪和加速度计为敏感器件的导航参数解算系统，它是一种不依赖于外部信息、也不向外部辐射能量的自主式导航系统。陀螺仪用来形成一个导航坐标系，使加速度计的测量轴稳定在该坐标系中，并给出航向和姿态角；加速度计用来测量运动体的加速度，经过对时间的一次积分得到速度，再经过对时间的一次积分即可得到位移。

惯性导航系统具有全天候、全时空的工作能力，短期导航参数精度高，适用于海、陆、空、水下、航天等多种环境下的运动载体的精密导航和控制，在军事上具有重要意义。随着电子技术的发展和商业价值的挖掘，惯性导航技术的应用扩展到车辆导航、轨道交通、隧道、消防定位、室内定位等民用领域，甚至在无人机、自动驾驶、便携式定位终端中也被广泛应用。

在高速铁路建设过程中，为最大限度保证轨道的平顺性，工作人员需要精准获取轨道的三维位置坐标、轨道间距等，从而实现轨向、高低、轨距、水平等各项几何参数的高精度测量。获得这些参数的传统方法是利用轨距尺进行测量或利用全站仪进行半自动测量。近来，我国科技人员自主研制的北斗惯导小车（如图 1.2.3 所示）集成了支持北斗三号的国产卫星导航接收机和惯性导航系统，利用北斗卫星的定位技术，可有效抑制惯导系统积分过程误差的累积，使整套系统在长时间内都维持在一个高精度的水准。北斗惯导小车在保证测量精度的同时，作业效率提升了 25 倍以上，大幅度降低了测量成本和外业作业的复杂度。

图 1.2.3　北斗惯导小车

1.3　自然坐标系中的平面曲线运动

本节中，我们将研究平面上质点的一般曲线运动，圆周运动仅仅是它的一种特殊情况。对于一般曲线运动，应用自然坐标系比较简洁。

1. 速度

速度的大小为速率，速度的方向沿轨道的切线方向，与 $\boldsymbol{\tau}$ 同方向，单位向量为 $\boldsymbol{e}_\tau$，因此速度可以表示为

$$\boldsymbol{v} = v\boldsymbol{e}_\tau = \frac{\mathrm{d}s}{\mathrm{d}t}\boldsymbol{e}_\tau \tag{1.3.1}$$

2. 加速度

如图 1.3.1(a)所示，设质点沿曲线轨道运动，在 t 时刻位于 P_1 处，在 $t+\Delta t$ 时运动到 P_2 处，质点在 P_1 和 P_2 两点的速度分别为 $\boldsymbol{v}_1$、$\boldsymbol{v}_2$，在 Δt 时间内速度增量为 $\Delta\boldsymbol{v}$。

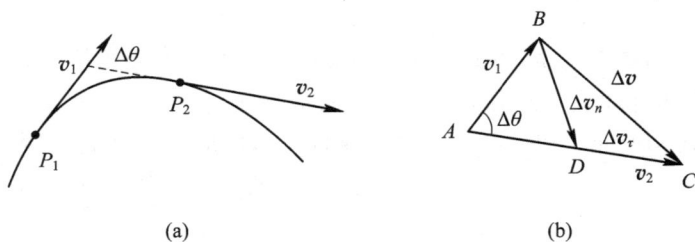

(a)   (b)

图 1.3.1　切向加速度和法向加速度

图 1.3.1(b)表示 $\boldsymbol{v}_1$、$\boldsymbol{v}_2$ 和 $\Delta\boldsymbol{v}$ 之间的关系，$\Delta\boldsymbol{v}$ 就是矢量 $\overrightarrow{BC}$。在矢量 $\overrightarrow{AC}$ 上截取 $|\overrightarrow{AD}|=|\overrightarrow{AB}|=|\boldsymbol{v}_1|$，则剩下的部分 $|\overrightarrow{DC}|=|\overrightarrow{AC}|-|\overrightarrow{AB}|=|\boldsymbol{v}_2|-|\boldsymbol{v}_1|$，记为 $\Delta\boldsymbol{v}_\tau$；连接 BD，并记其矢量为 $\Delta\boldsymbol{v}_n$。这样就将速度增量 $\Delta\boldsymbol{v}$ 分解为两部分，即 $\Delta\boldsymbol{v}=\Delta\boldsymbol{v}_n+\Delta\boldsymbol{v}_\tau$。根据加速度的定义有

$$\boldsymbol{a} = \lim_{\Delta t\to 0}\frac{\Delta\boldsymbol{v}}{\Delta t} = \lim_{\Delta t\to 0}\frac{\Delta\boldsymbol{v}_n}{\Delta t} + \lim_{\Delta t\to 0}\frac{\Delta\boldsymbol{v}_\tau}{\Delta t}$$

令 $\lim\limits_{\Delta t \to 0}\dfrac{\Delta \boldsymbol{v}_n}{\Delta t}=\boldsymbol{a}_n$，$\lim\limits_{\Delta t \to 0}\dfrac{\Delta \boldsymbol{v}_\tau}{\Delta t}=\boldsymbol{a}_\tau$，则有

$$\boldsymbol{a} = \boldsymbol{a}_n + \boldsymbol{a}_\tau \tag{1.3.2}$$

下面分别讨论 $\boldsymbol{a}_n$、$\boldsymbol{a}_\tau$ 的物理意义。

$\boldsymbol{a}_n$ 的方向与 $\Delta t \to 0$ 时 $\Delta \boldsymbol{v}_n$ 的极限方向一致。由图 1.3.1(b)可知，$\Delta t \to 0$ 时，$\Delta\theta \to 0$，$\Delta \boldsymbol{v}_n$ 的极限方向与 $\boldsymbol{v}_1$ 垂直，因此质点位于 B 点时，$\boldsymbol{a}_n$ 的方向为沿着该处轨迹曲线的法线，通常称之为**法向加速度**。$\boldsymbol{a}_n$ 的大小为

$$a_n = |\boldsymbol{a}_n| = \left|\lim\limits_{\Delta t \to 0}\dfrac{\Delta \boldsymbol{v}_n}{\Delta t}\right|$$

由图 1.3.1(b)可知，$\Delta t \to 0$ 时，$|\Delta \boldsymbol{v}_n| = v_1 \Delta\theta$。注意到 B 点可以是圆周上任意一点，省去 v_1 下标可得

$$a_n = v \lim\limits_{\Delta t \to 0}\dfrac{\Delta\theta}{\Delta t} = v\dfrac{\mathrm{d}\theta}{\mathrm{d}t} \tag{1.3.3}$$

由于 $\dfrac{\mathrm{d}\theta}{\mathrm{d}t}=\dfrac{\mathrm{d}\theta}{\mathrm{d}s}\dfrac{\mathrm{d}s}{\mathrm{d}t}=v\dfrac{1}{\rho}$，式中 $\rho=\dfrac{\mathrm{d}s}{\mathrm{d}\theta}$ 为过 B 点的曲率圆的曲率半径，则式(1.3.3)可写为

$$a_n = \dfrac{v^2}{\rho}$$

$\boldsymbol{a}_\tau$ 的方向与 $\Delta t \to 0$ 时 $\Delta \boldsymbol{v}_\tau$ 的极限方向一致。由图 1.3.1(b)可知，$\Delta t \to 0$ 时，$\Delta\theta \to 0$，$\Delta \boldsymbol{v}_\tau$ 的极限方向将是沿着 B 点处的切线方向，因此 $\boldsymbol{a}_\tau$ 称之为**切向加速度**。$\boldsymbol{a}_\tau$ 的大小为

$$a_\tau = |\boldsymbol{a}_\tau| = \left|\lim\limits_{\Delta t \to 0}\dfrac{\Delta \boldsymbol{v}_\tau}{\Delta t}\right| = \dfrac{\mathrm{d}v}{\mathrm{d}t}$$

综上讨论，质点曲线运动的加速度为

$$\boldsymbol{a} = a_n \boldsymbol{e}_n + a_\tau \boldsymbol{e}_\tau = \dfrac{v^2}{\rho}\boldsymbol{e}_n + \dfrac{\mathrm{d}v}{\mathrm{d}t}\boldsymbol{e}_\tau \tag{1.3.4}$$

即质点在曲线运动中的加速度等于法向加速度和切线加速度的矢量和。

加速度的大小为

$$a = |\boldsymbol{a}| = \sqrt{a_n^2 + a_\tau^2} = \left[\left(\dfrac{v^2}{\rho}\right)^2 + \left(\dfrac{\mathrm{d}v}{\mathrm{d}t}\right)^2\right]^{\frac{1}{2}} \tag{1.3.5}$$

加速度的方向可由下式确定

$$\tan\theta = \dfrac{a_n}{a_\tau}$$

当质点作半径为 R 的匀速圆周运动时，由于速度仅有方向的变化，而无大小的变化，任何时刻质点的切向加速度均为零，则有

$$\rho = R, \quad a_n = \dfrac{v^2}{R}$$

故匀速圆周运动的合加速度为

$$\boldsymbol{a} = \boldsymbol{a}_n = a_n \boldsymbol{e}_n$$

当质点做半径为 R 的变速圆周运动时，

$$a_\tau = \dfrac{\mathrm{d}v}{\mathrm{d}t}, \quad a_n = \dfrac{v^2}{R}$$

$$\boldsymbol{a} = a_n \boldsymbol{e}_n + a_\tau \boldsymbol{e}_\tau = \dfrac{v^2}{R}\boldsymbol{e}_n + \dfrac{\mathrm{d}v}{\mathrm{d}t}\boldsymbol{e}_\tau$$

可见法向加速度只反映速度方向的变化,切向加速度反映速度大小的变化。当质点作变速直线运动时,由于 $\rho \to \infty$,任何时刻质点的法向加速度均为零,故有 $\boldsymbol{a} = \boldsymbol{a}_{\tau} = a_{\tau}\boldsymbol{e}_{\tau}$。

1.4　圆周运动的角量描述

质点作圆周运动时,由于其轨道的曲率半径处处相等,而速度方向始终在圆周的切线上,因此,对圆周运动的描述采用平面极坐标系比较方便。

1.4.1　角位移

如图 1.4.1 所示,一质点绕圆心 O 作半径为 R 的圆周运动,选圆心为极坐标的原点,OO' 为极轴,质点沿圆周运动时极径是一个常量 R,极径与极轴的夹角 θ 称为**角位置**。通常规定从极轴沿逆时针方向得到的 θ 角为正,反之为负,因而角位置 θ 是一个代数量。任意时刻 t 质点的位置可用角位置 θ 完全确定,这时 θ 是 t 的函数,可表示为

$$\theta = \theta(t) \tag{1.4.1}$$

这就是质点作圆周运动时以角位置表示的运动学方程。

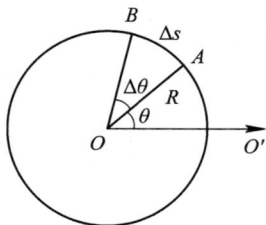

图 1.4.1　圆周运动的角量表示

如图 1.4.1 所示,t 时刻质点位于 A 点,角位置为 θ,经历 Δt 至 $t + \Delta t$ 时,质点运动到 B 点,角位置 θ 发生增量 $\Delta\theta$,$\Delta\theta$ 能够唯一描述该质点经历的位置改变,称 $\Delta\theta$ 为**角位移**,其计算式如下:

$$\Delta\theta = \theta(t + \Delta t) - \theta(t) \tag{1.4.2}$$

在国际单位制中,角位置和角位移的单位是弧度(rad)。

1.4.2　角速度和角加速度

如前述引入速度和加速度的方法一样,我们也可以引入**角速度**和**角加速度**,即

$$\omega = \lim_{\Delta t \to 0} \frac{\Delta\theta}{\Delta t} = \frac{\mathrm{d}\theta}{\mathrm{d}t} \tag{1.4.3}$$

$$\beta = \lim_{\Delta t \to 0} \frac{\Delta\omega}{\Delta t} = \frac{\mathrm{d}\omega}{\mathrm{d}t} \tag{1.4.4}$$

在国际单位制中,角速度和角加速度的单位分别为弧度每秒(rad/s)和弧度每二次方秒(rad/s^2)。

1.4.3　圆周运动角量与线量的关系

质点作圆周运动时,既可以用线量描述,也可以用角量描述。显然线量和角量之间存

在一定的联系。

如图 1.4.1 所示，弧长 Δs、角度 $\Delta\theta$ 之间的关系为 $\Delta s = R\Delta\theta$，当 $\Delta\theta \to 0$ 时，$ds = Rd\theta$，根据这一关系，不难证明在圆周运动中，线量和角量之间存在如下关系：

$$\begin{cases} v = \dfrac{ds}{dt} = R\dfrac{d\theta}{dt} = R\omega \\[2mm] a_n = \dfrac{v^2}{R} = R\omega^2 \\[2mm] a_\tau = \dfrac{dv}{dt} = R\dfrac{d\omega}{dt} = R\beta \end{cases} \tag{1.4.5}$$

类似于质点作匀变速直线运动的公式，在角加速度 β 为常量的匀变速圆周运动中可得到

$$\begin{cases} \omega = \omega_0 + \beta t \\[2mm] \theta = \theta_0 + \omega_0 t + \dfrac{1}{2}\beta t^2 \\[2mm] \omega^2 - \omega_0^2 = 2\beta(\theta - \theta_0) = 2\beta\Delta\theta \end{cases} \tag{1.4.6}$$

其中，θ_0、ω_0 分别为初始角位置与初始角速度。

例 1.4.1　设某一质点做半径为 1 m 的圆周运动，其角位置（以弧度表示）的公式为 $\theta = 2 + t^3$。

（1）求 $t = 2$ s 时，它的法向加速度和切向加速度的大小；

（2）在哪一时刻，切向加速度和法向加速度恰有相等的值？

解　由运动学方程 $\theta = 2 + t^3$ 可得质点的角速度为

$$\omega = \frac{d\theta}{dt} = 3t^2$$

角加速度为

$$\beta = \frac{d\omega}{dt} = 6t$$

视频 1-3

（1）根据角量和线量的关系可得

$$a_\tau = R\beta = 6t, \quad a_n = R\omega^2 = 9t^4$$

当 $t = 2$ s 时，可得

$$a_\tau = 12 \text{ m/s}^2, \quad a_n = 144 \text{ m/s}^2$$

（2）设在 t 时刻 $a_\tau = a_n$，则

$$6t = 9t^4$$

可得

$$t = \sqrt[3]{\frac{2}{3}} \quad \text{s}$$

1.5　相 对 运 动

运动的描述具有相对性。当我们选取不同的参考系时，对同一物体运动的描述就会不同。例如，研究匀速运动的火车车厢中小球的自由下落运动时，若选取地面为参考系，则

小球做抛体运动；若选取火车本身为参考系，则小球做直线运动。对小球运动的描述不同是因为火车参考系相对于地面参考系在运动。在研究地面附近物体的运动时，我们通常把地面看作"**静止参考系**"，而其他相对地面运动的参考系看作"**运动参考系**"。

对同一个物体，它相对于静止参考系的运动称为**绝对运动**，相对于运动参考系的运动称为**相对运动**。运动参考系相对于静止参考系的运动称为**牵连运动**。一般讨论同一物体的绝对运动和相对运动之间的关系较为复杂，这里我们仅说明运动参考系相对静止参考系作平动时的情况。

一个物体相对于另一个物体运动时，若在运动物体内任意作的一条直线能始终保持与自身平行，我们就称这种运动为**平动**。平动的物体内各点运动的速度、加速度都相同。如图 1.5.1 所示，有一静止参考系 S，其上固连坐标系 $OXYZ$；另外还有一运动参考系 S'，其上固连坐标系 $O'X'Y'Z'$，S' 系相对于 S 系以速度 u 平动。一质点在空间中运动，它在 S 系及 S' 系中的位矢分别为 r（称为**绝对位矢**）和 r'（称为**相对位矢**），S' 系的原点 O' 相对 S 系的原点 O 的位矢为 r_0（称为**牵连位矢**）。由矢量加法的三角形法则可知，它们之间有如下关系：

$$r = r' + r_0 \tag{1.5.1}$$

即绝对位矢等于相对位矢与牵连位矢的矢量和。

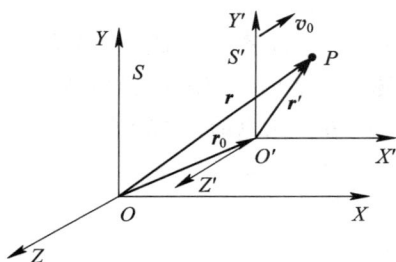

图 1.5.1　相对运动

将式 (1.5.1) 两边对时间求导可得

$$v = v' + v_0 \tag{1.5.2}$$

其中，$v = \dfrac{\mathrm{d}r}{\mathrm{d}t}$ 是质点相对 S 系的速度，称为**绝对速度**；$v' = \dfrac{\mathrm{d}r'}{\mathrm{d}t}$ 是质点相对 S' 系的速度，称为**相对速度**；$v_0 = \dfrac{\mathrm{d}r_0}{\mathrm{d}t}$ 是 S' 系相对 S 系的速度，称为**牵连速度**。将式 (1.5.2) 两边对时间求导可得

$$a = a' + a_0 \tag{1.5.3}$$

其中，$a = \dfrac{\mathrm{d}v}{\mathrm{d}t}$ 是质点相对 S 系的加速度，称为**绝对加速度**；$a' = \dfrac{\mathrm{d}v'}{\mathrm{d}t}$ 是质点相对 S' 系的加速度，称为**相对加速度**；$a_0 = \dfrac{\mathrm{d}v_0}{\mathrm{d}t}$ 是 S' 系相对 S 系的加速度，称为**牵连加速度**。r、v、a 描述质点的绝对运动，r'、v'、a' 描述质点的相对运动，r_0、v_0、a_0 描述运动参考系相对静止参考系的牵连运动。

需要指出的是，式 (1.5.1)～式 (1.5.3) 仅适用于物体运动速度远小于光速的情况。当物体运动速度可与光速相比时，上面的公式不成立，必须考虑相对论效应来修改上述的计算公式。

例 1.5.1　某人骑自行车以速率 v 向西行驶，北风以速率 v（对地面）吹来，骑车者遇到的风速及风向如何？

解　设地面为静止参考系 S，人为运动参考系 S'，风为运动物体 P，则有绝对速度 $v_{PS} = v$，方向向南，牵连速度 $v_{S'S} = v$，方向向西，题目转化为求相对速度 $v_{PS'}$ 的大小和方向，如图 1.5.2 所示。

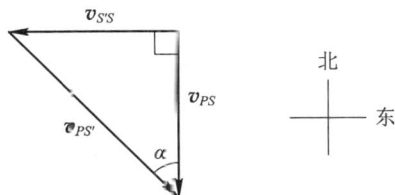

图 1.5.2　例 1.5.1 图

根据速度变化关系，有 $v_{PS'} = v_{PS} + v_{SS'}$，即 $v_{PS'} = v_{PS} + (-v_{S'S})$，如图 1.5.2 所示。

由已知条件

$$v_{S'S} = v_{PS} = v$$

可得

$$\angle \alpha = 45°$$

$$v_{PS'} = \sqrt{v_{S'S}^2 + v_{PS}^2} = \sqrt{2}\, v$$

$v_{PS'}$ 的方向为南偏东 $45°$。

科学家简介

伽 利 略

伽利略（Galileo Galilei，1564—1642），意大利数学家、物理学家、天文学家，科学革命的先驱。伽利略发明了摆针和温度计，在科学上为人类做出过巨大贡献，是近代实验科学的奠基人之一。

历史上，他首先在科学实验的基础上融会贯通了数学、物理学和天文学三门知识，扩大、加深并改变了人类对物质运动和宇宙的认识。伽利略从实验中总结出了自由落体定律、惯性定律和伽利略相对性原理等，从而推翻了亚里士多德对物理学的许多臆断，奠定了经典力学的基础，反驳了托勒密的地心体系，有力地支持了哥白尼的日心学说。

他以系统的实验和观察推翻了纯属思辨传统的自然观，创造了以实验事实为根据并具有严密逻辑体系的近代科学，因此被誉为"近代力学之父""现代科学之父"。

延 伸 阅 读

基本单位"米""秒"概念的发展历史

　　物质的运动发生在空间和时间之中，要在参考系中定量地描述物质的运动就需要测量空间间隔和时间间隔，因此研究物质的运动必然要涉及空间和时间两个概念。空间和时间也是物理学研究的对象，空间反映了物质的广延性，是与物体的体积和物体位置的变化联系在一起的；时间反映的是物理事件发生的顺延性和持续性。

　　空间长度的基本单位用"米"表示，它是世界上用得最广泛的长度单位，它的形成经历了近300年的发展历程。1791年，在法国度量衡委员会主席拉格朗日的全力推动下，影响全世界的长度单位——"米"浮出水面。法国相关当局规定：把经过巴黎的地球子午线，也就是经线长的四千万分之一定义为1米。法国从1812年颁布施行米制，并于1837年在全国强制推行，使米制率先在法国扎根。1872年在巴黎召开的世界长度会议上决定了制造国际原尺。1875年，国际度量衡委员会在巴黎开会，法、德、美、俄等17国政府代表共同签署了《米制公约》，并成立了国际度量衡局，公认了米制是在法国大革命中诞生的一项最伟大的科学成就，确定了米为标准国际长度单位，一直沿用至今。

　　19世纪末，实验中发现自然镉（Cd）的红色谱线具有非常好的清晰度和复现性，1927年国际协议决定用这条谱线作为光谱学的长度标准，人们第一次找到了可用来定义米的非实物标准。20世纪60年代以后，由于激光的出现，人们又找到了一种更为优越的光源，可以使长度测量得更为准确，只要确定某一时间间隔，就可从光速与这一时间间隔的乘积定义长度的单位。1960年第11届国际计量大会通过了光波米的定义，定义氪-86原子的2P10与5d5能级之间的跃迁辐射在真空中波长的1 650 763.73倍为1米。1983年10月第十七届国际计量大会通过了米的新定义：米是光在真空中1/299 792 458秒的时间间隔内所经路程的长度。米的新定义有重大科学意义，从此光速c成了一个精确数值。把长度单位统一到时间上，就可以利用高度精确的时间计量，大大提高长度计量的精确度。

　　时间的基本单位是"秒"，最初被定义为平均太阳日的1/86 400。平均太阳日的精确定义是由天文学家制定的，但是测量表明平均太阳日不能保证必要的准确度。为了比较精确地定义时间单位，1960年第11届国际计量大会批准了以回归年为根据的定义：秒为1900年1月1日12时正回归年长度的1/31 556 925.9747。但是，这个定义的精确度仍不能满足逐步提高的精密计量学的要求，1967年第13届国际计量大会又根据当时原子能级跃迁测量技术的水平，更改秒的定义为：1秒是铯-133原子基态的两个超精细能级在零磁场中跃迁所对应辐射的9 192 631 770个周期的持续时间。这一计时标准使时间计量的精度达到$10^{-12} \sim 10^{-13}$。

　　在物理学中，涉及的时间上限大约是10^{38} s，它是质子寿命的下限。牛顿力学所涉及的时间尺度大约是$10^{-3} \sim 10^{15}$ s，即从声振动的周期到太阳绕银河系中心转动的周期。在粒子物理中的时间尺度都很小，有一种"长寿"的基本粒子称为μ子，它的寿命也只有10^{-6} s；最短寿命的是一些共振粒子，如Z^0、$W^{\pm}$，它们的寿命大约只有10^{-24} s。目前物理学中涉及的最小时间是5.4×10^{-44} s，称为普朗克时间，比它再小的话，时间的概念可能就不再适用了。

思　考　题

1.1　什么是质点运动学方程？你学过几种形式的质点运动方程？

1.2　回答下列问题，并举出符合你的答案的实例。

(1) 物体能否同时有一个不变的速率和一个变化的速度？

(2) 速度为零的时刻，加速度是否一定为零？加速度为零的时刻，速度是否一定为零？

(3) 物体的加速度不断减小而速度却不断增大，可能吗？

(4) 当物体具有大小、方向不变的加速度时，物体的速度方向能否改变？

1.3　已知质点运动学方程 $x=x(t)$、$y=y(t)$，当求质点的速度和加速度时，有人采用了如下方法：先由 $r=\sqrt{x^2+y^2}$ 求出 $r=r(t)$，再由 $|v|=\left|\dfrac{\mathrm{d}r}{\mathrm{d}t}\right|$ 和 $|a|=\left|\dfrac{\mathrm{d}^2 r}{\mathrm{d}t^2}\right|$ 求出质点的速度和加速度的大小，你认为这种方法对吗？如果不对，错在什么地方？

1.4　质点沿圆周运动，且速率随时间均匀增大，问 a_n、a_τ、a 三者的大小是否都随时间改变？总加速度 a 与速度 v 之间的夹角如何随时间改变？

练　习　题

1.1　一质点在 XOY 平面上运动，运动方程为 $x=t^2+1$，$y=3t+5$，式中 t 的单位以 s 计，x、y 的单位以 m 计。

(1) 以时间 t 为变量，写出质点位置矢量的表示式；

(2) 求出 $t=1$ s 时刻和 $t=2$ s 时刻贡点的位置矢量，计算这 1 s 内质点的位移；

(3) 计算 $t=0$ s 到 $t=4$ s 内的平均速度；

(4) 求出质点的速度矢量表达式，计算 $t=4$ s 时刻质点的速度；

(5) 计算 $t=0$ s 到 $t=4$ s 内质点的平均加速度；

(6) 求出质点的加速度矢量表达式，计算 $t=4$ s 时刻质点的加速度。

(请把位置矢量、位移、平均速度、瞬时速度、平均加速度、瞬时加速度都表示成直角坐标系中的矢量式。)

1.2　如图 T1-1 所示，湖面有一个小船，有人用轻绳经岸上高度为 h 处的定滑轮拉

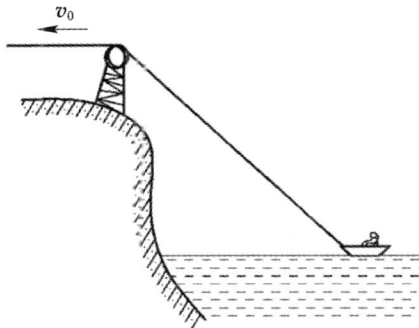

图 T1-1　练习题 1.2 图

小船,设该人以匀速率 v_0 收绳,绳不伸长,湖水静止,求当小船离岸的距离为 s 时,小船的速度和加速度的大小。

1.3　一质点的运动方程为 $x=t^2$,$y=(t-1)^2$,式中 x 和 y 均以 m 为单位,t 以 s 为单位。求:

(1)质点的轨迹方程;

(2)$t=2$ s 时,质点的速度和加速度。

1.4　已知一质点的运动学方程为 $\boldsymbol{r}=2t\boldsymbol{i}+(2-t^2)\boldsymbol{j}$,其中,$r$、$t$ 分别以 m 和 s 为单位,试求:

(1)质点的轨迹方程;

(2)从 $t=1$ s 到 $t=2$ s 内质点的位移;

(3)$t=2$ s 时质点的速度和加速度。

1.5　一质点沿一直线运动,其加速度为 $a=-2x$,式中 x 的单位为 m,a 的单位为 m/s²,设当 $x=0$ m 时,$v_0=4$ m/s。试求该质点的速度 v 与位置坐标 x 之间的关系。

1.6　已知一质点做直线运动,其加速度为 $a=4+3t$,开始运动时,$x=5$ m,$v=0$ m/s,求该质点在 $t=10$ s 时的速度和位置。

1.7　飞轮半径为 0.4 m,自静止启动,其角加速度为 $\beta=0.2$ rad/s²,求 $t=2$ s 时边缘上各点的速度、法向加速度、切向加速度和合加速度。

1.8　一质点沿半径为 1 m 的圆周运动,运动方程为 $\theta=2+3t^3$,式中 θ 以弧度计,t 以 s 计,求:

(1)$t=2$ s 时,质点的切向和法向加速度;

(2)当加速度的方向和半径成 45°角时,其角位移。

1.9　质点沿半径为 R 的圆周按 $s=v_0t-\dfrac{1}{2}bt^2$ 的规律运动,式中,s 为质点离圆周上某点的弧长,v_0、b 都是常量。求:

(1)t 时刻质点的加速度;

(2)t 为何值时,加速度在数值上等于 b。

1.10　当一轮船在雨中航行时,它的雨篷遮在篷的垂直投影后 2 m 的甲板上,篷高 4 m。但当轮船停航时,甲板上干湿两部分的分界线却在篷前 3 m,如雨滴的速度大小为 8 m/s,求轮船的速率。

提　升　题

1.1　在极坐标下,一质点的运动方程为
$$r = r_0 + v_0 t$$
$$\theta = \omega t$$
式中,r_0、v_0 和 ω 是正常数。求:

(1)质点的运动轨迹;

(2)质点的速度随时间的变化情况。

提升题 1.1 参考答案

1.2　一个小球以水平速度 v_x 从高 h 处抛出,与地面发生碰撞后继续向前跳跃。假设

小球在水平方向没有摩擦，在竖直方向碰撞后的速率与碰撞前的速率之比为 $k(k<1)$，k 称为反弹系数。求：

（1）小球到静止时运动的时间和水平距离；

（2）小球的水平速率与第一次反弹的速率之比为一常数，对于不同的反弹系数，小球的运动轨迹有什么特点。

1.3　设对方导弹以初速度 v_0 与水平面夹角 θ 作斜抛运动向己方袭来（不计空气阻力），设己方导弹的速率恒为 v_2 且方向始终指向对方导弹。求：

（1）己方导弹的飞行轨道；

（2）己方导弹击中对方导弹需要的时间。

提升题 1.2 参考答案

提升题 1.3 参考答案

第2章 质点动力学

在第1章质点运动学中，我们侧重讨论了质点运动的描述，但并没有涉及引起运动状态变化的原因，在本章中，我们将以牛顿运动定律为依托，通过分析物体间的相互作用来研究质点运动状态变化的原因和遵循的规律。

牛顿运动定律是经典力学的核心，是研究质点机械运动的基础，是质点动力学中的基本定律，它在数百年来有了广泛的扩展和应用。任何一个复杂的物体，原则上都可以看作是大量质点的组合，于是由牛顿运动定律就可以推导出刚体、理想流体等物体的运动规律，从而建立起整个经典力学的体系。即使对那些大量分子的无规则热运动，虽然其整体服从统计规律，但其个体运动中也含有机械运动的规律。因此，深刻理解牛顿运动定律的有关概念并能熟练地应用它，就显得十分重要。

2.1 牛顿运动定律

2.1.1 牛顿第一定律

牛顿第一定律：任何物体都将保持静止或匀速直线运动的状态，直到其他物体对它的力迫使它改变这种状态为止。

关于牛顿第一定律，需要注意以下几点：

（1）第一定律引进了力和惯性这两个重要概念。第一定律指出，每个物体在不受外力时都有保持静止或匀速直线运动的状态的属性，这就是惯性。因而第一定律常称为惯性定律。当物体运动的惯性发生了改变时，是其他物体作用的结果，这种作用的物理表示就是"力"。

（2）第一定律是大量观察与实验事实的概括和总结。第一定律不能直接用实验证明，因为世界上没有完全不受其他物体作用的孤立物体。我们确信第一定律的正确性，是因为用它导出的结果都与实验事实相符。

（3）第一定律定义了惯性系。根据第一定律，我们总可以找到一种特殊的参考系，在这种参考系中，不受任何作用的物体(质点)将保持静止或做匀速直线运动。我们把这样的参考系称作惯性系。从这个意义上说，第一定律定义了惯性系。

综上所述，第一定律具有丰富的内容，它既提出了力和惯性的概念，又定义了惯性系。

2.1.2 牛顿第二定律

设一个质量为 m 的质点，某时刻的速度为 v，它们的乘积 mv 称为质点的动量。

牛顿第二定律可表述为质点所受的合力 F 与动量随时间 t 的变化率成正比，其数学表

示为

$$F = \frac{\mathrm{d}(m\boldsymbol{v})}{\mathrm{d}t} \tag{2.1.1}$$

这是牛顿第二定律的普遍表示形式。若 m 是常量，则可表示为

$$\boldsymbol{F} = m\frac{\mathrm{d}\boldsymbol{v}}{\mathrm{d}t} = m\boldsymbol{a} \tag{2.1.2}$$

在物体运动的速度远小于光速的情况下或者一般的工程实际问题中，m 被看作是常量。

关于牛顿第二定律，需要注意以下几点：

（1）第二定律给出了力、质量和加速度三个物理量之间的定量联系。当物体的质量不变时，物体所获得的加速度的大小与它所受合外力的大小成正比，加速度的方向与外力作用的方向一致。不同质量的物体在相同外力的作用下，获得的加速度不同，加速度的大小与物体的质量成反比，质量越大，加速度越小，反之亦然。由此可见，质量是物体惯性大小的量度。

（2）牛顿第二定律反映了力与动量随时间变化的瞬时关系。如果质点某时刻的动量发生变化，则该时刻质点一定受到力的作用。当 m 不变时，$\boldsymbol{F}$ 是某时刻所受的瞬时外力，$\boldsymbol{a}$ 就是对应时刻的瞬时加速度。物体一旦受到外力作用，将立即产生相应的加速度。改变外力，加速度相应变化；一旦撤去外力，加速度也将立即消失。

（3）牛顿第二定律阐明了力和加速度之间的矢量关系。如果质点在某方向受到一个合力，则在该方向上一定会产生一个加速度，在直角坐标系 $OXYZ$ 中可表示成如下形式：

$$\begin{cases} F_x = ma_x = m\dfrac{\mathrm{d}v_x}{\mathrm{d}t} = m\dfrac{\mathrm{d}^2 x}{\mathrm{d}t^2} \\[2mm] F_y = ma_y = m\dfrac{\mathrm{d}v_y}{\mathrm{d}t} = m\dfrac{\mathrm{d}^2 y}{\mathrm{d}t^2} \\[2mm] F_z = ma_z = m\dfrac{\mathrm{d}v_z}{\mathrm{d}t} = m\dfrac{\mathrm{d}^2 z}{\mathrm{d}t^2} \end{cases} \tag{2.1.3}$$

质点在平面上做曲线运动时，在自然坐标系中牛顿第二定律可写成：

$$\boldsymbol{F} = m\boldsymbol{a} = m(\boldsymbol{a}_\tau + \boldsymbol{a}_n) = m\frac{\mathrm{d}v}{\mathrm{d}t}\boldsymbol{e}_\tau + m\frac{v^2}{\rho}\boldsymbol{e}_n \tag{2.1.4}$$

其分量式为

$$\boldsymbol{F}_\tau = m\boldsymbol{a}_\tau = m\frac{\mathrm{d}v}{\mathrm{d}t}\boldsymbol{e}_\tau$$

$$\boldsymbol{F}_n = m\boldsymbol{a}_n = m\frac{v^2}{\rho}\boldsymbol{e}_n$$

式中，$\boldsymbol{F}_\tau$ 称为切向力，$\boldsymbol{F}_n$ 称为法向力（或向心力）。

2.1.3　牛顿第三定律

牛顿第一定律和第二定律都没有给出力的本质和具有的属性。牛顿第三定律则回答了这些问题。

牛顿第三定律：力是物体对物体的作用，如果一个物体给另一个物体作用力 $\boldsymbol{F}$，另一个物体同时给该物体反作用力 $\boldsymbol{F}'$，$\boldsymbol{F}$ 与 $\boldsymbol{F}'$ 大小相等，方向相反，作用在同一条直线上。其数学表达式为

$$\boldsymbol{F} = -\boldsymbol{F}' \tag{2.1.5}$$

关于牛顿第三定律的几点说明如下：

（1）作用力和反作用力虽然大小相等，方向相反，作用在同一条直线上，但是它们的作用点不同，分别作用在两个不同的物体上。由于力的作用点不同，所以产生的效果有可能不同。

（2）作用力和反作用力总是成对出现，它们总是同时产生、同时消失。

（3）作用力和反作用力属于同一种性质的力。

2.2　力学中几种常见的力

质点动力学的任务是研究在力的作用下质点的运动。就现在所知，自然界物体之间的相互作用从基本性质上来说有四种类型：万有引力相互作用、电磁相互作用、强相互作用和弱相互作用。万有引力相互作用存在于一切物体之间，这种作用在大质量的物体（如天体、地球）之间才体现出明显的效应，这种相互作用的表现就是万有引力。电磁相互作用一般存在于一切带电体之间，带电粒子间的静电力和磁场力就是这种作用的表现。电磁力比引力强得多，如电子和质子间静电力的大小约为引力的 10^{39} 倍。强相互作用和弱相互作用在原子核范围内起作用，表现为短程力。强相互作用存在于质子、中子、介子等粒子之间，其力程约 10^{-15} m，其大小约为静电力的 10 倍。弱相互作用的力程更短，约 10^{-17} m，其大小约为静电力的 10^{-2} 倍。在大学物理的力学内容中，一般常见的力如下所述。

2.2.1　万有引力与重力

牛顿认为，不仅天体之间存在引力，任何物体之间都存在引力，这种引力称为万有引力。

视频 2-1

万有引力定律的表述为：设有两个质点，质量分别为 m_1 和 m_2，相隔距离为 r，它们之间的万有引力 $\boldsymbol{F}$ 的大小与这两个质点质量的乘积 $m_1 m_2$ 成正比，与它们之间距离的平方 r^2 成反比，$\boldsymbol{F}$ 的方向为沿着两质点的连线方向，如图 2.2.1 所示。

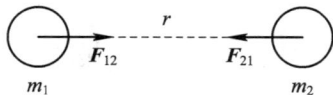

图 2.2.1　万有引力

万有引力的大小可表示为

$$F = G \frac{m_1 m_2}{r^2} \tag{2.2.1}$$

万有引力是一个矢量，可以用矢量式表示为

$$\boldsymbol{F}_{21} = -G \frac{m_1 m_2}{r^2} \boldsymbol{r}_0 \tag{2.2.2}$$

其中，$G = 6.67 \times 10^{-11}$ N·m²/kg²，称为引力常量；$\boldsymbol{r}_0$ 的正方向规定为由施力质点指向受力质点，即由 m_1 指向 m_2；负号表示引力 $\boldsymbol{F}_{21}$ 的方向与 $\boldsymbol{r}_0$ 的方向相反，指向施力质点 m_1。

若计算 m_1 受 m_2 作用的万有引力，则 r_0 的正方向变成由 m_2 指向 m_1。

注意：在应用万有引力定律时，r_0 的正方向规定为从施力质点指向受力质点；式(2.2.2)仅适用于两个质点之间相互作用引力的计算。

地球对地面附近物体的作用力称为物体所受的重力，重力的大小称为重量。如果忽略地球自转的影响，物体的重力就近似等于它所受的地球对它的万有引力，其方向铅直向下，指向地球中心，即

$$F_G = mg \tag{2.2.3}$$

若物体位于地面附近高度为 h 处，则有

$$G\frac{mm_e}{(r_e+h)^2} = mg$$

式中，m_e 为地球的质量，r_e 为地球的半径。由于物体在地面附近，故 $r_e+h \approx r_e$，因而有

$$mg = G\frac{mm_e}{r_e^2}$$

由此可得

$$g = G\frac{m_e}{r_e^2}$$

将地球的质量 $m_e = 5.977 \times 10^{24}$ kg 和地球的半径 $r_e = 6370$ km 代入上式，可得重力加速度 $g = 9.82$ m/s^2。通常，在计算时我们近似取地面附近物体的重力加速度为 9.80 m/s^2。

2.2.2　弹性力

物体因发生形变而产生的欲使其恢复原来形状的力称为弹性力，其方向要根据物体形变的情况来决定。下面介绍几种常见的弹性力。

1. 弹簧的弹性力

弹簧在外力作用下要发生形变(伸长或压缩)，与此同时，弹簧反抗形变而对施力物体有力的作用，这个力就是弹簧的弹性力，如图 2.2.2 所示。

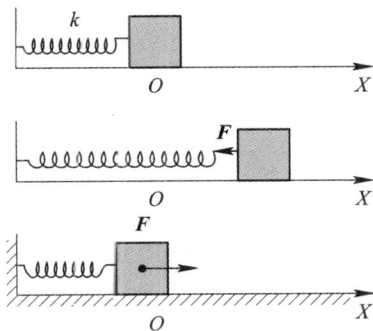

图 2.2.2　弹簧的弹性力

把弹簧的一端固定，另一端连接一个放置在水平面上的物体。取弹簧没有被拉伸或压缩时物体的位置为坐标原点 O，建立坐标系 OX，O 点称为物体的平衡位置。实验表明，在弹性限度内，弹性力可表示为

$$F = -kx \tag{2.2.4}$$

式中，*x* 是物体相对于平衡位置(原点)的位移，其大小即为弹簧的伸长(或压缩)量；比例系数 *k* 称为弹簧的刚度系数(或倔强系数)，它表征弹簧的力学性能，单位是 N/m。式 (2.2.4)表明，弹性力的大小与弹簧的伸长(或压缩)量成正比，弹性力的方向与位移的方向相反。该定律也称为胡克定律。

2. 物体间相互挤压而引起的弹性力

物体间相互挤压而引起的弹性力是由彼此挤压的物体发生形变而引起的，一般形变量很小。例如，一重物放在桌面上，桌面受重物挤压而发生形变，从而产生向上的弹性力 F_N，这就是桌面对重物的支承力，如图 2.2.3 所示。与此同时，重物受桌面的挤压也会发生形变，从而产生向下的弹性力 F_N'，即重物对桌面的压力。挤压弹性力总是垂直于物体间的接触面或接触点的公切面，故也称为法向力。

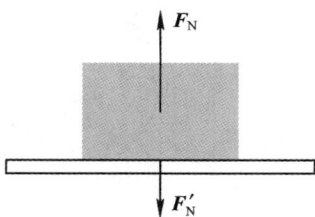

图 2.2.3　物体与桌面之间相互挤压产生的弹性力

3. 绳子的拉力

柔软的绳子在受到外力拉伸而发生形变时会产生弹性力，与此同时，绳子的内部各段之间也有相互的弹性力作用，这种弹性力称为张力。

2.2.3　摩擦力

两个彼此接触且相互挤压的物体，当存在相对运动或相对运动的趋势时，在两者的接触面上会产生阻碍相对运动的力，这种力称为摩擦力。摩擦力产生在直接接触的物体之间，其方向为沿两物体接触面的切线方向，并与物体相对运动或相对运动趋势的方向相反。

1. 静摩擦力

设一物体放在支承面(如地面、斜面等)上，现用一不太大的推力 *F* 作用于该物体，从而使物体相对于支承面形成滑动趋势，但并未运动，如图 2.2.4 所示。这时物体与支承面之间将产生摩擦力，它与外力 *F* 相互平衡，致使物体相对于支承面仍然静止，这种摩擦力

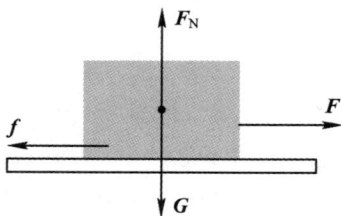

图 2.2.4　静摩擦力

称为静摩擦力，记作 f。静摩擦力的大小与物体所受的外力 $\boldsymbol{F}$ 有关，当外力增大到一定程度时，物体将开始滑动，此时的静摩擦力称为最大静摩擦力，记作 $f_{\max}$。实验指出，最大静摩擦力与接触面间的法向支承力 $\boldsymbol{F}_N$（也称正压力）的大小成正比，即

$$f_{\max} = \mu_0 F_N \tag{2.2.5}$$

式中，μ_0 称为静摩擦系数，它与两物体接触面的材料性质、粗糙程度、干湿状况等因素有关，通常由实验测定。

显然，静摩擦力的大小介于零与最大静摩擦力之间，即

$$0 < f \leqslant f_{\max} \tag{2.2.6}$$

2. 滑动摩擦力

当作用于上述物体的外力 $\boldsymbol{F}$ 超过最大静摩擦力而使两物体发生相对运动时，两接触面之间的摩擦力称为滑动摩擦力。滑动摩擦力的方向与两物体之间相对滑动的方向相反，滑动摩擦力的大小 f 也与法向支承力的大小 F_N 成正比，即

$$f = \mu F_N \tag{2.2.7}$$

式中，μ 称为滑动摩擦系数，通常它比静摩擦系数稍小一些，计算时，如不加说明，一般可不加区别，统称为摩擦系数，近似地认为 $\mu = \mu_0$。

3. 黏滞阻力

物体在流体中运动时，流体对物体的运动产生的阻力，叫湿摩擦力或黏滞阻力。流体阻力形成的原因和规律比较复杂，当物体相对于流体的速度不是很大时，流体的阻力主要是黏滞阻力，它与速度的大小成正比，即

$$F_r = -cv \tag{2.2.8}$$

式中，c 称为黏滞阻尼系数。

对于球形物体，当速率不太大时，黏滞阻力为

$$F_r = -6\pi r \eta v \tag{2.2.9}$$

式中，"$-$"表示力的方向与物体运动速度的方向相反，r 为球形物体的半径，v 为物体运动的速率，η 为流体的黏滞系数。流体阻力的大小与物体的尺寸、形状、速率以及物体和流体的性质等有关。随着物体在流体中运动速度的变大，黏滞阻力与速度之间的关系是非线性关系，处理这类问题较为复杂。

2.2.4　万有引力在工程技术中的应用

地球内部物质的密度分布非常不均匀，因此实际观测的重力值与理论上的重力值总是存在着偏差，在排除各种干扰因素之后，仅仅是由于物质密度分布不均匀而引起的重力变化称为重力异常。一般情况下，地下岩石密度的不均匀性往往和某些地质构造或某些矿产分布有关。所以，通过地下岩石密度的不均匀所引起的重力加速度的变化，可以获得地下地质构造或寻找某些有用矿产的地球物理信息，这种方法称为重力勘探技术。

测定重力加速度的测量仪器称为重力仪。1881 年匈牙利物理学家厄缶为测定物质的引力质量发明了扭秤，1915 年此装置开始用于重力勘探。1934 年拉科斯特研制出了高精度的金属弹簧重力仪，沃登研制了石英弹簧重力仪，这类仪器的测量精度约 $0.05 \sim 0.2$ mGal（1 Gal $= 10^{-2}$ m/s^2）。1999 年诺贝尔物理学奖得主朱棣文教授利用原子干涉技术实

现了原子绝对重力测量的实验，研制的原子干涉绝对重力仪的灵敏度达到了 20 μGal$/\sqrt{\text{Hz}}$，测量时间短于经典绝对重力仪的 1/100。2017 年我国科技工作者自主研制出了 NIM - 3A 型光学干涉绝对重力仪，其测量结果的合成标准不确定度为 3.0 μGal，达到了国际领先水平。

随着重力仪勘探精度的提高，重力勘探在地球深部构造研究、石油与煤田的普查、固体矿产资源的开发、水文等多方面发挥着越来越重要的作用。在新中国成立初期，国家建设急需石油资源，作为一种快速、轻便而有效的地球物理勘探方法，重力勘探在油气远景区和含油盆地的圈定以及石油普查工作中起到了重要作用。20 世纪六七十年代，在我国两次大规模铁矿普查中，重力勘探是一种主要的勘探方法。

2.3　牛顿运动定律的应用

质点动力学问题一般分为两类，一类是已知物体的受力情况来求解其运动状态；另一类是已知物体的运动状态来求作用于物体上的力。应用牛顿运动定律解题的一般思路、方法和步骤如下：① 选择研究对象，把所研究的物体从与之相联系的其他物体中隔离出来；② 根据问题的特征，选取合适的坐标系以简化运算量；③ 查看运动情况，分析受力，画受力图；④ 建立相应的动力学方程；⑤ 解方程，并对结果进行分析和讨论。

例 2.3.1　如图 2.3.1 所示，长为 l 的轻绳，一端系质量为 m 的小球，另一端系于定点 O。开始时小球处于最低位置。若使小球获得如图所示的初速 v_0，小球将在铅直平面内作圆周运动。求小球在任意位置的速率及绳的张力。

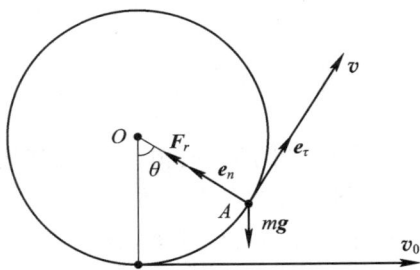

图 2.3.1　例 2.3.1 图

解　由题意知，在 $t=0$ 时，小球位于最低点，速度为 v_0。在时刻 t，小球位于点 A，轻绳与铅直线成 θ 角，速度为 v。此时小球受重力 mg 和绳的拉力 F_r 的作用。由于绳的质量不计，故绳的张力等于绳对小球的拉力。由牛顿第二定律可得小球的运动方程为

$$F_r + mg = ma \qquad ①$$

为列出小球运动方程的分量式，选取如图 2.3.1 所示的自然坐标系。在 A 点选取与速度 v 同向的方向作为切线方向，它的单位矢量为 e_τ；A 点指向圆心 O 的方向作为法线方向，它的单位矢量为 e_n。式①在切线和法线方向上的动力学方程的分量式分别为

$$F_r - mg\cos\theta = ma_n$$

$$-mg\sin\theta = ma_\tau$$

将 $a_n = \dfrac{v^2}{l}$ 和 $a_\tau = \dfrac{\mathrm{d}v}{\mathrm{d}t}$ 代入以上两式可得

$$F_r - mg\cos\theta = m\frac{v^2}{l} \qquad ②$$

$$-mg\sin\theta = m\frac{\mathrm{d}v}{\mathrm{d}t} \qquad ③$$

式③中 $\dfrac{\mathrm{d}v}{\mathrm{d}t} = \dfrac{\mathrm{d}v}{\mathrm{d}\theta}\dfrac{\mathrm{d}\theta}{\mathrm{d}t}$，由角速度定义式 $\omega = \dfrac{\mathrm{d}\theta}{\mathrm{d}t}$ 以及角速度 ω 与速率之间的关系式 $v = l\omega$，$\dfrac{\mathrm{d}v}{\mathrm{d}t}$ 可写为 $\dfrac{\mathrm{d}v}{\mathrm{d}t} = \dfrac{v}{l}\dfrac{\mathrm{d}v}{\mathrm{d}\theta}$，于是式③可写成

$$v\mathrm{d}v = -gl\sin\theta\mathrm{d}\theta$$

对上式两端积分

$$\int_{v_0}^{v} v\mathrm{d}v = -gl\int_{0}^{\theta}\sin\theta\mathrm{d}\theta$$

得

$$v = \sqrt{v_0^2 + 2lg(\cos\theta - 1)} \qquad ④$$

把式④代入式②得

$$F_r = m\left(\frac{v_0^2}{l} - 2g + 3g\cos\theta\right) \qquad ⑤$$

从式④可以看出，小球的速率与位置有关。θ 在 $0\sim\pi$ 之间时，随着 θ 角的增大，小球的速率减小；在 $\pi\sim2\pi$ 之间时，随着 θ 角的增大，小球的速率增大。小球作变速率圆周运动。

从式⑤也可以看出，在小球从最低点上升的过程中，随着角度 θ 的增加，绳对小球的张力 F_r 逐步减小，在到达最高点时，张力 F_r 最小；而后在小球向下降的过程中，张力 F_r 又逐步增加，在到达最低点时，张力最大。

例 2.3.2　如图 2.3.2 所示，一根细绳跨过定滑轮，在细绳两侧各悬挂质量分别为 m_1 和 m_2 的物体，且 $m_1 > m_2$。假设滑轮的质量与细绳的质量均略去不计，滑轮与细绳间无滑动以及轮轴的摩擦力略去不计。

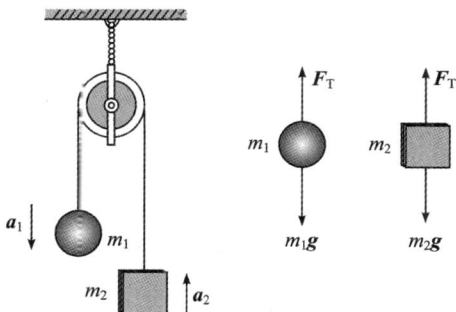

图 2.3.2　例 2.3.2 图

（1）试求重物释放后，物体的加速度和细绳的张力；

（2）若将上述装置固定在图 2.3.3 所示的电梯顶部，当电梯以加速度 a 相对地面竖直向上运动时，试求两物体相对电梯的加速度和细绳的张力。

解 （1）选取地面为惯性参考系，并作如图 2.3.2 所示的受力分析。

考虑到可忽略细绳和滑轮质量的条件，则细绳作用在两物体上的力 F_{T1}、F_{T2} 与绳的张力 F_T 应相等，即 $F_{T1}=F_{T2}=F_T$，且 $a_1=a_2=a$，则根据牛顿第二定律有

$$m_1 g - F_T = m_1 a$$
$$F_T - m_2 g = m_2 a$$

联立求解以上两式，可得两物体加速度的大小和绳张力的大小分别为

$$a = \frac{m_1 - m_2}{m_1 + m_2}g, \quad F_T = \frac{2m_1 m_2}{m_1 + m_2}g$$

（2）仍选取地面为惯性参考系，电梯相对地面的加速度为 $\boldsymbol{a}$，如图 2.3.3 所示。

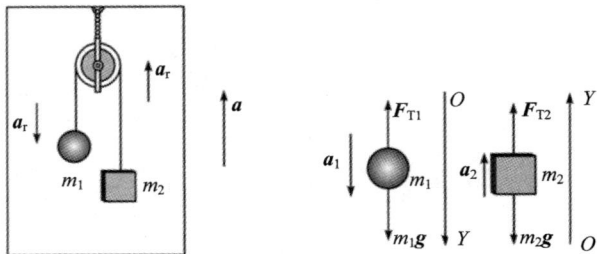

图 2.3.3　例 2.3.2 图

设 a_r 为物体 m_1 相对电梯的加速度，则物体 m_1 相对地面的加速度为 $\boldsymbol{a}_1 = \boldsymbol{a}_r + \boldsymbol{a}$，且 $F_{T1}=F_{T2}=F_T$，由牛顿第二定律有

$$m_1 \boldsymbol{g} + \boldsymbol{F}_{T1} = m_1 \boldsymbol{a}_1$$

按图 2.3.3 中所选的坐标系，考虑到物体 m_1 在 Y 轴上运动，且 $a_1=a_r-a$，故上式可写为

$$m_1 g - F_{T1} = m_1 g - F_T = m_1 a_1 = m_1(a_r - a) \quad \text{①}$$

由于绳的长度不变，故物体 m_2 相对电梯的加速度大小也是 a_r。物体 m_2 相对地面的加速度为 $\boldsymbol{a}_2$，大小为 $a_2=a_r+a$，于是物体 m_2 的运动方程为

$$F_T - m_2 g = m_2 a_2 = m_2(a_r + a) \quad \text{②}$$

由式①和式②可得物体 m_1 和 m_2 相对电梯的加速度的大小为

$$a_r = \frac{m_1 - m_2}{m_1 + m_2}(g + a) \quad \text{③}$$

将式③代入式①得轻绳的张力为

$$F_T = \frac{2m_1 m_2}{m_1 + m_2}(g + a)$$

例 2.3.3　设一质量为 m、半径为 r 的金属小球，由水面静止释放沉入水底，小球在下落过程中浮力不计，黏滞阻力的大小为 $F_r = 6\pi r \eta v$，黏滞阻力的方向与物体运动的方向相反。式中，r 为小球的半径，v 为其运动的速率，η 为流体的黏滞系数。若小球竖直下沉，试求此球体的下沉速度与时间的函数关系。

解　小球在水中受到重力 mg 和黏滞阻力 $\boldsymbol{F}_r$ 的作用，黏滞阻力的大小为 $F_r = 6\pi r \eta v$。在 t 时刻，小球下落的速度大小为 v 时，所受的合力大小为 $mg - F_r$，方向竖直向下。设此时小球向下运动的加速度为 a，由牛顿第二定律可得出小球的动力学方程为

$$mg - F_r = ma$$

即

$$mg - 6\pi r\eta v = m\frac{\mathrm{d}v}{\mathrm{d}t}$$

令 $b = 6\pi r\eta$，上式可改写为

$$mg - bv = m\frac{\mathrm{d}v}{\mathrm{d}t}$$

即

$$\frac{\mathrm{d}v}{mg - bv} = \frac{1}{m}\mathrm{d}t$$

对上式两端积分

$$\int_0^v \frac{\mathrm{d}v}{mg - bv} = \frac{1}{m}\int_0^t \mathrm{d}t$$

可得

$$v = \frac{mg}{b}(1 - \mathrm{e}^{-\frac{b}{m}t})$$

由速度的表达式可以看出，小球下落的速度是随时间的增加而增加的；当 $t \to \infty$ 时，$\mathrm{e}^{-\frac{b}{m}t} \to 0$，这时下沉速度达到极限值 $v = \frac{mg}{b}$。实际上，下沉速度达到极限值并不需要无限长的时间(当小球在运动过程中所受的合力为零，即 $mg = F$ 时，小球在竖直方向开始做匀速直线运动，运动的速度就是速度的极限值)。

2.4　惯性系与非惯性系

2.4.1　惯性系与非惯性系

运动学中，研究物体的运动可任选参考系，只要所选择的参考系给物体运动的研究带来方便和简化就可以。而在动力学中，用牛顿运动定律研究物体的运动时，参考系能不能任意选择呢？我们通过下面的例子来进行讨论。

在火车车厢内的光滑桌面上放一个小球。当车厢相对地面作匀速直线运动时，车厢内的观察者看到小球相对桌面处于静止状态，而路旁的人则看到小球随车厢一起做匀速直线运动。此时无论是以车厢还是以地面作为参考系，牛顿运动定律都是适用的。因为小球在水平方向不受外力作用，它将保持静止或匀速直线运动状态。但当车厢突然相对于地面以向前的加速度 a 运动时，对车厢中的观察者来说，小球以 $-a$ 的加速度相对桌面(车厢)运动；但对地面上的观察者来说，小球对地面仍保持原有的运动状态，加速度为零。如果牛顿运动定律以地球为参考系是适用的，则由此可得出质点所受合力为零，即 $F = 0$ 的结论；如果牛顿运动定律以车厢为参考系也适用，则由此可得出质点受到不为零的合力 $F = -ma$ 作用的结论。显然两种结论矛盾。这说明牛顿运动定律不能同时适用于上述两种参考系，即参考系是不能任意选择的。因此，我们把牛顿运动定律适用的参考系叫作惯性参考系，简称惯性系；反之，就叫非惯性系。

要确定一个参考系是不是惯性系，只能依靠观察和实验。通常我们将地球看作是惯性

系，伽利略就是在地球上发现的惯性定律。但精确观察表明，地球不是严格的惯性系。离地球最近的恒星是太阳，两者相距约 1.5×10^8 km。由于太阳的存在，使地球中心相对太阳有 5.9×10^{-3} m/s² 的加速度，这就是公转加速度。至于地球的自转所造成的加速度则更大，约为 3.4×10^{-2} m/s²，但对大多数精度要求不很高的实验，这一自转的加速效应仍可以忽略。

日心系通常是指以太阳中心为原点、以太阳与邻近恒星的连线为坐标轴的参考系，这是更好的惯性系。但精确的观察表明，由于太阳受银河系整个分布质量的作用，它与整个银河系的其他星体一起绕其中心(称为银心)旋转，使它相对银心仍有约 10^{-10} m/s² 的加速度。太阳与惯性系的偏离在观察恒星运动时仍会显现出来。在实际问题中，确定一个参考系能否看作是一个惯性系与我们所研究的问题密切相关。

2.4.2 非惯性系中的惯性力

牛顿运动定律只适用于惯性系，而相对于惯性系作加速运动的参考系，牛顿运动定律则不适用。但在实际问题中，往往需要在非惯性系中处理物体的运动，这时，我们要引入惯性力的概念。惯性力是个虚拟力，它是在非惯性系中来自参考系本身加速效应的力。与真实力不同，惯性力找不到相应的施力物体，它的大小等于物体的质量 m 和非惯性系加速度 $\boldsymbol{a}_0$ 的乘积，但方向和 $\boldsymbol{a}_0$ 相反。惯性力可表示为

$$\boldsymbol{F}_惯 = -m\boldsymbol{a}_0$$

在非惯性系中，如物体受的真实力为 $\boldsymbol{F}$，另外加上惯性力 $\boldsymbol{F}_惯$，则物体对于此非惯性系的加速度 $\boldsymbol{a}_相$ 就可以在形式上和牛顿运动定律一样，求得其关系式如下：

$$\boldsymbol{F} + \boldsymbol{F}_惯 = m\boldsymbol{a}_相$$

引入惯性力就可对下述例子做出解释。图 2.4.1 所示为加速运动的火车，当车以加速度 $\boldsymbol{a}_0$ 沿 OX 轴正向相对地面参考系运动时，在车中的观察者看来，在光滑桌面的小球以加速度 $-\boldsymbol{a}_0$ 沿 OX 轴负向运动。如果我们设想作用在质量为 m 的小球上有一个假想的惯性力，并认为这个惯性力为 $\boldsymbol{F}_惯 = -m\boldsymbol{a}_0$，那么对火车这个非惯性参考系就可以应用牛顿第二定律了。这就是说，对处于加速度为 $\boldsymbol{a}_0$ 的火车中的观察者来说，他认为有一个大小等于 ma_0、方向与 $\boldsymbol{a}_0$ 相反的惯性力作用在小球上。

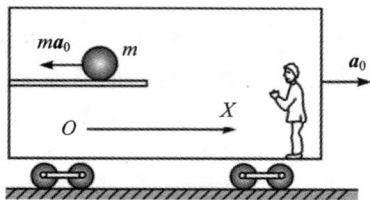

图 2.4.1 惯性力

一般来说，如果作用在物体上的力含有惯性力 $\boldsymbol{F}_惯$，那么牛顿第二定律的数学表达式在非惯性系可表示为

$$\boldsymbol{F} + \boldsymbol{F}_惯 = m\boldsymbol{a}_相$$
$$\boldsymbol{F} - m\boldsymbol{a}_0 = m\boldsymbol{a}_相$$

式中，$\boldsymbol{a}_0$ 是非惯性系相对惯性系的加速度，$\boldsymbol{a}_相$ 是物体相对非惯性系的加速度，$\boldsymbol{F}$ 是物体所

受到的除惯性力以外的合外力，我们称此为相互作用力，是真实存在的力。

惯性力在技术上有着广泛的应用。例如，在导弹和舰艇的惯性导航系统中安装的加速度计就是利用系统在加速移动时，通过计算作用于质量为 m 的物体上的惯性力大小来确定系统的加速度的。

牛顿力学是质点力学的基础，也是整个经典力学的基础，为人类的日常生活、工程科学、宇宙探索等活动提供了理论指导。但需要说明的是：① 牛顿定律仅对惯性系成立；② 牛顿定律仅适用于低速运动系统，所谓低速运动是指物体的运动速率 v 远远小于真空中的光速；③ 牛顿定律仅适用于宏观物体，不适用于微观粒子，微观粒子的运动遵循量子力学规律。

科学家简介

牛　顿

牛顿(Isaac Newton，1643—1727 年)，英国物理学家、数学家、天文学家和自然哲学家，他被认为是人类历史上最伟大、最有影响力的科学家之一。

1687 年，牛顿出版了代表作《自然哲学的数学原理》，这本书从力学的基本概念(质量、动量、惯性、力)和基本定律(万有引力和牛顿运动定律)出发，运用他所发明的微积分这一锐利的数学工具，建立了经典力学完整而严密的体系，把天体力学和地面上的物体力学统一起来，实现了物理学史上第一次大的综合，并为太阳中心说提供了强有力的理论支持，使得自然科学的研究最终挣脱了宗教的枷锁。

牛顿在光学的研究上也有所贡献，他首先发现了太阳光的色散现象，并进一步测定了不同颜色的光的折射率，在此基础上发明了反射望远镜，奠定了现代大型光学天文望远镜的基础。在数学上，牛顿与莱布尼茨还各自独立地发明了微积分，证明了广义二项式定理，提出了"牛顿法"以趋近函数的零点，并为幂级数的研究做出了贡献。

延伸阅读

从牛顿、三体到混沌：科学认知如何从简单到复杂

从 17 世纪开始，以牛顿运动定律为基础建立起来的经典力学体系，无论在自然科学还是在工程技术领域都取得了巨大的成功。上至斗转星移，下至车船行驶，大至日月星辰，小至尘埃微粒，牛顿力学都能得到广泛的应用。1757 年哈雷彗星在预定的时间内回归，1846 年在预定的方位发现了海王星，这些都证明了牛顿力学在天文学上所获得的辉煌成就。以至于后来人们相信，只要了解了物体的受力情况和初始状态，利用牛顿运动定律就能确定此物体的"过去"和"未来"。如果其初始条件发生微小的改变，物体的运动轨迹也只

会发生很微小的变化。牛顿力学因此被称为"确定性理论"。法国数学家拉普拉斯的一段名言把这种决定论思想发挥到了顶峰："设想有位智者在每一瞬间都得知激励大自然的所有的力，以及组成它的所有物体的相互位置，如果这位智者如此博大精深，他能对这样众多的数据进行分析，把宇宙间最庞大物体和最轻微原子的运动凝聚到一个公式当中，对他来说没有什么事情是不确定的，将来就像过去一样展现在他的眼前。"

20 世纪 60 年代以来，越来越多的研究结果表明，在一个没有外来干扰的"确定性系统"中，也存在不确定的因素。另一位法国数学家庞加莱在研究"有限制的三体问题"时发现，在相对空间的截面上相对质量较小的物体的运动竟是没完没了地自我缠结，密密麻麻地交织成错综复杂的蜘蛛网形状。这种复杂的运动是高度不稳定的，任何一个微小的扰动都会使物体的运动轨道在一段时间后有显著的偏离。因此，这样的运动在一段时间后是不可预测的，因为在初始条件或计算过程中任何微小的偏差都可能导致计算结果与实际运动轨迹出现严重的偏离。庞加莱的发现告诉我们，简单的物理模型会产生非常复杂的运动，确定性的方程可导致无法预测的结果。

系统内部的非线性特征是导致确定性的方程可能会出现无法预测的结果的根本原因。20 世纪 60 年代，美国麻省理工学院著名气象学家洛伦兹在研究大气时，建立了一组非线性微分方程，解这个方程只能用数值解法，给定初值后一次一次地迭代。他在某一初值的设定下已算出一系列气候演变的数据，当他再次开机想考察这一系列的更长期的演变时，为了省事不再从头算起，他把该系列的一个中间数据当作初值输入，然后按同样的程序进行计算。他原本希望得到和上次系列后半段相同的结果。但是出乎预料，经过短时重复后，新的计算很快就偏离了原来的结果，如图 Y2-1 所示。他很快意识到，并非计算机出了故障，问题出在他这次作为初值输入的数据上。计算机内原储存的是 6 位小数 0.506 127，但他打印出来的却是 3 位小数 0.506，他这次输入的就是这三位数字。他经过更深入的研究后发现，对于某些确定的常微分方程，即使初始条件相差一个很微小的值，计算的最终结果也有可能差别很大，这种现象就是非线性动力系统对初始条件的敏感依赖性。随后他把这一现象比作"蝴蝶效应"，并形象地说："巴西境内的一只蝴蝶随意地扇动了一下翅膀，就有可能引起作克萨斯州的一场龙卷风。"后来，人们认识到这其实就是一种混沌运动，蝴蝶效应就是对混沌运动的一种生动描述，而洛伦兹本人则因此被誉为"混沌之父"。

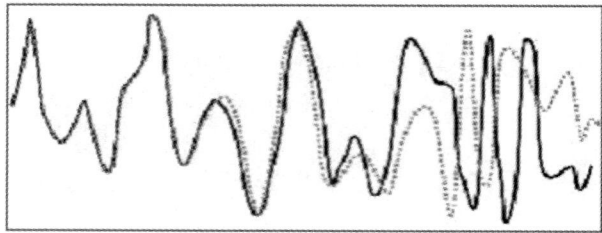

图 Y2-1　洛伦兹的气候演变曲线

对初值的极端敏感性是混沌运动普遍的基本特征。两次只是初值不同的混沌运动，它们的差别随时间的推移越来越大，而且是随时间按指数规律增大。不同初值的混沌运动之间的差别迅速扩大，这将给混沌运动带来严重的后果，由于从原则上讲，初值不可能完全准确地给定，因而在任何实际给定的初始条件下，我们对混沌运动演变的预测就将按指数规律减小到零。这就是说，我们对稍长时间之后的混沌运动不可能预测。这样，决定论和可预测性之间的联系被切断了。混沌运动虽然仍是决定论的，但它同时又是不可预测的。混沌就是决定论的混乱。

　　然而，混沌并非只是简单地代表一种混乱的无规则运动，各类混沌运动也存在一些共同的规律。例如，各种混沌态都具有运动局域不稳定性和全局稳定性，也就是说，混沌运动在有限区域内轨道永不重复，但它也不会无限发散或趋于静止；混沌运动都具有相同的费根鲍姆常数，都具有正的李雅普洛夫指数、正的测度熵、分数维的奇怪吸引子和连续的功率谱；混沌吸引子都具有自相嵌套的分形结构等等，如图 Y2-2 所示。可以说，在牛顿力学背后隐藏着奇异的混沌，而在混沌深处又隐藏着更奇异的"秩序"。

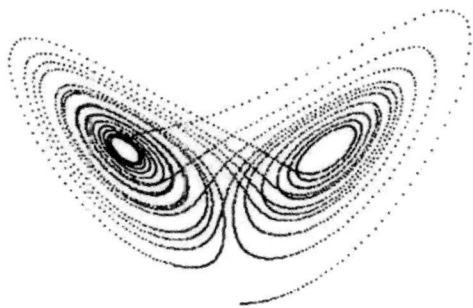

图 Y2-2　洛伦兹混沌系统的奇怪吸引子

思　考　题

2.1　在下列情况下，说明质点所受合力的特点。

（1）质点做匀速直线运动；

（2）质点做匀减速直线运动；

（3）质点做匀速圆周运动；

（4）质点做匀加速圆周运动。

2.2　摩擦力是否一定阻碍物体的运动，试说明人骑自行车时，自行车为什么会前进。

2.3　绳的一端系一个金属球，以手握其另一端使其作圆周运动。

（1）当小球运动的角速度相同时，长的绳子容易断还是短的绳子容易断，为什么？

（2）当小球运动的线速度相同时，长的绳子容易断还是短的绳子容易断，为什么？

2.4　胡克定律中 $F_x = -kx$，负号所反映的物理意义是什么？

2.5　牛顿运动定律的适用范围是什么？

练　习　题

2.1　桌上有一质量 $M = 1\ \text{kg}$ 的平板，板上放一质量 $m = 2\ \text{kg}$ 的物体，设物体与板、

板与桌面之间的滑动摩擦因素均为 $\mu_k = 0.25$，静摩擦因素为 $\mu_s = 0.30$。

（1）今以水平力 $\boldsymbol{F}$ 拉板，使两者一起以 $a = 1\ \text{m/s}^2$ 的加速度运动，试计算物体与板、物理与桌面间的相互作用力；

（2）要将板从物体下面抽出，至少需要多大的力？

2.2　两根弹簧（见图 T2-1）的刚度系数分别为 k_1 和 k_2。求证：

（1）它们串联起来时，总刚度系数 k 与 k_1 和 k_2 满足关系式 $\dfrac{1}{k} = \dfrac{1}{k_1} + \dfrac{1}{k_2}$；

（2）它们并联起来时，总刚度系数 $k = k_1 + k_2$。

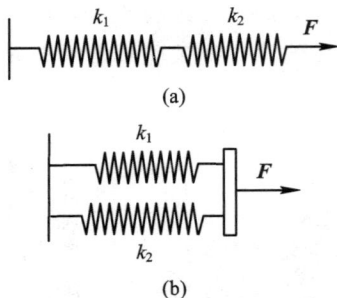

图 T2-1　练习题 2.2 图

2.3　质量为 m 的小船在湖水中扬帆前进，速度为 v_0，当帆落下后，小船仅受到水的阻力 $F = -kv^2$ 的作用，求船在水中运动的速度与时间的关系。

2.4　如图 T2-2 所示，质量为 $m = 10\ \text{kg}$ 的小球，拴在长度 $l = 5\ \text{m}$ 的轻绳子的一端构成一个摆。摆动时，与竖直线的最大夹角为 $60°$。

（1）小球通过竖直位置时的速度为多少？此时绳的张力多大？

（2）在 $\theta < 60°$ 的任一位置时，求小球的速度 v 与 θ 的关系式，这时小球的加速度为多大？绳中的张力多大？

（3）在 $\theta = 60°$ 时，小球的加速度多大？绳的张力有多大？

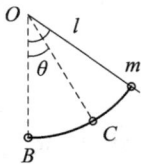

图 T2-2　练习题 2.4 图

2.5　跳伞员与装备的质量共为 m，从伞塔上跳下时立即张伞，可以粗略地认为张伞时速度为零，此后空气阻力与速率的平方成正比，即 $f = kv^2$。求跳伞员的运动速率 v 随时间 t 变化的规律和终极速率 v_T。

2.6　质量为 16 kg 的质点在 XOY 平面内运动，受一恒力作用，力的分量为 $F_x = 6\ \text{N}$，$F_y = -7\ \text{N}$，当 $t = 0\ \text{s}$ 时，$x = y = 0\ \text{m}$，$v_x = -2\ \text{m/s}$，$v_y = 0\ \text{m/s}$。求当 $t = 2\ \text{s}$ 时质点的位矢和速度。

2.7　如图 T2-3 所示，有一定高度的带状圆环轨道水平固定在光滑桌面上，半径为 R。一物体贴着轨道内侧运动，物体与轨道面之间的滑动摩擦系数为 μ，若物体在某时刻经

过 A 点的速率为 v_0，求：

（1）此后物体在轨道上滑过路程 s 时的速率 $v(s)$；

（2）物体的速率从 v_0 变化到 v 需要的时间。

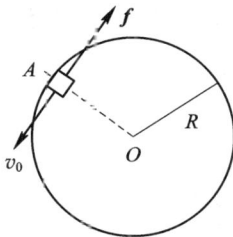

图 T2-3　练习题 2.7 图（俯视图）

提　升　题

2.1　物体在空气中运动时，阻力的大小可以表示为 $F = C\rho A v^2 / 2$。其中，ρ 是空气的密度，A 是物体的有效横截面积，C 为阻力系数。一降落伞和人的极限速度为 $v_T = 5$ m/s，当它从静止开始下落时，求：

（1）它的速度和下落的高度随时间的变化关系；

（2）如果该降落伞开始没有打开，当速度达到 $v_0 = 10$ m/s 时才打开，它的运动规律是什么？

2.2　一艘沿直线行驶的汽船，速度为 v_0。汽船关闭发动机后，受到的阻力 f 与速度 v 方向相反、大小与速率的 n 次方成正比，比例系数为 k_n。求当 n 取不同的正数时，船的速度和路程随时间的变化关系。

2.3　如图 T2-4 所示，一链条长为 l，单位长度的质量为 λ 放在光滑的桌面上，其中长为 b 的一段下垂。链条从静止开始运动，求：

（1）链条的运动规律；

（2）链条滑出桌面所用的时间和此时的速度。

提升题 2.1 参考答案

提升题 2.2 参考答案

提升题 2.3 参考答案

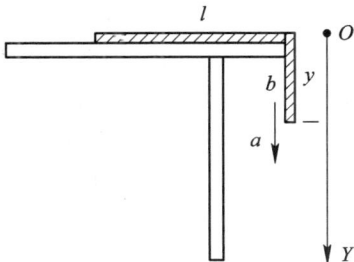

图 T2-4　提升题 2.3 图

第 3 章　动量、能量和动量矩

在力学中不仅要研究力的瞬时效应，还要研究力持续地作用于质点或质点系时，对质点或质点系所产生的累积效应，即力对时间的累积效应和力对空间的累积效应以及它们产生的结果。同时，还要探讨质点绕固定点运动具有的力学特征。

本章主要讨论的内容有：质点和质点系的动量、动量定理、动量守恒定律；功、功能关系、机械能守恒原理；质点绕固定点运动的角动量、角动量定理和角动量守恒等。

3.1　质点和质点系的动量定理

3.1.1　质点的动量定理

1. 动量

质点的质量 m 与其速度 v 的乘积 mv 称为质点的动量，用符号 p 来表示，即

$$p = mv \tag{3.1.1}$$

动量 p 是矢量，其方向与质点速度的方向相同；动量是一个状态量，当质点的运动状态确定时，动量就确定了。

2. 冲量

由牛顿第二定律的数学表达式：

$$F = \frac{\mathrm{d}p}{\mathrm{d}t} = \frac{\mathrm{d}}{\mathrm{d}t}(mv)$$

得

$$F\mathrm{d}t = \mathrm{d}(mv) \tag{3.1.2}$$

式(3.1.2)表明：物体动量的改变量 $\mathrm{d}p$ 是由物体所受的合力 F 及其作用时间 $\mathrm{d}t$ 的乘积决定的。为了描述力对时间的这种累积效应，定义力与力作用时间的乘积为力的冲量，通常用符号 I 表示。冲量是矢量，其方向是动量改变量的方向；冲量是一个过程量，它不仅与力有关，还与力作用的持续时间有关。$F\mathrm{d}t$ 称为在 $\mathrm{d}t$ 时间内合力 F 的元冲量，用 $\mathrm{d}I$ 来表示：

$$\mathrm{d}I = F\mathrm{d}t \tag{3.1.3}$$

如果作用在物体上的变力 F 持续地从 t_1 时刻作用到 t_2 时刻，对式(3.1.3)等号两边积分，可以求出这段时间力 F 对物体的持续作用效应，即

$$I = \int_{t_1}^{t_2} F\mathrm{d}t = \int_{p_1}^{p_2} \mathrm{d}p = p_2 - p_1 \tag{3.1.4}$$

式中，p_1 是物体在初始时刻 t_1 的动量；p_2 是物体在末时刻 t_2 的动量；$p_2 - p_1$ 是物体动量

的增量；力对时间的积分 $\int_{t_1}^{t_2} \boldsymbol{F} \mathrm{d}t$ 定义为力 $\boldsymbol{F}$ 在 $\Delta t = t_2 - t_1$ 这段时间间隔内合力的冲量，用 $\boldsymbol{I}$ 表示。由此可见，冲量就是力对时间的积累。

若已知质点在 $\Delta t = t_2 - t_1$ 时间间隔内动量的变化量为 $\Delta \boldsymbol{p}$ 或冲量为 $\boldsymbol{I}$，则平均冲力为

$$\bar{\boldsymbol{F}} = \frac{\Delta \boldsymbol{p}}{\Delta t} = \frac{\boldsymbol{I}}{\Delta t} \tag{3.1.5}$$

3. 质点的动量定理

若变力 $\boldsymbol{F}$ 作用的时间间隔为 $t_2 - t_1$，以 $\boldsymbol{v}_1$、$\boldsymbol{v}_2$ 分别表示在 t_1、t_2 时刻物体的速度，对式(3.1.4)等号两边积分：

$$\int_{t_1}^{t_2} \boldsymbol{F} \mathrm{d}t = \int_{v_1}^{v_2} \mathrm{d}(m\boldsymbol{v}) = m\boldsymbol{v}_2 - m\boldsymbol{v}_1 \tag{3.1.6}$$

式(3.1.6)左边积分 $\int_{t_1}^{t_2} \boldsymbol{F} \cdot \mathrm{d}t$ 是变力 $\boldsymbol{F}$ 在时间间隔 $t_2 - t_1$ 内的冲量，用符号 $\boldsymbol{I}$ 表示，即

$$\boldsymbol{I} = \int_{t_1}^{t_2} \boldsymbol{F} \cdot \mathrm{d}t$$

式(3.1.6)右边为受力物体动量的增量 $m\boldsymbol{v}_2 - m\boldsymbol{v}_1 = \boldsymbol{p}_2 - \boldsymbol{p}_1$，所以式(3.1.6)可进一步表示为

$$\boldsymbol{I} = \boldsymbol{p}_2 - \boldsymbol{p}_1 \tag{3.1.7}$$

式(3.1.7)表明，物体所受合力的冲量等于物体动量的增量，这一关系称为质点的**动量定理**。式(3.1.6)或式(3.1.7)是质点动量定理的普遍表达式，也称为质点动量定理的积分形式。

动量定理表明，力持续作用一段时间的累积效应表现为这段时间内受力物体运动状态的变化。冲量是个矢量，由于冲量的方向与动量增量的方向相同，因此在一般情况下冲量的方向可由动量增量的方向确定。

动量定理是一个矢量表达式，它在直角坐标系中的分量式为

$$\begin{cases} I_x = \int_{t_1}^{t_2} F_x \mathrm{d}t = mv_{2x} - mv_{1x} \\ I_y = \int_{t_1}^{t_2} F_y \mathrm{d}t = mv_{2y} - mv_{1y} \\ I_z = \int_{t_1}^{t_2} F_z \mathrm{d}t = mv_{2z} - mv_{1z} \end{cases} \tag{3.1.8}$$

式(3.1.8)表明，在一段时间内作用于质点上的力沿某一坐标轴投影的冲量，等于同一时间内质点动量沿该坐标轴投影的增量。也就是说，质点在任一方向上合力的冲量等于该方向上动量的增量，这称为质点动量定理的分量描述。

例 3.1.1　已知力 $\boldsymbol{F}$ 随时间的变化关系为 $\boldsymbol{F} = 2t\boldsymbol{i} + 3t^2\boldsymbol{j}$，时间以 s 为单位，力以 N 为单位，求从 1 s 末到 3 s 末该力的冲量。

解　根据变力的冲量定义有

$$\boldsymbol{I} = \int_{t_0}^{t} \boldsymbol{F} \mathrm{d}t = \int_1^3 (2t\boldsymbol{i} + 3t^2\boldsymbol{j}) \mathrm{d}t = 8\boldsymbol{i} + 26\boldsymbol{j}$$

由上式可知，冲量的大小 $I = \sqrt{8^2 + 26^2}$ N·s $= \sqrt{740}$ N·s $= 27.20$ N·s，冲量的方向与 OX 轴正向的夹角 $\theta = \arctan \frac{13}{4}$。本题也可以利用动量定理来求解。

例 3.1.2 如图 3.1.1 所示，质量 $m = 0.15$ kg 的小球以 $v_0 = 10$ m/s 的速度射向光滑地面，入射角 $\theta_1 = 30°$，然后沿 $\theta_2 = 60°$ 的反射角方向弹出。设碰撞时间 $\Delta t = 0.01$ s，计算小球对地面的平均冲力。

解 取小球为研究对象，设地面对小球的平均冲力为 $\bar{F}$，碰后小球的速度为 v，根据质点的动量定理有

$$I_x = 0 = mv\sin\theta_2 - mv_0\sin\theta_1$$
$$I_y = (\bar{F} - mg)\Delta t = mv\cos\theta_2 - (-mv_0\cos\theta_1)$$

由此得

$$v = v_0 \frac{\sin\theta_1}{\sin\theta_2}$$

$$\bar{F} = \frac{mv_0\sin(\theta_1 + \theta_2)}{\Delta t\sin\theta_2} + mg$$

代入数据得

$$\bar{F} = \frac{0.15 \times 10}{0.01 \times \sqrt{3}/2} + 0.15 \times 9.8 \text{ N} = 174.68 \text{ N}$$

图 3.1.1 例 3.1.2 图

小球对地面的平均冲力就是 $\bar{F}$ 的反作用力。在本题中考虑了重力的作用，事实上重力 $mg = 0.15 \times 9.8 = 1.47$ N，不到 $\bar{F}$ 的 1%，因此完全可以忽略不计。

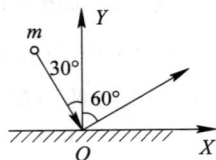

3.1.2 质点系的动量定理

3.1.1 节讨论了单个质点的动量，在实际问题中常常遇到由几个或多个质点组成的系统，如地球与月亮、一群带电粒子等，这种具有相互作用的质点所组成的系统称为**质点系**。

视频 3-1

系统内各质点间的相互作用力称为系统的内力，系统外的其他物体对系统内任一质点的作用力称为系统所受的外力。内力和外力都是相对于系统而言的。

可以证明，对于一个质点系，动量定理依然成立。

首先来讨论由两个质点组成的系统，如图 3.1.2 所示，设两质点的质量分别为 m_1 和 m_2，每个质点受到的合外力分别为 F_1 和 F_2，两质点间相互作用的内力分别为 f_{12} 和 f_{21}。在外力和内力的作用下，两个质点的运动状态就要发生变化。设力的作用时间 $\Delta t = t_2 - t_1$，质量为 m_1 的质点其速度由 v_{10} 变到 v_1，质量为 m_2 的质点其速度由 v_{20} 变到 v_2。

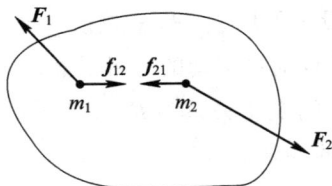

图 3.1.2 质点系的内力和外力

对质点 m_1 运用动量定理，有

$$\int_{t_1}^{t_2} (\boldsymbol{F}_1 + \boldsymbol{f}_{12})\mathrm{d}t = m_1 \boldsymbol{v}_1 - m_1 \boldsymbol{v}_{10}$$

对质点 m_2 运用动量定理，有

$$\int_{t_1}^{t_2} (\boldsymbol{F}_2 + \boldsymbol{f}_{21})\mathrm{d}t = m_2 \boldsymbol{v}_2 - m_2 \boldsymbol{v}_{20}$$

将以上两式相加得

$$\int_{t_1}^{t_2} (\boldsymbol{F}_1 + \boldsymbol{F}_2 + \boldsymbol{f}_{12} + \boldsymbol{f}_{21})\mathrm{d}t = (m_1 \boldsymbol{v}_1 + m_2 \boldsymbol{v}_2) - (m_1 \boldsymbol{v}_{10} + m_2 \boldsymbol{v}_{20}) \qquad (3.1.9)$$

$\boldsymbol{f}_{12}$ 和 $\boldsymbol{f}_{21}$ 是一对作用力与反作用力，根据牛顿第三定律有

$$\boldsymbol{f}_{12} = - \boldsymbol{f}_{21}$$

移项得

$$\boldsymbol{f}_{12} + \boldsymbol{f}_{21} = 0 \text{ N} \qquad (3.1.10)$$

将式(3.1.10)代入式(3.1.9)得

$$\int_{t_1}^{t_2} (\boldsymbol{F}_1 + \boldsymbol{F}_2)\mathrm{d}t = (m_1 \boldsymbol{v}_1 + m_2 \boldsymbol{v}_2) - (m_1 \boldsymbol{v}_{10} + m_2 \boldsymbol{v}_{20}) \qquad (3.1.11)$$

式(3.1.11)左边表示的是作用在系统上的合外力的冲量。右边第一项是系统内两质点的末动量的矢量和，称为**系统的末动量**；右边第二项是系统内两质点的初动量的矢量和，称为**系统的初动量**。右边这两项相减表示系统动量的增量。因此，式(3.1.11)表明作用在系统上的合外力的总冲量等于系统动量的增量。

这个结论也适用于任意多个质点所组成的质点系。设有一个由 n 个质点组成的系统，由于系统中的内力总是成对出现的，根据牛顿第三定律可知，内力冲量的总和恒为零，因此有

$$\int_{t_1}^{t_2} \sum_{i=1}^{n} \boldsymbol{F}_i \mathrm{d}t = \sum_{i=1}^{n} m_i \boldsymbol{v}_i - \sum_{i=1}^{n} m_i \boldsymbol{v}_{i0} \qquad (3.1.12)$$

式(3.1.12)即为**质点系的动量定理**，可表述为：**系统所受合外力的冲量等于系统总动量的增量**。这个定理表明，合外力的冲量这个过程量可以用两个状态量的动量之差来描述，只有外力的作用才能改变系统的动量，而系统的内力是不能改变系统的动量的。

式(3.1.12)是动量定理的矢量表达式，在直角坐标系中的分量式为

$$\begin{cases} \int_{t_1}^{t_2} \sum_{i=1}^{n} F_{ix} \mathrm{d}t = \sum_{i=1}^{n} m_i v_{ix} - \sum_{i=1}^{n} m_i v_{i0x} \\ \int_{t_1}^{t_2} \sum_{i=1}^{n} F_{iy} \mathrm{d}t = \sum_{i=1}^{n} m_i v_{iy} - \sum_{i=1}^{n} m_i v_{i0y} \\ \int_{t_1}^{t_2} \sum_{i=1}^{n} F_{iz} \mathrm{d}t = \sum_{i=1}^{n} m_i v_{iz} - \sum_{i=1}^{n} m_i v_{i0z} \end{cases} \qquad (3.1.13)$$

式(3.1.13)是质点系动量定理的分量形式，即系统的合外力在某方向的分量的冲量等于此系统总动量在此方向的分量的增量。

例 3.1.3　将一根质量为 m、长度为 L 的均质柔绳竖直地悬挂起来，使其下端恰好与地面接触，如图 3.1.3 所示。若将此绳上端由静止状态释放，让其自由下落到地面上。求

当绳子下落长度 l 时地面对绳的作用力。

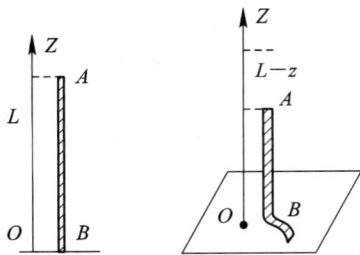

图 3.1.3　例 3.1.3 图

解　以地面为坐标原点，沿竖直方向为 Z 轴。设某一时刻未落地部分的绳长为 z，则落地部分绳长为 $L-z$。将未落地部分的绳子看作一个质点系，其速度为

$$v = -\sqrt{2g(L-z)}$$

未落地部分的绳子的质量为 $\dfrac{m}{L}z$，动量为

$$p = \frac{m}{L}zv$$

系统所受的外力有重力 $-mg$ 和地面对绳子的作用力 $\boldsymbol{F}$，合力为 $\boldsymbol{F}-mg$，按照动量定理有

$$F - mg = \frac{\mathrm{d}p}{\mathrm{d}t}$$

由上式可解得地面对绳的作用力为

$$F = \frac{\mathrm{d}p}{\mathrm{d}t} + mg = \frac{\mathrm{d}}{\mathrm{d}t}\left(-\frac{m}{L}z\sqrt{2g(L-z)}\right) + mg = \frac{3}{L}mg(L-z)$$

所以当绳子下落长度 l 时，地面对绳的作用力为

$$F = 3mg\frac{l}{L}$$

本例分析了整条绳的运动过程，并通过计算总动量的变化率来求解。

3.1.3　动量定理在工程技术中的应用

动量定理是物理学中最基本的运动规律，火箭飞行的原理实质上就是动量定理。在火箭燃烧室内，燃料燃烧生成的高温高压气体不断由火箭腔向后喷出，使火箭不断地受到向前的反冲力，这个反冲力即为推动火箭箭体加速飞行的动力。由于燃料不断燃烧，火箭箭体质量不断减少，所以飞行的火箭是一个变质量的物体。

设 t 时刻质量为 m_1 的火箭以速度 v 向上运动，在 $t+\mathrm{d}t$ 时刻喷出质量为 $\mathrm{d}m$ 的气体，喷出的气体相对于火箭的速度为 $\boldsymbol{u}$（向下），火箭系统所受外力为 $\boldsymbol{F}$，如图 3.1.4 所示。根据动量定理有

$$F\mathrm{d}t = (m_1 - \mathrm{d}m_2)(v + \mathrm{d}v) + \mathrm{d}m_2(v - u) - m_1 v \tag{3.1.14}$$

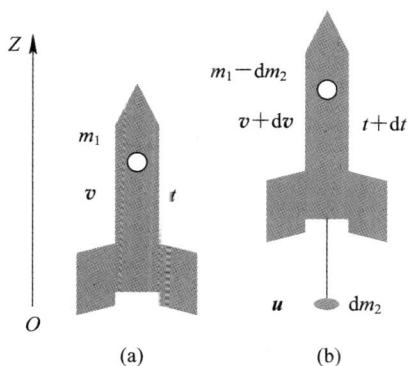

图 3.1.4 火箭发射示意图

假设火箭运动为一维运动，并以竖直向上为运动速度的正方向，式(3.1.14)可简化为

$$Fdt = m_1 dv - u dm_2 \tag{3.1.15}$$

式(3.1.15)中省略了二阶小量 $dm_2 dv$。将式(3.1.15)右侧的第二项移项并两边除以 dt，可得

$$F + u \frac{dm_2}{dt} = m_1 \frac{dv}{dt}$$

又因为 $dm_2 = -dm_1$（dm_1 为箭体减少的质量），所以箭体运动方程为

$$F = m_1 \frac{dv}{dt} + u \frac{dm_1}{dt}$$

只计重力时，有

$$F = -m_1 g = m_1 \frac{dv}{dt} + u \frac{dm_1}{dt} \tag{3.1.16}$$

设 $t = 0$ 时，$v = v_0$，$m_1 = m_{10}$，任一时刻 t 时为 v、m_1，对式(3.1.16)等号两边取积分可得

$$\int_0^t -g dt = \int_{v_0}^v dv + u \int_{m_{10}}^{m_1} \frac{dm_1}{m_1} \tag{3.1.17}$$

式(3.1.17)两边积分后整理可得

$$v = v_0 + u \ln \frac{m_{10}}{m_1} - gt \tag{3.1.18}$$

式(3.1.18)称为火箭的运动方程，又称为齐奥尔科夫斯基公式。

由火箭的运动方程可知，要提高火箭的最终飞行速度，可以采取两项措施：① 增大 u 值，即提高燃料的喷射速度；② 增大火箭推进剂和火箭箭体质量之和与火箭的质量比。这两项措施在实际操作中有三种方法：① 采用高能量的推进剂，即采用高比推力的推进剂，但比推力的提高受到科学技术的限制，如今常用的高比推力的化学推进剂为液氧和液氢；② 采用高强度的结构材料，尽量减轻火箭的结构质量，这种办法也受当前材料科学技术的限制；③ 增加火箭的推进剂质量，但单纯增加推进剂质量也不行，这是因为当推进剂质量增加时，贮箱的容积也需要增加，结构质量也会随之增加。因此，为了获得很大的速度，一般采用多级火箭，把几个单级火箭连接在一起，第一级火箭先点火，当第一级火箭的原料用完后，使其自行脱落，这时第二级火箭开始工作，以此类推，这样可以使火箭获得很大的飞行速度。

早在宋代,人们就把装有火药的筒绑在箭杆上,箭在飞行中借助火药燃烧向后喷火所产生的反作用力使箭飞行较远的距离,这种利用反作用力助推的箭可以称为原始的固体火箭。19 世纪 80 年代,瑞典工程师拉瓦尔发明了拉瓦尔喷管,使火箭发动机的设计日臻完善;1903 年,俄国的齐奥尔科夫斯基提出了制造大型液体火箭的设想和设计原理;1926年,美国的火箭专家戈达德试飞了第一枚无控液体火箭;1944 年,德国首次将可控的、用液体火箭发动机推进的 V - 2 导弹用于战争;第二次世界大战以后,苏联和美国等国家相继研制出了包括洲际弹道导弹在内的各种火箭武器。

中国于 20 世纪 50 年代开始研制新型火箭。1970 年 4 月 24 日,中国用"长征一号"三级运载火箭成功地发射了第一颗人造地球卫星。中国现代火箭技术已跨入世界先进行列,并已稳步进入国际发射服务市场。2016 年 11 月 3 日,我国现役最大火箭"长征五号"首发成功,全箭总长 56.97 m,火箭起飞质量约 869 t,具备近地轨道 25 t、地球同步转移轨道14 t 的运载能力,这意味着我国具备了探索更远深空的能力,也为实现"探月工程三期""首次火星探测任务"等国家重大科技专项和重大工程奠定了重要基础。

3.2　动量守恒定律

根据牛顿第二定律的数学表达式 $\sum\limits_{i=1}^{n} \boldsymbol{F}_i = \dfrac{\mathrm{d}\boldsymbol{p}}{\mathrm{d}t}$ 可知,当系统不受外力或所受外力的矢量和为零,即 $\sum\limits_{i=1}^{n} \boldsymbol{F}_i = 0 \text{ N}$ 时,可得

$$\sum_{i=1}^{n} m_i \boldsymbol{v}_i = \sum_{i=1}^{n} m_i \boldsymbol{v}_{i0} = 常矢量 \tag{3.2.1}$$

式(3.2.1)表明:当系统所受合外力恒为零时,系统的总动量保持不变,这就是系统的动量守恒定律,简称**动量守恒定律**。

在实际应用中,经常用到动量守恒定律在直角坐标系中的分量表达式,即

当 $\sum\limits_{i=1}^{n} F_{ix} = 0 \text{ N}$ 时,$\sum\limits_{i=1}^{n} m_i v_{ix} = \sum\limits_{i=1}^{n} m_i v_{i0x} = 常量$;

当 $\sum\limits_{i=1}^{n} F_{iy} = 0 \text{ N}$ 时,$\sum\limits_{i=1}^{n} m_i v_{iy} = \sum\limits_{i=1}^{n} m_i v_{i0y} = 常量$;

当 $\sum\limits_{i=1}^{n} F_{iz} = 0 \text{ N}$ 时,$\sum\limits_{i=1}^{n} m_i v_{iz} = \sum\limits_{i=1}^{n} m_i v_{i0z} = 常量$。

这表明:当系统所受的合外力在某方向的分量恒为零时,系统的总动量在此方向上的分量守恒。

在应用动量守恒定律时应注意以下几点:

(1)系统动量守恒的条件是系统不受外力或所受合外力为零。有时系统所受的合外力虽不为零,但与系统的内力相比较,外力远小于内力时,可以略去外力对系统的作用,认为系统的动量是守恒的。例如,爆炸、碰撞、打击等问题一般都可以这样处理。

(2)在很多力学实际问题中,系统所受的合外力不等于零,而合外力在某个方向上的分量可能等于零,这时尽管系统的总动量不守恒,但总动量在该方向的分量是守恒的。

(3)动量定理和动量守恒定律只有在惯性系中才成立。由于我们是用牛顿运动定律导出

的动量定理和动量守恒定律，所以它们只有在惯性系中才成立。因此，运用它们来求解问题时，一定要选取惯性系作为参考系。此外，各物体的动量必须是相对于同一惯性系而言的。

（4）动量守恒定律是自然界的普遍规律。动量守恒定律虽然是从牛顿运动定律导出的，但是绝不能认为动量守恒定律是牛顿运动定律的推论。近代的科学实验和理论分析都表明，在自然界中，大到天体间的相互作用，小到质子、中子、电子等微观粒子间的相互作用，都遵守动量守恒定律；而在原子、原子核等微观领域，牛顿运动定律是不适用的。

下面举例说明动量守恒定律的应用。

例 3.2.1　如图 3.2.1 所示，质量为 m 的小球在质量为 M 的 1/4 圆弧形滑槽中从静止下滑。设圆弧形槽的半径为 R，如果所有摩擦都可忽略，求当小球滑到槽底时，滑槽在水平方向上移动的距离。

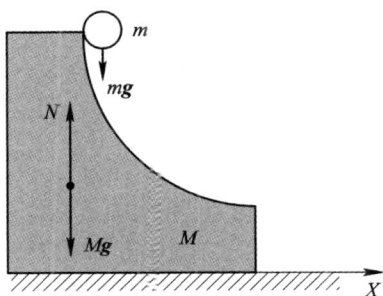

图 3.2.1　例 3.2.1 图

解　以小球和滑槽组成的系统作为研究对象，系统受到的外力有重力 $(M+m)g$ 和地面对圆弧形滑槽的支持力 N。这些外力的方向均在竖直方向上，系统所受的外力在水平方向上的分量为零，因此水平方向上动量守恒。

设在下滑过程中小球相对于滑槽的滑动速度为 u，滑槽相对于地面的速度为 v，并以水平向右为 X 轴正向，则在水平方向上有

$$m(u_x - v) - Mv = 0$$

解得

$$u_x = \frac{m+M}{m}v$$

设小球在弧形槽上运动的时间为 t，而小球相对于滑槽在水平方向移动的距离为 R，则有

$$R = \int_0^t u_x \mathrm{d}t = \frac{M+m}{m}\int_0^t v\mathrm{d}t$$

于是滑槽在水平面上移动的距离为

$$s = \int_0^t v\mathrm{d}t = \frac{m}{M+m}R$$

3.3　功、动能和动能定理

3.3.1　功的定义

1. 恒力的功

在力学中，功的最基本定义是恒力的功，如图 3.3.1 所示，一物体做直线运动，在恒

力 $\boldsymbol{F}$ 的作用下物体发生位移 $\Delta\boldsymbol{r}$，$\boldsymbol{F}$ 与 $\Delta\boldsymbol{r}$ 的夹角为 θ，则恒力 $\boldsymbol{F}$ 所做的功定义为力在位移方向上的投影与该物体位移大小的乘积。若用 W 表示功，则有

$$W = F\cos\theta\,|\Delta\boldsymbol{r}|$$

按矢量标积的定义，上式可以写为

$$W = \boldsymbol{F}\cdot\Delta\boldsymbol{r} \tag{3.3.1}$$

即恒力的功等于力与质点位移的点乘。

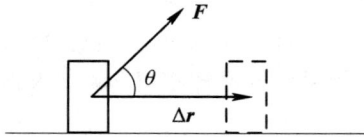

图 3.3.1　恒力的功

功是一个标量，在国际单位制中，功的单位是焦耳。

2. 变力的功

若有一质点沿如图 3.3.2 所示的路径由点 a 运动到点 b，在这个过程中作用于质点上的力的大小和方向都在改变，可按如下方法计算变力在曲线 ab 段上所做的功。先把路径分成许多小段，任取一小段位移用 $\Delta\boldsymbol{r}_i$ 表示。在这段位移上质点受到的力 $\boldsymbol{F}_i$ 可视为恒力，力 $\boldsymbol{F}_i$ 与位移 $\Delta\boldsymbol{r}_i$ 之间的夹角为 θ_i，则力在位移 $\Delta\boldsymbol{r}_i$ 上所做的功：

$$\Delta W_i = F_i\,|\Delta\boldsymbol{r}_i|\cos\theta_i = \boldsymbol{F}_i\cdot\Delta\boldsymbol{r}_i$$

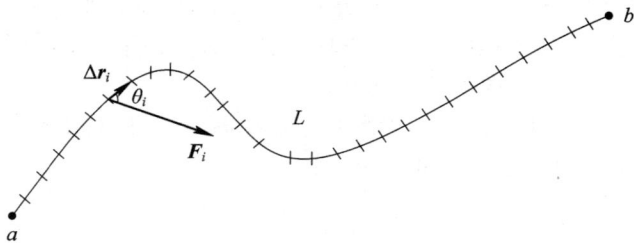

图 3.3.2　变力所做的功

当 $\Delta\boldsymbol{r}_i$ 为无限小，即 $\Delta\boldsymbol{r}_i\to\mathrm{d}\boldsymbol{r}$ 时，上式可表示为

$$\mathrm{d}W = \boldsymbol{F}\cdot\mathrm{d}\boldsymbol{r} \tag{3.3.2}$$

$\mathrm{d}W$ 为力 $\boldsymbol{F}$ 在位移元 $\mathrm{d}\boldsymbol{r}$ 上做的元功。

把沿整个路径的所有元功加起来就可得到沿整个路径力对质点做的功，即

$$W_{ab} = \int_a^b \boldsymbol{F}\cdot\mathrm{d}\boldsymbol{r} = \int_a^b F\cos\theta\,|\mathrm{d}\boldsymbol{r}| \tag{3.3.3}$$

由于路程元 $\mathrm{d}s$ 与位移元 $\mathrm{d}\boldsymbol{r}$ 的大小相等，即 $|\mathrm{d}\boldsymbol{r}| = \mathrm{d}s$，因此式(3.3.3)可表示为

$$W_{ab} = \int_a^b \boldsymbol{F}\cdot\mathrm{d}\boldsymbol{r} = \int_a^b F\cos\theta\mathrm{d}s \tag{3.3.4}$$

根据式(3.3.4)可知，功是一个过程量，它是力对空间的累积。一般来说，该积分的值与积分路径有关。

在直角坐标系中，$\boldsymbol{F}$ 和 $\mathrm{d}\boldsymbol{r}$ 可以分别写成

$$\boldsymbol{F} = F_x\boldsymbol{i} + F_y\boldsymbol{j} + F_z\boldsymbol{k}$$

$$\mathrm{d}\boldsymbol{r} = \mathrm{d}x\boldsymbol{i} + \mathrm{d}y\boldsymbol{j} + \mathrm{d}z\boldsymbol{k}$$

故有

$$\mathrm{d}W = F_x\mathrm{d}x + F_y\mathrm{d}y + F_z\mathrm{d}z$$

$$W = \int_a^b (F_x\mathrm{d}x + F_y\mathrm{d}y + F_z\mathrm{d}z) \tag{3.3.5}$$

式(3.3.5)为力对物体所做的功在直角坐标系中的表达式。式(3.3.3)~式(3.3.5)中的积分是沿曲线路径 ab 进行的线积分。

如果物体同时受到几个变力 $\boldsymbol{F}_1, \boldsymbol{F}_2, \cdots, \boldsymbol{F}_n$ 的作用，则合力 $\boldsymbol{F}$ 为

$$\boldsymbol{F} = \boldsymbol{F}_1 + \boldsymbol{F}_2 + \cdots + \boldsymbol{F}_n$$

合力对物体所做的功为

$$\begin{aligned}
W &= \int_a^b \boldsymbol{F} \cdot \mathrm{d}\boldsymbol{r} = \int_a^b (\boldsymbol{F}_1 + \boldsymbol{F}_2 + \cdots + \boldsymbol{F}_n) \cdot \mathrm{d}\boldsymbol{r} \\
&= \int_a^b \boldsymbol{F}_1 \cdot \mathrm{d}\boldsymbol{r} + \int_a^b \boldsymbol{F}_2 \cdot \mathrm{d}\boldsymbol{r} + \cdots + \int_a^b \boldsymbol{F}_n \cdot \mathrm{d}\boldsymbol{r} \\
&= W_1 + W_2 + \cdots + W_n
\end{aligned} \tag{3.3.6}$$

式(3.3.6)表明，合力对物体所做的功等于每个分力所做的功的代数和。显然，上述结果是依据力的叠加原理得出的。

例 3.3.1　作用在质点上的力 $\boldsymbol{F} = 2y\boldsymbol{i} + 4\boldsymbol{j}$，在图 3.3.3 所示情况下，求质点从 A 点 $(x=-2)$ 处运动到 B 点 $(x=3)$ 处力所做的功。

（1）质点的运动轨道为抛物线 $x^2 = 4y$；

（2）质点的运动轨道为直线 $4y = x + 6$。

解　变力做的功

$$W = \int_A^B \boldsymbol{F} \cdot \mathrm{d}\boldsymbol{r} = \int_{x_A}^{x_B} F_x\mathrm{d}x + \int_{y_A}^{y_B} F_y\mathrm{d}y + \int_{z_A}^{z_B} F_z\mathrm{d}z$$

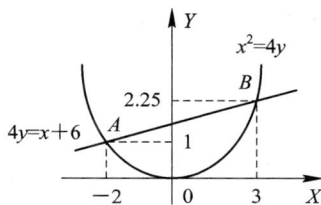

图 3.3.3　例 3.3.1 图

（1）质点轨道为抛物线时，力做的功为

$$W_1 = \int_{x_1}^{x_2} 2y\mathrm{d}x + \int_{y_1}^{y_2} 4\mathrm{d}y$$

因为质点运动的轨迹为抛物线 $x^2 = 4y$，所以 $y = \dfrac{x^2}{4}$，则有

$$W_1 = \int_{x_1}^{x_2} 2y\mathrm{d}x + \int_{y_1}^{y_2} 4\mathrm{d}y = \int_{-2}^{3} \frac{x^2}{2}\mathrm{d}x + \int_1^{\frac{9}{4}} 4\mathrm{d}y = \frac{65}{6}\,\mathrm{J}$$

（2）质点轨道为直线时，力做的功为

$$W_2 = \int_{x_1}^{x_2} 2y\mathrm{d}x + \int_{y_1}^{y_2} 4\mathrm{d}y$$

因质点运动的轨迹为直线 $4y = x + 6$，所以 $y = \dfrac{x+6}{4}$，则有

$$W_2 = \int_{x_1}^{x_2} 2y\mathrm{d}x + \int_{y_1}^{y_2} 4\mathrm{d}y = \int_{-2}^{3} \frac{1}{2}(x+6)\mathrm{d}x + \int_1^{\frac{9}{4}} 4\mathrm{d}y = 21.25\,\mathrm{J}$$

可见，力做的功与路径有关。

3. 功率

为了反映力对物体做功的快慢，在很多情况下，不但要考虑完成的总功，还需要考虑

完成总功所需要的时间，物理学中引入功率这一物理量来表示力对物体做功的快慢。功率定义为单位时间内所做的功。设在 Δt 时间内做功 ΔW，则在这段时间内的**平均功率**为

$$\bar{P} = \frac{\Delta W}{\Delta t} \tag{3.3.7}$$

若 $\Delta t \to 0$，则某时刻的**瞬时功率**为

$$P = \lim_{\Delta t \to 0} \frac{\Delta W}{\Delta t} = \frac{dW}{dt}$$

由于

$$\Delta W = F\Delta s\cos\theta$$

因此

$$P = \lim_{\Delta t \to 0} F\cos\theta \frac{\Delta s}{\Delta t} = Fv\cos\theta = \boldsymbol{F} \cdot \boldsymbol{v} \tag{3.3.8}$$

式（3.3.8）表明，作用在物体上的力 $\boldsymbol{F}$ 的瞬时功率等于作用在物体上的力 $\boldsymbol{F}$ 与物体瞬时速度 $\boldsymbol{v}$ 的点积或者力在速度方向的分量和速度大小的乘积。

在国际单位制中，功率的单位是瓦特（W），1 W＝1 J/s。

3.3.2 质点的动能定理

实验表明，当力对质点做功时，质点的动能会发生变化。设质量为 m 的质点在合力 $\boldsymbol{F}$ 的作用下，自点 a 沿曲线移动到点 b，它在点 a 和点 b 的速度分别为 $\boldsymbol{v}_1$ 和 $\boldsymbol{v}_2$，如图 3.3.4 所示。设作用在位移元 $d\boldsymbol{r}$ 上的合力 $\boldsymbol{F}$ 与 $d\boldsymbol{r}$ 之间的夹角为 θ，合力 $\boldsymbol{F}$ 对质点所做的元功为

视频 3-2

$$dW = \boldsymbol{F} \cdot d\boldsymbol{r} = F\cos\theta |d\boldsymbol{r}| = F\cos\theta ds$$

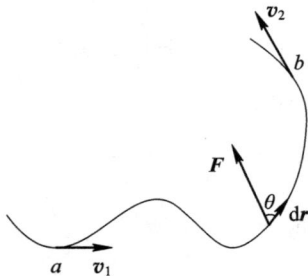

图 3.3.4 动能定理

根据牛顿第二定律可得任意时刻沿切向的运动方程为

$$F_\tau = ma_\tau = m\frac{dv}{dt}$$

F_τ 为合力 $\boldsymbol{F}$ 在切线方向的投影量，$F_\tau = \boldsymbol{F}\cos\theta$，又由 $v = \frac{ds}{dt}$ 得 $ds = vdt$，所以元功为

$$dW = F\cos\theta ds = m\frac{dv}{dt}ds = m\frac{dv}{ds}\frac{ds}{dt}ds = mvdv$$

物体从点 a 沿曲线运动到点 b，合外力所做的功为

$$W = \int_a^b F\cos\theta ds = \int_{v_1}^{v_2} mvdv = \frac{1}{2}mv_2^2 - \frac{1}{2}mv_1^2 \tag{3.3.9}$$

定义 $E_k = \dfrac{1}{2}mv^2$ 为质点在速度为 v 时的动能。这样 $E_{k1} = \dfrac{1}{2}mv_1^2$ 表示物体的初动能，$E_{k2} = \dfrac{1}{2}mv_2^2$ 表示物体的末动能。式(3.3.9)可写成

$$W = E_{k2} - E_{k1} \tag{3.3.10}$$

式(3.3.10)表明，合力对质点所做的功等于质点动能的增量。这一结论称为**质点的动能定理。**

关于动能定理还应说明以下几点：

（1）质点的动能定理说明了做功与质点运动状态变化（动能变化）的关系，指出了质点动能的任何改变都是作用于质点的合力对质点做的功引起的。作用于质点的合力在某一过程中所做的功，在量值上等于质点在同一过程中动能的增量。也就是说，功这个过程量可以用状态量的变化来描述，功是动能改变的量度。

（2）质点的动能定理是由牛顿第二定律导出的，因此它只适用于惯性参照系。因为位移和速度都与所选取的参照系有关，所以，在应用质点的动能定理时，功和动能必须是相对于同一惯性参照系而言的。

（3）功反映了力的空间累积效应，是过程量。动能是描述物体运动状态的物理量，是状态的单值函数，运动状态一旦确定，物体就有了确定的动能与之对应，所以动能是状态量。根据动能定理，合力对物体所做的功等于末状态动能和初状态动能的差，而不涉及中间状态，因此，有时应用动能定理求解有关力学问题比应用牛顿第二定律求解更简便。

例 3.3.2　如图 3.3.5 所示，传送机通过滑道将长为 L、质量为 m 的均匀物体以初速度 v_0 向右送上水平台面，物体前端在台面上滑动 S 距离后停下来。已知滑道上的摩擦可不计，物体与台面间的摩擦系数为 μ，且 $S > L$，试计算物体的初速度 v_0。

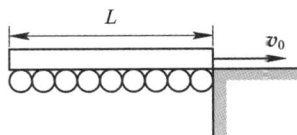

图 3.3.5　例 3.3.2 图　　　　　　　　　　　视频 3-3

解　由于物体是匀质的，在物体完全滑上台面之前，它对台面的正压力与滑上台面的物体的质量成正比，因此，它所受台面的摩擦力 f_r 是变化的。设某时刻，长度为 x 的物体滑上台面，此时物体受到的摩擦力为

$$f_r = \begin{cases} \mu \dfrac{m}{L} gx, & 0 < x < L \\ \mu mg, & x \geqslant L \end{cases}$$

当物体前端在 S 处停止时，摩擦力做的功为

$$A = \int F \mathrm{d}x = -\int f_r \mathrm{d}x = -\int_0^L \mu \frac{m}{L} gx \, \mathrm{d}x - \int_L^S \mu mg \, \mathrm{d}x$$

$$= -\mu mg \left(\frac{L}{2} + S - L \right) = -\mu mg \left(S - \frac{L}{2} \right)$$

由动能定理

$$-\mu mg\left(S-\frac{L}{2}\right)=0-\frac{1}{2}mv_0^2$$

得

$$v_0=\sqrt{2\mu g\left(S-\frac{L}{2}\right)}$$

3.4　保守力和非保守力做功与势能

3.4.1　几种常见力的功

在一般情况下，物体由某一确定的初位置 a，经过不同的路径到达另一确定的末位置 b，物体所受的力做功的大小是不同的，力做功与路径相关。但是某些力做功具有特殊的性质，即当物体由初位置 a 沿不同的路径运动到末位置 b 时，这些力做功的值与路径无关，比如重力、万有引力、弹性力等，下面分别来定量分析这三种力的功。

1. 重力的功

当物体在地面附近运动时，重力将对物体做功。设有一质量为 m 的物体，由初位置 a 沿 $\overset{\frown}{acb}$ 曲线路径运动到末位置 b，a 点和 b 点的高度分别为 h_a 和 h_b，以地球为参照系，建立直角坐标系 $OXYZ$，如图 3.4.1 所示，下面来计算重力在这段曲线路径上所做的功。在曲线上任意一点附近选取位移元 $\mathrm{d}\boldsymbol{r}$，重力对物体所做的元功为

$$\mathrm{d}W=\boldsymbol{F}\cdot\mathrm{d}\boldsymbol{r}=mg\cos\theta\,|\,\mathrm{d}\boldsymbol{r}\,|$$

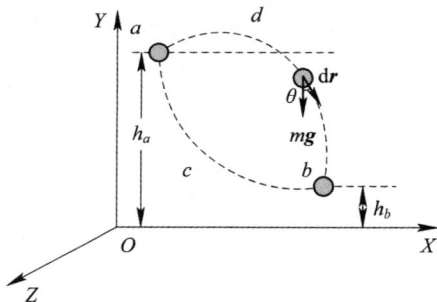

图 3.4.1　重力的功

由图 3.4.1 可知，$\mathrm{d}y=-|\,\mathrm{d}\boldsymbol{r}\,|\cos\theta$，代入上式可得

$$\mathrm{d}W=-mg\,\mathrm{d}y$$

式中，$\mathrm{d}y$ 是 $\mathrm{d}\boldsymbol{r}$ 在 Y 轴上的投影。

重力对物体所做的总功为

$$W=\int_{y_1}^{y_2}-mg\,\mathrm{d}y=-(mgy_2-mgy_1)=mgh_a-mgh_b \tag{3.4.1}$$

式(3.4.1)表明，重力对物体所做的功仅与物体的初始位置($y_1=h_a$)和终点位置($y_2=h_b$)有关，而与物体所经过的路径形状无关。物体沿 $\overset{\frown}{adb}$ 曲线和 $\overset{\frown}{acb}$ 曲线移动到 b 点，重力所做的功相等，即

$$W_{\overset{\frown}{adb}} = W_{\overset{\frown}{acb}} = mgh_a - mgh_b$$

由此可得,重力做功只与运动物体的始末位置有关,而与运动物体所经历的路径无关。

2. 万有引力的功

人造地球卫星运动时受到地球对它的引力,太阳系的行星运动时受到太阳的引力,这类问题可以归结为一个运动质点受到来自另一个固定质点的万有引力的作用。设固定质点的质量为 M,运动质点的质量为 m,运动质点由 a 位置经某一路径 $\overset{\frown}{acb}$ 到达 b 位置,a、b 两点距 M 的距离分别为 r_a 和 r_b,如图 3.4.2 所示。在质点运动过程中,它受到的万有引力的大小、方向都在改变,所以这是一个变力做功问题。

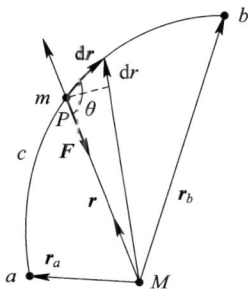

图 3.4.2　万有引力的功

设在某一时刻质点运动到距固定质点的距离为 r 的 P 点处,在该处附近取位移元 $\mathrm{d}\boldsymbol{r}$,可认为作用在质点 m 上的引力是一个恒力,大小为

$$F = G\frac{Mm}{r^2} \tag{3.4.2}$$

那么万有引力 $\boldsymbol{F}$ 在位移元 $\mathrm{d}\boldsymbol{r}$ 上所做的元功为

$$\mathrm{d}W = F\cos\theta\,|\,\mathrm{d}\boldsymbol{r}\,| \tag{3.4.3}$$

式中,θ 是万有引力 $\boldsymbol{F}$ 与位移元 $\mathrm{d}\boldsymbol{r}$ 之间的夹角。从图 3.4.2 中可以看出

$$|\,\mathrm{d}\boldsymbol{r}\,|\cos(\pi - \theta) = \mathrm{d}r$$

$$|\,\mathrm{d}\boldsymbol{r}\,|\cos\theta = -\,\mathrm{d}r \tag{3.4.4}$$

将式(3.4.4)代入式(3.4.3)可得

$$\mathrm{d}W = -\,F\mathrm{d}r = -\,G\frac{Mm}{r^2}\mathrm{d}r \tag{3.4.5}$$

所以,质点 m 从 a 点沿曲线 $\overset{\frown}{acb}$ 运动到 b 点的过程中,万有引力做的功为

$$W = \int_a^b \mathrm{d}W = \int_{r_a}^{r_b} -\,G\frac{Mm}{r^2}\mathrm{d}r = GMm\left(\frac{1}{r_b} - \frac{1}{r_a}\right) \tag{3.4.6}$$

式(3.4.6)表明,当质点的质量 M 和 m 均给定时,万有引力的功只与质点 m 的始末位置有关,而与所经历的路径无关。

3. 弹性力的功

如图 3.4.3 所示,水平桌面上有一劲度系数为 k 的轻质弹簧,其左端固定,右端系一质量为 m 的物体。设弹簧的伸长方向为 X 轴正向,坐标原点 O 为弹簧处于原长时物体的位置。当物体处于坐标 x 位置时,弹簧作用于物体的弹性力为

$$\boldsymbol{F} = -\,kx\boldsymbol{i}$$

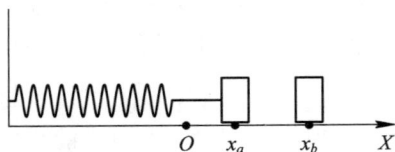

图 3.4.3　弹性力的功

在物体由位置 a(坐标为 x_a)运动到位置 b(坐标为 x_b)的过程中，弹性力是一个变力。但物体在位移元 d$x\boldsymbol{i}$ 内，弹性力可看成恒力，它所做的元功为

$$dW = \boldsymbol{F} \cdot d\boldsymbol{r} = -kx\boldsymbol{i} \cdot dx\boldsymbol{i} = -kx\,dx \tag{3.4.7}$$

这样，弹簧由位置 a 运动到位置 b 的过程中，弹性力所做的功为

$$W = \int_{x_a}^{x_b} -kx\,dx = \frac{1}{2}kx_a^2 - \frac{1}{2}kx_b^2 \tag{3.4.8}$$

由此可见，在弹簧弹性限度范围内，弹性力所做的功只与弹簧的起点位置和终点位置有关，而与弹性形变的过程无关。

从上面对重力、万有引力和弹性力做功的计算中很容易发现它们的共同特点是做功与运动物体所经历的路径无关，仅仅由运动物体的起点和终点位置决定。如果物体沿任一闭合路径绕行一周，$\boldsymbol{F}$ 所做的功为零，则 $\boldsymbol{F}$ 就称为保守力，其数学表达式为

$$W = \oint_l \boldsymbol{F} \cdot d\boldsymbol{r} = 0 \tag{3.4.9}$$

满足式(3.4.9)的力是保守力，不满足该式的力称为非保守力，该式也是判定一个力是否为保守力的重要方法之一。应用该方法时一定要注意积分回路指的是任意一个闭合回路。由上面的分析可知，重力、万有引力、弹簧的弹力是保守力，而摩擦力、黏滞力等是非保守力，非保守力做功与物体运动的路径密切相关。

3.4.2　势能

如果一个系统内物体之间存在相互作用的保守力，当物体的相对位置发生变化时，保守力做功，而与物体位置有关的能量就要发生变化，这种由物体间相对位置决定的能量，称为系统的势能，用 E_p 表示。

1. 重力势能

在式(3.4.1)中，如果令 $h_a = h$，$h_b = 0$，这时重力所做的功为

$$W = mgh$$

因此，这一量值表示物体在高度 h 处(与物体在高度 $h = 0$ 处相比较)时，重力所具有的做功本领。所以通常把 mgh，即物体所受的重力和高度的乘积，称为物体与地球组成的系统的重力势能，简称为物体的**重力势能**，即

$$E_p = mgh \tag{3.4.10}$$

2. 万有引力势能

由保守力做功和势能之间的关系及式(3.4.6)可得

$$E_{pa} = -G\frac{Mm}{r_a} + G\frac{Mm}{r_b} + E_{pb}$$

通常，取 m 离 M 无限远时的势能为零势能参考位置，即上式中令 $r_b \to \infty$，$E_{pb} = 0$，则有

$$E_{pa} = -G\frac{Mm}{r_a}$$

即万有引力势能为

$$E_p = -G\frac{Mm}{r} \tag{3.4.11}$$

式中，r 为质点与引力中心的距离。万有引力势能的值总是负值，这表明质点在距离引力中心有限距离处时的势能总比它在无限远处时的势能小。

3. 弹性势能

由保守力做功和势能之间的关系及式(3.4.8)可得

$$E_{pa} = \frac{1}{2}kx_a^2 - \frac{1}{2}kx_b^2 + E_{pb}$$

若规定弹簧处于自然原长处为弹性势能零点，即 $x_b = 0$ 时的弹性势能为零，$E_{pb} = 0$，则有

$$E_{pa} = \frac{1}{2}kx_a^2$$

即弹簧的弹性势能为

$$E_p = \frac{1}{2}kx^2 \tag{3.4.12}$$

设 E_{pa} 表示系统中的物体在初始位置 a 时的势能，E_{pb} 表示系统中的物体在末位置 b 时的势能，则系统中的物体由位置 a 移动到位置 b 时，保守内力对物体所做的功等于物体势能的增量的负值，即

$$W_{\text{保}ab} = -(E_{pb} - E_{pa}) = -\Delta E_p \tag{3.4.13}$$

可见，保守内力对物体所做的功取决于系统势能的改变量，也就是取决于起始位置和末位置的势能差。保守内力对系统做正功，$W_{\text{保内}} > 0$，则 $E_{pb} < E_{pa}$，系统的势能减少；保守内力对系统做负功，即外力反抗保守内力做正功，$W_{\text{保内}} < 0$，则 $E_{pb} > E_{pa}$，系统的势能增加。

关于势能需注意以下几点：

(1) 势能的概念是根据保守力做功的特点引入的，因此只有物体系内存在相互作用的保守内力时，才能引入势能的概念。

(2) 势能是属于系统的。物体之所以具有重力势能，是因为地球对物体有重力作用；弹簧之所以具有弹性势能，是因为外界对弹簧有力的作用。可见，势能的存在依赖于物体间的相互作用，势能并不属于某个物体，而属于相互作用的系统。平时我们习惯讲"某物体的势能"，实际上是不严格的。

(3) 势能的大小是一个相对量。势能值与所选定的势能零点有关，在计算某一物体系的势能时，必须指明所选定的零势能参考位置。例如，选取位置 b 为势能零点，即规定 $E_{pb} = 0$，则有

$$W_{\text{保}ab} = E_{pa} - 0$$

$$E_{pa} = W_{\text{保}ab} = \int_a^b \boldsymbol{F} \cdot \mathrm{d}\boldsymbol{r} \tag{3.4.14}$$

式(3.4.14)表明，物体在某一位置的势能等于把物体由该位置移到势能零点的过程中

保守力做的功。

（4）势能的差值具有绝对性。任意两个给定位置间的势能之差总是一定的，与势能零点的选取无关。

（5）势能是状态量，是状态的单值函数，势能的大小随着系统相对位置的变化而变化。

（6）势能的单位与动能的单位相同，在国际单位制中，势能的单位也是焦耳。

3.4.3　势能曲线

如果给定了一个保守力，则可以由势能定义式求得势能，当坐标系和势能零点确定后，物体的势能仅仅是位置坐标的函数，即 $E_p = E_p(x, y, z)$，按此函数画出的势能随坐标变化的曲线称为**势能曲线**。图 3.4.4 分别给出了重力势能、弹性势能、万有引力势能曲线。势能曲线在原子物理、核物理、分子物理、固体物理等领域有非常重要的应用。

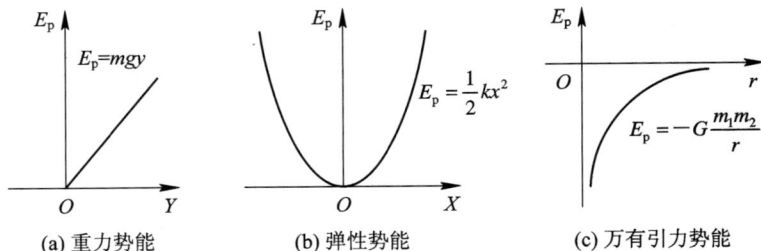

图 3.4.4　势能曲线

在已知势能函数的情况下，利用保守力与势能函数之间的微分关系：

$$F = -\left(\frac{\partial E_p}{\partial x}\boldsymbol{i} + \frac{\partial E_p}{\partial y}\boldsymbol{j} + \frac{\partial E_p}{\partial z}\boldsymbol{k} \right) \tag{3.4.15}$$

可以求出质点在保守力场中各点所受保守力的大小和方向。

例 3.4.1　已知地球的半径为 R，质量为 M，现有一质量为 m 的物体，在离地面 $2R$ 处，以地球和物体为系统。

（1）若取无穷远处为引力势能零点，则系统的引力势能为多少？

（2）若取地面为引力势能零点，则系统的引力势能为多少？

解　（1）如图 3.4.5 所示，设物体在 P 点，取无穷远处为引力势能零点。物体在离地面 $2R$ 处时，系统的势能为物体从该处移动到无穷远处时万有引力所做的功，即

$$E_p = \int_{3R}^{\infty} \left(-\frac{GMm}{r^2} \right) \mathrm{d}r = -\frac{GMm}{3R}$$

（2）取地球表面处为势能零点，物体在离地面 $2R$ 处的势能为物体从该处移动到势能零点处时万有引力所做的功，即

$$E_p = \int_{3R}^{R} \left(-\frac{GMm}{r^2} \right) \mathrm{d}r = \frac{2GMm}{3R}$$

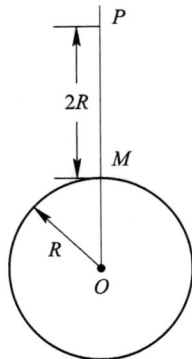

图 3.4.5　例 3.4.1 图

可见，势能的量值是相对的，与势能零点的选取有关。因此，在分析有关势能问题时，一定要指明是相对于哪个势能零点的。

3.5 功能原理和机械能守恒定律

3.5.1 质点系的动能定理

在实际问题中，往往涉及多个质点组成的质点系。下面研究质点系的功能关系，即质点系的动能定理。

如图 3.5.1 所示，一质点系由 n 个质点组成，把质点系中每个质点受到的力按系统的外力和内力加以区分。

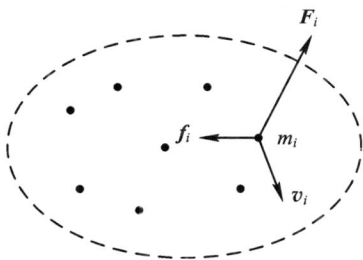

图 3.5.1 质点系的动能定理

设在一运动过程中，任意选取一质点（如第 i 个质点），它的质量为 m_i，它所受到的力按系统分为外力和内力，外力对其做的功为 $W_{i外}$，内力对其做的功为 $W_{i内}$，其初动能为 $\frac{1}{2}m_i v_{i0}^2$，末动能为 $\frac{1}{2}m_i v_i^2$。由质点的动能定理得

$$W_{i外} + W_{i内} = \frac{1}{2}m_i v_i^2 - \frac{1}{2}m_i v_{i0}^2 \tag{3.5.1}$$

对系统内各质点应用质点的动能定理，可得

$$W_{1外} + W_{1内} = \frac{1}{2}m_1 v_1^2 - \frac{1}{2}m_1 v_{10}^2$$

$$W_{2外} + W_{2内} = \frac{1}{2}m_2 v_2^2 - \frac{1}{2}m_2 v_{20}^2$$

$$\vdots$$

$$W_{n外} + W_{n内} = \frac{1}{2}m_n v_n^2 - \frac{1}{2}m_n v_{n0}^2$$

以上各式相加有

$$\sum_{i=1}^{n} W_{i外} + \sum_{i=1}^{n} W_{i内} = \sum_{i=1}^{n} \frac{1}{2}m_i v_i^2 - \sum_{i=1}^{n} \frac{1}{2}m_i v_{i0}^2 \tag{3.5.2}$$

令 $W_外 = \sum_{i=1}^{n} W_{i外}$ 为外力对质点系做的总功，$W_内 = \sum_{i=1}^{n} W_{i内}$ 为内力对各质点所做的总功，$E_{k0} = \sum_{i=1}^{n} \frac{1}{2}m_i v_{i0}^2$ 为质点系的初总动能，$E_k = \sum_{i=1}^{n} \frac{1}{2}m_i v_i^2$ 为质点系的末总动能，则有

$$W_外 - W_内 = E_k - E_{k0} \tag{3.5.3}$$

式 (3.5.3) 表明，外力对质点系做的总功和内力对各质点做的总功之和等于质点系总

动能的增量,这一关系式称为**质点系的动能定理**。

比较质点系的动能定理和质点系的动量定理就会发现,质点系动量的改变仅仅取决于系统所受到的外力,与内力没有任何关系;而系统动能的改变不仅与外力有关,还与内力有关。例如,在炮弹发射过程中,火药燃烧产生的爆炸力推动炮弹向前,也推动炮身向后运动。这种爆炸力就是炮和炮弹(包括炮身)这一系统的内力,而这种内力分别对炮身和炮弹做正功,它们的代数和不为零。因此,尽管内力不改变系统的总动量,但内力的功却能改变系统的总动能。

3.5.2 功能原理

质点系的内力可分为保守内力和非保守内力,相应地,质点系内力的功也可分为保守内力的功和非保守内力的功两部分,即

$$W_{内} = W_{保内} + W_{非保内}$$

将势能的定义式(3.4.13)和(3.5.3)代入上式,可得

$$W_{外} - (E_p - E_{p0}) + W_{非保内} = E_k - E_{k0}$$

$$W_{外} + W_{非保内} = (E_k + E_p) - (E_{k0} + E_{p0})$$

令 $E_0 = E_{k0} + E_{p0}$,$E = E_k + E_p$,他们分别称为系统的初态机械能和末态机械能,则上式可化简改写为

$$W_{外} + W_{非保内} = E - E_0 \tag{3.5.4}$$

式(3.5.4)表明,外力和非保守内力对质点系做的功之和等于系统机械能的增量,这就是质点系的力学功能原理,简称**功能原理**。

功能原理是在质点系的动能定理中引入势能而得出的,因此它和质点系的动能定理一样也只适用于惯性系。

外力做功和系统内的非保守内力做功都可以引起系统机械能的变化。外力做功是外界物体的能量与系统的机械能之间的传递与转化。外力做正功时,系统机械能增加;外力做负功时,系统机械能减少。系统内非保守内力做功则是系统内部发生了机械能与其他形式能量(如化学能、热能)的转化。非保守内力做正功时,系统机械能增加,其他形式的能量转化为机械能;非保守内力做负功时,系统机械能减少,机械能转化为其他形式的能量。

需要注意的是,质点系的动能定理和功能原理都给出了系统能量的改变与功的关系。前者给出的是动能的改变与功的关系,把所有力的功都计算在内;而后者给出的是机械能的改变与功的关系,由于机械能中势能的改变已经反映了保守内力的功,因此只需计算除去保守内力之外的其他力的功。

3.5.3 机械能守恒定律

从功能原理公式(3.5.4)可得到质点系机械能守恒的条件是质点系在初状态到末状态的变化过程中,系统的外力恒不做功,而且非保守内力也恒不做功。根据这个条件可得

$$E_k + E_p = E_{k0} + E_{p0}$$

$$E = E_0 = 常量 \tag{3.5.5}$$

视频 3-4

式(3.5.5)表明,在只有保守内力做功的条件下,质点系内部的动能和势能互相转

化，但总机械能守恒，这就是**机械能守恒定律**。

对机械能守恒定律应注意以下几点：

（1）机械能守恒定律是自然界中普适的定律。

（2）在应用机械能守恒定律时，必须选取确定的惯性参照系。因为系统对所选取的惯性参照系机械能守恒，而对另外的惯性参照系机械能可能不守恒。

（3）机械能守恒，是指系统在一个运动过程中的任一时刻机械能都保持不变，而不是系统在该运动过程中始末状态的机械能相等。

例 3.5.1　如图 3.5.2 所示，一劲度系数为 k 的竖直弹簧，下端固定，上端与质量为 M 的木块相连接，并处于静止状态，若质量为 m 的小球由 h 高度处自由下落，与木块发生完全非弹性碰撞，试求：

（1）弹簧的最大压缩量 ΔX 是多少？

（2）从开始到最大压缩位置过程中，整个系统的机械能损失 ΔE 是多少？

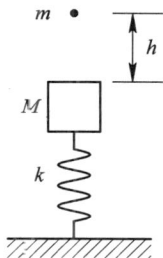

图 3.5.2　例 3.5.1 图

解　（1）开始阶段，小球自由下落，根据机械能守恒定律可得与木块碰撞之前小球的速度

$$v_0 = \sqrt{2gh}$$

随后小球与木块发生完全非弹性碰撞，设小球与木块在一起共同运动的速度为 v，根据动量守恒定律有

$$mv_0 = (M+m)v$$

可得碰撞后小球与木块的共同速度

$$v = \frac{m}{M+m}\sqrt{2gh} \qquad ①$$

取弹簧原长处为弹性势能的零参考点位置，选木块的开始位置为重力势能的零势能位置，开始时假设弹簧压缩量为 X_0，则有

$$kX_0 = Mg \qquad ②$$

设从开始位置到弹簧最大压缩位置处，弹簧的压缩量为 X，则弹簧的最大压缩量为

$$\Delta X = X_0 + X$$

小球与木块碰撞后到弹簧最大压缩位置过程中，仅有重力和弹性力做功，系统机械能守恒，根据机械能守恒定律有

$$\frac{1}{2}(M+m)v^2 + \frac{1}{2}kX_0^2 = \frac{1}{2}k(X+X_0)^2 - (M+m)gX \qquad ③$$

联立①②③可得

$$X = \frac{mg}{k} + \frac{mg}{k}\sqrt{1 + \frac{2kh}{(m+M)g}}$$

所以弹簧的最大压缩量

$$\Delta X = \frac{Mg}{k} + \frac{mg}{k} + \frac{mg}{k}\sqrt{1 + \frac{2kh}{(m+M)g}}$$

（2）根据分析，整个过程的机械能损失只是发生在小球与木块发生完全非弹性碰撞的过程中，对碰撞前后小球与木块系统的机械能损失为

$$\Delta E = \frac{1}{2}mv_0^2 - \frac{1}{2}(m+M)v^2 = \frac{Mmgh}{m+M}$$

3.6 能量守恒定律

由机械能守恒定律可知，对于一个只有保守内力做功的系统，在系统的动能减少的同时，必然有等值的其他形式的势能增加，在系统的动能增加的同时，必然有等值的其他形式的势能减少，系统的机械能是守恒的。

在总结各种自然现象时人们发现，如果一个系统是孤立的，与外界没有能量交换，则系统内各种形式的能量可以相互转化，或由系统内的一个物体传递给另一个物体，但这些能量的总和保持不变。如果在外力作用下，系统的总能量增加（或减少）了，则与系统发生作用的外界物体必然同时有等量的能量减少（或增加）。这就是说，**能量既不能消失，也不能创生，它只能从一种形式转换为另一种形式；对一个孤立系统来说，不论发生何种变化过程，各种形式的能量可以相互转换，但系统的能量总和保持不变。**这一结论称为**能量转换和守恒定律**。它是自然科学中最普遍的定律之一，也是所有自然现象必须遵守的普遍规律。而机械能守恒定律是能量转换和守恒定律的一种情形。

能量转换与守恒定律是自然界最重要、最基本的定律之一，不仅适用于宏观现象，也适用于分子、原子及原子内部；不仅适用于物理学，也适用于化学、生物学等各门自然科学。

3.7 质点的动量矩和动量矩守恒定律

在物理学中经常会遇到物体绕某一定点转动的情形，如行星绕太阳的公转运动，原子中电子绕原子核的运动等。在这些问题中动量和动能的概念不能反映质点运动的全部。例如，天文观测表明，地球绕太阳转动的过程中，在近日点附近转动速度较快，而在远日点附近较慢；太阳系内的行星在太阳引力的作用下能周而复始地绕太阳运动，但不会落到太阳上去，而地球表面绕地球飞行的卫星会在运行一段时间后掉落在地面上。对于这些问题，如果运用动量矩的概念及守恒定律就很容易说明。下面将在牛顿运动定律的基础上引入动量矩的概念、动量矩定理和动量矩守恒定律。

3.7.1 质点对某一定点的动量矩

如图 3.7.1 所示，设有一个质量为 m 的质点，位于直角坐标系中的 P 点，该点相对于

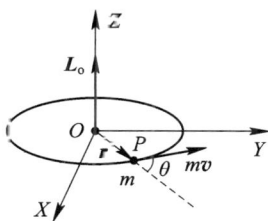

图 3.7.1 质点对某一定点的动量矩

坐标原点 O 的位矢为 r，并具有速度 v（即动量为 $p = mv$），则质点 m 对原点 O 的**动量矩**定义为

$$L = r \times p = r \times mv \tag{3.7.1}$$

质点的动量矩 L 是一个矢量，它的方向垂直于 r 和 p 所构成的平面，方向由右手螺旋法则确定。当四指由 r 经小于 $180°$ 的角 θ 转向 p 时，大拇指的指向就是动量矩 L 的方向。

根据矢量积的定义，动量矩的数值大小为

$$L = rp\sin\theta = rmv\sin\theta \tag{3.7.2}$$

在国际单位制中，动量矩的单位是 $kg \cdot m^2/s$。

由以上定义可知，质点的动量矩不仅取决于它的动量，还取决于它相对于固定点的位矢 r，故质点相对于不同点的动量矩是不同的。

对于动量矩的概念需注意以下几点：

（1）动量矩是一个瞬时量。某一时刻质点的动量矩由该时刻质点的位置矢量和动量决定。

（2）动量矩是一个相对量。质点的动量矩与惯性参照系中参考点的选择有关，同一个质点选择不同的参考点时，动量矩也不相同。

（3）动量矩是描述质点转动状态的物理量。只要质点在运动，就一定存在质点相对于某一参考点 O 的动量矩，不管质点是做直线运动还是曲线运动。当质点动量的方向或其反向延长线通过参考点 O 时，质点对 O 点的动量矩等于零。

3.7.2 质点对固定点的动量矩定理

1. 力矩

当质点相对于某参考点 O 运动时，如果受到力的作用，物体的运动状态将发生变化，对参考点的动量矩也将发生改变，实验和理论表明：动量矩的改变不仅与作用力的大小、方向有关，与力的作用点也有关。为了定量描述动量矩变化的原因，必须引入力矩的概念。

设一质点 P 在力 F 的作用下相对于参考点 O 运动，力的作用点的位置矢量 $r = \overrightarrow{OP}$ 与作用力 F 的矢积，称为力 F 对参考点 O 的力矩，用符号 M 表示，即

$$M = r \times F \tag{3.7.3}$$

力矩 M 是一个矢量，其方向总是垂直于 r 和 F 所决定的平面，方向由右手螺旋法则确定：当四指由 r 经小于 $180°$ 的角 θ 转向 F 时，大拇指的指向就是力矩的方向，如图 3.7.2 所示。根据两矢量的矢积法则可得力矩的大小为

$$M = rF\sin\theta = Fr\sin\theta = Fd \tag{3.7.4}$$

式中，θ 是 r 与 F 的正方向之间小于 $180°$ 的夹角，而 $d = r\sin\theta$ 是 O 点到力 F 的作用线的垂直距离，称为**力臂**，即力矩的大小等于力的大小乘以力臂。

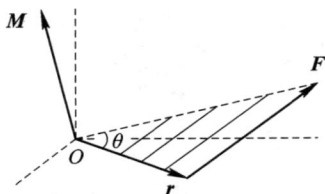

图 3.7.2   力对点的力矩

力矩的单位由力的单位和长度的单位决定。在国际单位制中，力矩的单位是牛顿·米，国际符号为 N·m。

2. 质点的动量矩定理

当质点受到力的作用时，它的动量要发生变化。根据牛顿第二定律，质点的动量随时间的变化率在数值上等于质点受到的合外力的大小。那么当质点受到力矩的作用时，质点的动量矩也会发生变化，下面研究质点受到的力矩与质点的动量矩变化率之间的关系。

将质点对 O 点的动量矩(3.7.1)式两边对时间 t 求导，可得

$$\frac{d\boldsymbol{L}}{dt} = \boldsymbol{r} \times \frac{d(m\boldsymbol{v})}{dt} + \frac{d\boldsymbol{r}}{dt} \times m\boldsymbol{v} \tag{3.7.5}$$

由于 $\boldsymbol{F} = m\dfrac{d\boldsymbol{v}}{dt}$，$\boldsymbol{v} = \dfrac{d\boldsymbol{r}}{dt}$，所以式(3.7.5)可写为

$$\frac{d\boldsymbol{L}}{dt} = \boldsymbol{r} \times \boldsymbol{F} + \boldsymbol{v} \times m\boldsymbol{v} \tag{3.7.6}$$

根据矢积性质，$\boldsymbol{v} \times m\boldsymbol{v} = 0$，而 $\boldsymbol{M} = \boldsymbol{r} \times \boldsymbol{F}$，于是有

$$\frac{d\boldsymbol{L}}{dt} = \boldsymbol{M} \tag{3.7.7}$$

式(3.7.7)表明：作用在质点上的合力对某固定参考点 O 的力矩 $\boldsymbol{M}$，等于质点对同一参考点的动量矩 $\boldsymbol{L}$ 随时间的变化率，这一规律称为**质点的动量矩定理**，也称为**质点动量矩定理的微分形式**。该定理指出，质点对定点 O 的动量矩随时间的变化率的大小等于质点所受合力矩的大小，质点动量矩的变化率的方向就是物体所受的合力对定点 O 的力矩的方向。

动量矩定理与动量定理在形式上相似，力矩 $\boldsymbol{M}$ 和力 $\boldsymbol{F}$ 相对应，动量矩 $\boldsymbol{L}$ 和动量 $\boldsymbol{p}$ 相对应。可将质点对定点 O 的动量矩定理改写成如下形式：

$$d\boldsymbol{L} = \boldsymbol{M}dt \tag{3.7.8}$$

式(3.7.8)右边为作用在质点上的力矩和时间的乘积，称为**元冲量矩**，表示作用在质点上的力矩在无限小时间间隔的累积效应。式(3.7.8)表明质点对定点 O 的动量矩的微分等于质点所受的合力矩对定点 O 的元冲量矩。

如果力矩 $\boldsymbol{M}$ 随时间变化，那么在 t_1 到 t_2 这段有限时间间隔内的冲量矩为

$$\int_{\boldsymbol{L}_1}^{\boldsymbol{L}_2} d\boldsymbol{L} = \boldsymbol{L}_2 - \boldsymbol{L}_1 = \int_{t_1}^{t_2} \boldsymbol{M}dt \tag{3.7.9}$$

式中，$\boldsymbol{L}_1$、$\boldsymbol{L}_2$ 分别是质点在 t_1、t_2 时刻的动量矩，$\int_{t_1}^{t_2} \boldsymbol{M}dt$ 是力矩 $\boldsymbol{M}$ 在 t_1 到 t_2 时间间隔内的

积分，称为在时间间隔 $t_1 \sim t_2$ 内质点所受的合力对定点 O 的冲量矩。式(3.7.9)表明质点对定点 O 的动量矩在某一段时间间隔内的增量等于在这段时间间隔内作用于质点的**冲量矩**。

冲量矩的单位由力矩的单位和时间的单位决定，在国际单位制中冲量矩的单位是牛顿·米·秒，国际符号是 N·m·s，冲量矩的量纲式与动量矩的量纲式相同。

3. 动量矩守恒定律

当质点所受的合力矩 $M=0$ 时，由动量矩定理的微分形式(3.7.8)可得

$$L = 常矢量 \tag{3.7.10}$$

式(3.7.10)表明：如果质点所受的合力矩等于零，则质点的动量矩保持不变，即动量矩是一个常矢量。此规律称为质点的**动量矩守恒定律**。

在应用质点对定点 O 的动量矩定理和动量矩守恒定律时应注意以下几点：

(1) 质点所受的合力矩及质点的动量矩与参考点的选取有关，在应用动量矩定理和动量矩守恒定律时，必须是针对同一惯性参照系中的同一个固定参考点 O 而言。

(2) 根据动量矩守恒定律成立的条件，只有当质点所受的合力对定点 O 的合力矩 M 等于零时，质点对定点 O 的动量矩 L 才守恒。另外，当质点所受的合力对定点 O 的合力矩 $M \neq 0$，而 M 沿某个方向上分量为零时，那么质点对定点 O 的动量矩 L 沿该方向上动量矩分量守恒。

(3) 由于动量矩是一个矢量，质点对定点 O 的动量矩 L 守恒则意味着动量矩的大小和方向都始终保持不变。

(4) 动量矩定理是从牛顿第二定律的基础上推导出来的，由于牛顿第二定律只适用于惯性参照系，因此动量矩定理和动量矩守恒定律也只适用于惯性参照系。

(5) 动量矩守恒定律、动量守恒定律和能量守恒定律是物理学中的三大守恒定律，不仅适用于宏观领域，也适用于微观领域。

4. 有心运动中的动量矩守恒定律

行星绕恒星的运动属于所谓"有心运动"一类的运动，各大行星绕太阳做椭圆运动，太阳位于椭圆的一个焦点上。对任意行星(如地球)而言，它所受到的力几乎仅仅是太阳对它的万有引力，而这引力的作用线始终通过太阳中心，这样的力称为**有心力**，在有心力作用下的质点运动叫作有心运动。

图 3.7.3 所示为太阳系行星(质量为 m)绕太阳 S 做椭圆轨道运动的示意图。如果选择太阳 S 的中心为参考点，由于行星所受太阳的引力 F 是有心力，并且行星相对于太阳 S 中心的位置矢量 r 与 F 共线，则行星所受太阳的引力 F 对于 S 中心的力矩为 $M = r \times F \equiv 0$，则行星对太阳中心的动量矩 L 守恒，即

$$L = r \times (mv) = 常矢量 \tag{3.7.11}$$

根据动量矩定义式 $(L = r \times mv)$ 可知，行星对太阳中心的动量矩 L 始终与行星相对于太阳 S 中心的位矢 r 及行星速度矢量 v 垂直，而行星对太阳中心的动量矩 L 却是一个恒定矢量，因而质点的位矢和速度都只能在与动量矩 L 垂直平面内，行星的有心运动只能是平面运动，有心运动的轨道曲线是平面曲线。行星的运动平面是由行星的初始位矢和初始速度矢量决定的。

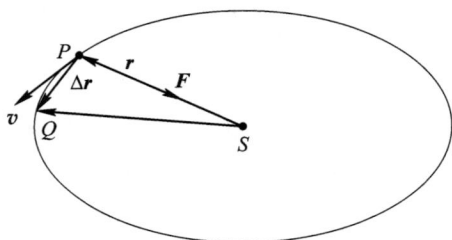

图 3.7.3 行星围绕太阳轨道运动的示意图

由动量矩守恒定律可以证明开普勒第二定律。设质点在 Δt 时间内从 P 点沿着轨道运行到 Q 点，相应的位置矢量由 r 变化到 $r+\Delta r$，如图 3.7.3 所示，矢量 r 在 Δt 时间内扫过的面积 ΔA 近似为一个扇形面积，其面积为

$$\Delta A = \frac{1}{2}\,|\,r\times\Delta r\,| \tag{3.7.12}$$

将式(3.7.12)两边同时除以 Δt，并取极限得

$$\frac{\mathrm{d}A}{\mathrm{d}t} = \lim_{\Delta t\to 0}\frac{\Delta A}{\Delta t} = \frac{1}{2}\lim_{\Delta t\to 0}\left|\,r\times\frac{\Delta r}{\Delta t}\,\right| = \frac{1}{2}\,|\,r\times v\,| \tag{3.7.13}$$

进一步写为

$$\frac{\mathrm{d}A}{\mathrm{d}t} = \frac{1}{2m}\,|\,r\times mv\,| \tag{3.7.14}$$

式中，m 为行星的质量；$\dfrac{\mathrm{d}A}{\mathrm{d}t}$ 为矢量 r 在单位时间内扫过的面积，也称为**面积速率**。根据动量矩定义式可知，$|\,r\times mv\,|$ 是行星对太阳中心的动量矩的大小，于是式(3.7.14)可以改写为

$$\frac{\mathrm{d}A}{\mathrm{d}t} = \frac{1}{2m}L \tag{3.7.15}$$

因为在任意的有心力场中，质点动量矩 L 的大小均为常数，所以在万有引力场中，行星位置矢量在单位时间内扫过的面积是一个常数，即

$$\frac{\mathrm{d}A}{\mathrm{d}t} = 常数 \tag{3.7.16}$$

这就是著名的**开普勒第二定律**。

例 3.7.1 如图 3.7.4 所示，质量为 m 的小球系在绳子一端，绳子穿过一铅直套管，使小球限制在一光滑水平面上运动。先使小球以速率 v_0 绕管心作半径为 r_0 的圆周运动，然后向下拉绳，使小球的运动轨迹最后成为半径为 r 的圆。试求：小球距管心为 r 时速率 v 的大小，以及绳子从 r_0 缩短到 r 的过程中，力 F 所做的功。

解 绳子作用在小球上的力始终通过中心点 O，为有心力，力矩始终为零，因此动量矩守恒。根据动量矩守恒定律有

$$mv_0 r_0 = mvr$$

则有

$$v = \frac{v_0 r_0}{r}$$

可见速度增大了，动能增加了，这是由于力 F 做了功。根据动能定理可知，力 F 做的功为

$$W = \frac{1}{2}mv^2 - \frac{1}{2}mv_0^2 = \frac{1}{2}mv_0^2\left[\left(\frac{r_0}{r}\right)^2 - 1\right]$$

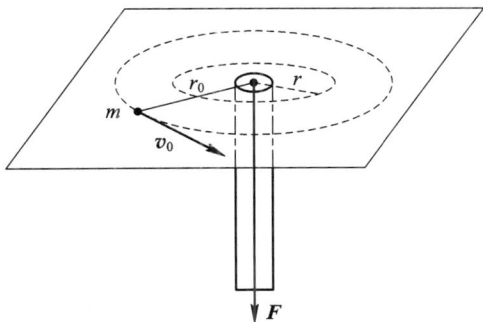

例 3.7.4　例 3.7.1 图

科学家简介

钱　学　森

　　钱学森（1911—2009 年），浙江杭州人，中国空气动力学家、中国科学院暨中国工程院院士，"两弹一星功勋奖章"获得者。曾经担任美国麻省理工学院及加州理工学院教授，为中美两国的导弹和航天计划都做出过重大贡献，被誉为"中国导弹之父"。

　　钱学森是中国航天科技事业的先驱和杰出代表，被誉为"中国航天之父"和"火箭之王"。在美学习研究期间，与他人合作完成的《远程火箭的评论与初步分析》奠定了地地导弹和探空火箭的理论基础；与卡门一起提出的高超音速流动理论为空气动力学的发展奠定了基础。1955 年 10 月，通过周恩来总理外交上的不断努力，钱学森冲破重重阻碍回国。1956 年，受命组建中国第一个火箭、导弹研究所并担任首任院长。他主持完成了"喷气和火箭技术的建立"规划，直接领导和参与制定了用中近程导弹运载原子弹的"两弹结合"试验，制定了中国第一个星际航空的发展规划，发展建立了工程控制论和系统学等。在空气动力学、航空工程、喷气推进、工程控制论、物理力学等科学技术领域做出了开创性贡献。钱学森是中国近代力学和系统工程理论与应用研究的奠基人和倡导人。1991 年 10 月，国务院、中央军委授予钱学森"国家杰出贡献科学家"的荣誉称号。

　　钱学森在美国学习和工作期间，始终牢记自己的根在中国，牢记自己是华夏民族的一分子。得知新中国成立的消息后，他义无反顾地将祖国的需要作为自己的责任，放弃了在美国的优厚待遇选择回国。他的这一选择，既是一个科学家的最高职责，也是一个炎黄子孙的最高使命。他一生中不平凡的经历和卓越成就在中国的国家史上、华人的民族史上，乃至整个人类的世界史上，都留下了光辉的足迹，闪烁着耀眼的光芒。

延 伸 阅 读

对称性与守恒定律

在物理学的各个领域中有许许多多的定理、定律、守恒律和法则，但它们的地位是不一样的。若从整个物理学大厦的顶部居高临下地审视各种规律和法则，就会发现它们遵循的框架是：对称性—守恒律—基本定律—定理—定义。

对称性是人们观察客观事物形体上的特征而形成的认识，对称性被看作是自然界的一项美学原则，广泛应用于建筑、造型艺术和工艺美术中。人们在 19 世纪末发现时空的某种对称性分别与力学中三大守恒律是等效的。1918 年，德国女科学家提出了著名的诺特定理，该定理指出，如果运动定律在某一变换下具有不变性，则必相应地存在一条守恒定律。简言之，物理定律的每一种对称性必定对应地存在一条守恒定律。例如，运动定律的空间平移对称性导致动量守恒定律，时间平移对称性导致能量守恒定律，空间旋转对称性导致角动量守恒定律。与这些经典物理范围内的对称性和守恒定律相联系的诺特定理后来经过推广，在量子力学范围内也成立。

在量子力学和粒子物理学中，又引入了一些新的内部自由度，认识了一些新的抽象空间的对称性以及与之相应的守恒定律，如空间反演对称性导致宇称守恒。这个曾经使物理学家们确信无疑普遍成立的宇称守恒定律，于 1956 年经李政道和杨振宁仔细分析指出，弱作用下粒子的运动不存在空间反演对称性和宇称守恒，不久这个结论被吴健雄等人以确凿的实验证实。从历史发展的过程来看，无论是经典物理学还是近代物理学，一些重要的守恒定律常常早于普遍的运动规律而被认识。质量守恒、能量守恒、动量守恒、电荷守恒就是人们最早认识的一批守恒定律。这些守恒定律的确立为后来认识普遍运动规律提供了线索和启示。

思 考 题

3.1   内力可以改变质点系的动能但不能改变质点系的动量，为什么？

3.2   有人说，质点系在某一运动过程中，如果机械能守恒，则动量一定也守恒；或者如果动量守恒，则机械能一定也守恒。这个说法对吗？你能举出同一运动过程中机械能守恒但动量不守恒，或动量守恒但机械能不守恒的例子吗？

3.3   一个物体可否具有能量而无动量，可否具有动量而无能量，请举例说明。

3.4   "由于作用于质点系内所有质点上的一切内力的矢量和恒等于零，所以内力不能改变质点系的总动能。"这句话对吗，你能否举出几个内力可以改变质点系总动能的例子？

3.5   试判断在以下各过程中系统的机械能是否一定守恒：

（1）忽略空气阻力和其他星体的作用力，卫星绕地球沿椭圆轨道运动。

（2）一弹簧上端固定，下端悬一重物，重物在其平衡位置附近振动，空气阻力忽略不计。

（3）一物体从空中自由落下，陷入沙坑。

3.6　如果两个质点间的相互作用力沿着两质点的连线作用，而大小决定于它们之间的距离，即 $f_1 = f_2 = f(r)$，这样的力叫有心力。万有引力就是一种有心力。任何有心力都是保守力，这个结论对吗？

练 习 题

3.1　如图 T3-1 所示，一小球在弹簧的弹力作用下振动。弹力 $F = -kx$，而位移 $x = A\cos\omega t$，其中 k、A 和 ω 都是常数。求在 $t = 0$ s 到 $t = \pi/2\omega$ s 的时间间隔内弹力给予小球的冲量。

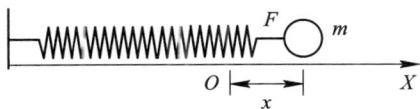

图 T3-1　练习题 3.1 图

3.2　用棒打击质量为 0.3 kg、速率为 20 m/s 的水平飞来的球，球飞到竖直上方 10 m 的高度。

（1）棒给予球的冲量为多大？

（2）设球与棒的接触时间为 0.02 s，求球受到的平均冲力。

3.3　如图 T3-2 所示，3 个物体 A、B、C，每个质量都为 M，B 和 C 靠在一起，放在光滑水平桌面上，两者连有一段长度为 0.4 m 的细绳，B 的另一侧连有另一细绳跨过桌边的定滑轮与 A 相连。已知滑轮轴上的摩擦可忽略，绳子长度一定。A 和 B 起动后，经多长时间 C 也开始运动，C 开始运动时的速度是多少？（取 $g = 10$ m/s²）

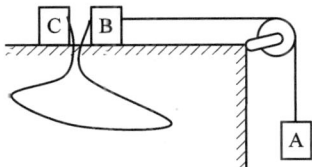

图 T3-2　练习题 3.3 图

3.4　一质量为 m 的质点拴在细绳的一端，绳的另一端固定，此质点在粗糙水平面上作半径为 r 的圆周运动。设质点最初的速率是 v_0，当它运动 1 周时，其速率变为 $v_0/2$，求：

（1）摩擦力所做的功。

（2）滑动摩擦系数。

（3）在静止以前质点运动的圈数。

3.5　如图 T3-3 所示，质量为 1.0 kg 的钢球 m_1 系在长为 0.8 m 的绳的一端，绳的另一端 O 固定。把绳拉到水平位置后，再把它由静止释放，球在最低点处与质量为 5.0 kg 的钢块 m_2 发生完全弹性碰撞，求碰撞后钢球继续运动能达到的最大高度。

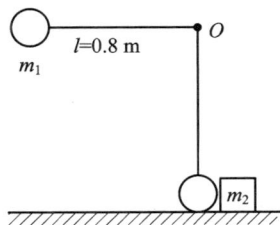

图 T3-3　练习题 3.5 图

3.6　一质量为 m 的物体从质量为 M 的圆弧形槽顶端静止滑下，设圆弧形槽的半径为 R、张角为 $\pi/2$，如图 T3 - 4 所示，所有摩擦都忽略，求：

（1）物体刚离开槽的底端时，物体和槽的速度各是多少？

（2）在物体从 A 滑到 B 的过程中，物体对槽所做的功 W。

（3）物体到达 B 时对槽的压力。

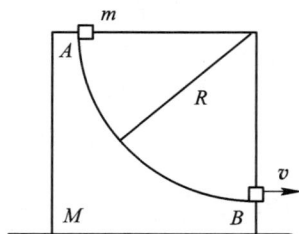

图 T3 - 4　练习题 3.6 图

3.7　一质量为 m 的质点位于 (x_1, y_1) 处，速度为 $\boldsymbol{v} = v_x \boldsymbol{i} + v_y \boldsymbol{j}$，该质点受到一个沿 x 轴负方向的力的作用，求质点相对于坐标原点的角动量。

3.8　哈雷彗星绕太阳运动的轨道是一个椭圆，它离太阳最近时，距离为 $r_1 = 8.75 \times 10^{10}$ m，速率是 $v_1 = 5.46 \times 10^4$ m/s，它离太阳最远时的速率是 $v_2 = 9.08 \times 10^2$ m/s，这时它离太阳的距离 r_2 是多少？（太阳位于椭圆的一个焦点）

3.9　假设地球是质量为 M、半径为 R 的均匀球体，试估算将地球完全拆散外界需要提供的最小能量。

提 升 题

3.1　碰撞前后两物体的速度方向都在一条直线上的这种碰撞叫作对心碰撞。如果碰撞后机械能不守恒，就是非完全弹性碰撞。牛顿从实验结果总结出一个碰撞定律：碰撞后两球的分离速度 $(v_2 - v_1)$ 与碰撞前两球的接近速度 $(v_{10} - v_{20})$ 成正比，比值 e 称为恢复系数，由两球的材料性质决定，即

提升题 3.1 参考答案

$$e = \frac{v_2 - v_1}{v_{10} - v_{20}}$$

（1）推导非完全弹性碰撞后的速度公式。

（2）试计算两物体对心非完全弹性碰撞后损失的机械能。

3.2　火箭是利用燃料燃烧后喷出的气体产生的反冲推力而发射升空的。

（1）如果火箭在自由空间飞行，不受引力或空气阻力等任何外力的影响，其飞行的速度公式是什么？

提升题 3.2 参考答案

（2）如果火箭在地球表面从静止竖直向上发射，燃料的燃烧速率为 α，在不太高的范围内，不计空气阻力，其飞行的速度公式是什么？高度和加速度公式是什么？

（3）假设火箭发射前的质量为 $M_0 = 2.8 \times 10^6$ kg，燃料的燃烧速率为 $\alpha = 1.20 \times 10^4$ kg/s，燃料燃烧后喷出的气体相对火箭的速率为 $u = 2.90 \times 10^3$ m/s，火箭点燃的 100 s 内，高度、速度和加速度随时间变化的曲线有什么特点？最后达到什么值？

3.3　我国第一颗人造卫星绕地球沿椭圆轨道运行，地球的中心处于椭圆的一个焦点上。已知地球半径为 $R_e = 6.378 \times 10^6$ m，人造卫星距地面的最近高度（即近地点）为 $h_1 = 4.39 \times 10^5$ m，最远高度（即远地点）为 $h_2 = 2.384 \times 10^6$ m，卫星在近地点的速度为 $v_1 = 8.10 \times 10^3$ m/s。试画出卫星运动的轨道并求出卫星在远地点的速度 v_2 和运动的周期 T。

提升题 3.3 参考答案

第4章　刚体力学基础

前面,我们通过对质点运动的研究,建立了质点力学的基本框架,然而,当我们讨论电机转子的转动、炮弹的自旋、车轮的滚动、桥梁的平衡等问题时,物体的形状、大小往往起到很重要的作用。这时,我们必须考虑物体的形状和大小,以及形状和大小发生变化的问题。但是,如果在研究物体运动时,把形状和大小以及它们的变化都考虑在内,就会使问题变得相当复杂。值得庆幸的是,在很多情况下,物体在受力运动时形变都很小,基本上保持原来的大小和形状,为了便于研究及抓住问题的主要方面和本质方面,人们提出了"刚体"这一理想模型。本章讲述刚体力学的基础知识,主要包括刚体绕定轴转动的转动定律、动能定理、动量矩守恒定律及其应用。

4.1　刚体定轴转动运动学

4.1.1　刚体的概念

实验表明,任何物体在受到外力作用时,形状和大小都会发生变化。例如,汽车过桥时桥墩将发生压缩变形,桥身将发生弯曲变形等。对一般物体来说,在外力作用下其形变很小,对所研究的问题影响也不大,为了研究方便,我们就认为这些物体在力的作用下保持其形状和大小不变。我们把这种**在力的作用下,形状和大小都保持不变的物体,称为刚体**。物体可以看作是由大量质点组成的,因此刚体也可定义为在力的作用下,所有质点之间的距离始终保持不变的物体。例如,在研究汽车车轮上各点的速度和加速度时,在研究转动飞轮的运动规律时,我们就可以把车轮、飞轮看作刚体。物体受力的作用总是要发生形变的,因此,实际上没有真正的刚体。刚体是力学中一个十分有用的理想模型。

4.1.2　刚体的基本运动

刚体的运动一般是比较复杂的,其中最简单、最基本的运动形式是平动和转动。研究刚体的平动和转动是研究刚体复杂运动的基础。

如图 4.1.1 所示,在运动过程中,**如果刚体上任意一条直线都始终保持平行,就称这种运动为平动**。根据刚体平动的特点,可以证明刚体在平动过程中的任意一段时间内,构成刚体的各质元都在做完全相同的运动,各质元的速度和加速度都是相同的。因此,对于刚体平动,只要了解其上任一质元的运动,就可以掌握整个刚体的运动情况。也就是说,对刚体平动的研究可归结为对质点运动的研究。通常用刚体的质心运动来代表做平动的刚体的运动。

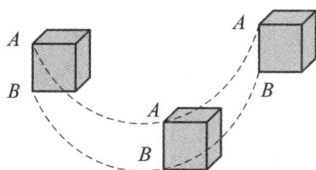

图 4.1.1　刚体的平动

刚体运动时，**若刚体中所有质元都绕同一直线做圆周运动，则称这种运动为转动**，这条直线称为**转轴**。在刚体转动过程中，如果转轴相对参考系是固定不动的，就称这样的转动为**刚体的定轴转动**，如门的转动、电机转子的转动等。本章主要介绍刚体定轴转动的一些基本规律。

4.1.3　刚体定轴转动的描述

研究刚体的定轴转动时，可定义垂直于转轴的平面为转动平面，该转动平面与转轴的交点为转动中心，这样刚体上任一质元都将在通过该质元的转动平面内绕转动中心做圆周运动。因此，刚体的定轴转动实质上是刚体上各个质元在各自的转动平面内绕各自的转动中心转动的圆周运动。

显然，刚体做定轴转动时，在相同的一段时间内，刚体上转动半径不同的各质元其位移、速度、加速度一般都各不相同，但各质元对自身转动中心转过的角度、角速度、角加速度却是相同的，因此用角量来描述刚体的定轴转动较为方便。前面讨论过的角位移、角速度和角加速度等概念及公式以及角量和线量的关系，都可以用来描述刚体的定轴转动。

如图 4.1.2 所示，刚体绕 Z 轴做定轴转动，在刚体上任取一转动平面，以转动中心 O 点为极点建立极坐标系，从 O 出发引一条射线 OX 为极轴，则转动平面上任一点 P 的位置就可用极轴 OX 到极径 OP 的夹角 θ 来描述，θ 称为描述刚体定轴转动的**角坐标**，当面对 Z 轴观察时，通常选逆时针方向为参考正方向。

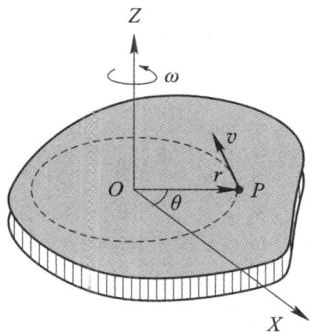

图 4.1.2　刚体的定轴转动

刚体定轴转动时，角坐标是时间的单值连续函数，即 $\theta = \theta(t)$ 称为**刚体绕定轴转动的运动学方程**。

Δt 时间内角位置的增量 $\Delta \theta = \theta(t + \Delta t) - \theta(t)$ 称为刚体定轴转动的**角位移**。

为了描述刚体绕定轴转动的变化快慢和方向，引入**角速度**，用 ω 表示为

$$\omega = \lim_{\Delta t \to 0} \frac{\Delta \theta}{\Delta t} = \frac{d\theta}{dt} \tag{4.1.1}$$

同时，引入**角加速度**来描述刚体定轴转动过程中角速度的变化状态，用 β 表示，定义为

$$\beta = \lim_{\Delta t \to 0} \frac{\Delta \omega}{\Delta t} = \frac{d\omega}{dt} = \frac{d^2\theta}{dt^2} \tag{4.1.2}$$

根据角量与对应线量间的关系可知，刚体中任一质元的角量与线量间的关系为

$$v = r\omega$$

$$a_\tau = \frac{dv}{dt} = r\beta$$

$$a_n = \frac{v^2}{r} = r\omega^2$$

式中，r 为质元距其转轴的距离。

可见刚体定轴转动的描述方法类似于质点圆周运动的角量描述。当我们规定了逆时针旋转为正参考方向后，θ、$\Delta\theta$、ω、β 各量均可视为代数量。

例 4.1.1　一飞轮的半径为 0.1 m，围绕通过其中心的固定水平轴转动，其运动学方程为 $\theta = t^3 + 3t + 5 (\text{rad})$。试求：

(1) $t = 1$ s 时的角速度；

(2) $t = 1$ s 时飞轮边缘上一点的线速度、切向加速度和法向加速度的大小。

解　(1) 根据式(4.1.1)可得

$$\omega = \frac{d\theta}{dt} = 3t^2 + 3$$

把 $t = 1$ s 代入上式，得

$$\omega = 6 \text{ rad/s}$$

(2) 根据式(4.1.2)可得

$$\beta = \frac{d\omega}{dt} = 6t$$

由角量和线量的关系得，$t = 1$ s 时线速度大小为

$$v = r\omega = 0.1 \times 6 \text{ m/s} = 0.6 \text{ m/s}$$

$t = 1$ s 时切向加速度大小为

$$a_\tau = r\beta = 0.1 \times 6 \text{ m/s}^2 = 0.6 \text{ m/s}^2$$

$t = 1$ s 时法向加速度大小为

$$a_n = r\omega^2 = 0.1 \times 6^2 \text{ m/s}^2 = 3.6 \text{ m/s}^2$$

4.2　刚体定轴转动的动力学基础

力是使物体平动状态发生改变的原因，而力矩是使刚体转动状态发生改变的原因，本节讨论刚体定轴转动的动力学规律。

4.2.1　转动力矩

一个具有固定转轴的静止物体，在外力作用下可能发生转动，也可能不发生转动。物

体转动与否不仅与力的大小有关，而且与力的作用点以及力的方向有关。因此，在转动中必须研究力矩的作用。

在第 3 章 3.7 节中我们定义了力对参考点 O 的力矩，下面讨论作用在物体上的力对转轴的力矩。如图 4.2.1(a)所示，假设 Z 轴为物体的转轴，力 F 在物体的转动平面内，O 点为对应的转动中心，P 为力的作用点，力的作用点相对于 O 点的位置矢量为 r。力 F 相对于 Z 轴的力矩定义为

$$M_z = rF\sin\theta \tag{4.2.1}$$

式中，r 为力的作用点的位置矢量大小；F 表示作用力的大小；θ 是面对 Z 轴观察，由 r 逆时针转至 F 所转过的角度；M_z 是代数量；角 θ 决定着 M_z 的正负，正负表示力矩的方向沿 Z 轴正或负方向。

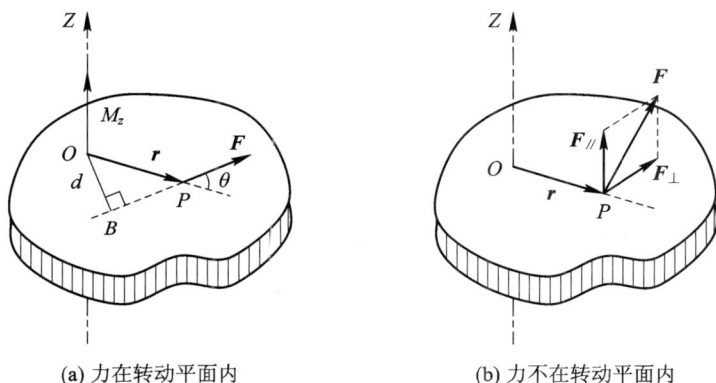

(a) 力在转动平面内　　　　　　　(b) 力不在转动平面内

图 4.2.1　力对轴的力矩

在图 4.2.1(a)中，OB 垂直于力 F 的作用线，故 OB 表示 Z 轴与力 F 的垂直距离，亦为**力臂**，以字母 d 表示。由于 $d = |r\sin\theta|$，因此式(4.2.1)还可表示为

$$M_z = \pm Fd \tag{4.2.2}$$

即力 F 对 Z 轴的力矩大小等于力的大小与力臂的乘积。

上面讨论的都是力在转动平面内的情况，如果力 F 与转动平面有一夹角，则将 F 沿转动平面和垂直于转动平面两个方向分解，如图 4.2.1(b)所示，即 $F = F_\perp + F_\parallel$。由于 $F_\parallel$ 与轴平行，因此产生的力矩垂直于转轴，不改变物体绕轴转动的状态。$F_\perp$ 对轴的力矩可使物体绕轴 Z 转动，对轴的力矩 $M_z = rF_\perp\sin\theta$，因此该力矩 M_z 称为转动力矩（即在转动平面内的力对转轴的力矩）。今后为讨论方便，除特殊声明外，一律视力 F 在参考平面内或平行于参考平面。

上面讨论了力对轴的力矩，**力 F 对 Z 轴上任意一点的力矩在 Z 轴上的投影等于力 F 对 Z 轴的力矩。**

在定轴转动中，如果有几个外力同时作用在刚体上，则它们的作用相当于某单个力矩的作用，这个力矩称为这些力的合力矩。这些力对固定轴的力矩只有两个方向，沿 Z 轴正向或负向，所以合力矩的量值等于这几个力各自力矩的代数和。

4.2.2　刚体绕定轴转动的转动定律

我们把刚体看作一个特殊的质点系，利用熟悉的质点运动规律和力矩定义，可以推导

出刚体定轴转动的转动定律。

如图 4.2.2 所示,设一刚体绕固定轴 Z 转动,某时刻,转动的角速度为 ω,角加速度为 β。在刚体上任取一质元 Δm_i,它距转轴的距离为 r_i,受到的合外力用 F_i 表示,所受内力合力为 f_i。刚体绕固定轴 Z 转动时,质元 Δm_i 以 O 为圆心、以 r_i 为半径作圆周运动。对 Δm_i 应用牛顿第二定律可得

视频 4 - 1

$$F_i + f_i = \Delta m_i a_i \tag{4.2.3}$$

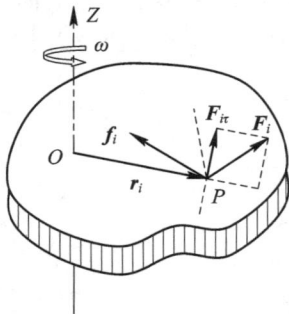

图 4.2.2 刚体的转动定律

将此矢量方程两边都投影到质元 Δm_i 圆轨迹的切向和法向上,则有

$$F_{i\tau} + f_{i\tau} = \Delta m_i a_{i\tau} \tag{4.2.4}$$

$$F_{in} + f_{in} = \Delta m_i a_{in} \tag{4.2.5}$$

由于 F_{in} 和 f_{in} 的延长线都通过转轴,其力矩均为零,对刚体定轴转动没有贡献,所以仅讨论切向方程。将式(4.2.4)两边同乘以 r_i,并应用角量和线量的关系 $a_{i\tau} = r_i\beta$,可得

$$F_{i\tau}r_i + f_{i\tau}r_i = \Delta m_i r_i^2 \beta \tag{4.2.6}$$

式中,$F_{i\tau}r_i$ 表示作用在 Δm_i 上的外力产生的对 Z 轴的转动力矩,$f_{i\tau}r_i$ 表示作用在 Δm_i 上的内力产生的对 Z 轴的转动力矩。将式(4.2.6)对整个刚体求和,并考虑到各质元的角加速度相同,可得

$$\sum_i F_{i\tau}r_i + \sum_i f_{i\tau}r_i = \left(\sum_i \Delta m_i r_i^2\right)\beta \tag{4.2.7}$$

式中,$\sum_i F_{i\tau}r_i$ 为所有作用在刚体上的外力对 Z 轴之矩的总和,称为**合外力矩**,用 M_z 表示;$\sum_i f_{i\tau}r_i$ 为所有内力对 Z 轴之矩的总和。由于内力总是成对出现的,每对内力大小相等、方向相反,且在同一条作用线上,因此内力对 Z 轴之矩的总和恒等于零,即 $\sum_i f_{i\tau}r_i = 0$。

令

$$J_z = \sum_i \Delta m_i r_i^2 \tag{4.2.8}$$

称 J_z 为刚体的转动惯量。这样,式(4.2.7)的结果就可表示为

$$M_z = J_z\beta \tag{4.2.9}$$

称为刚体绕定轴转动的**转动定律**。该定律可表述为:**绕定轴转动的刚体的角加速度与作用在刚体上的合外力矩成正比,与刚体的转动惯量成反比。**

应当注意,转动定律中的各物理量都是相对于同一转轴的;转动定律描述的是力矩的瞬时作用效果,其在刚体力学中的作用与牛顿第二定律在质点力学中的地位类似;将式(4.2.9)与质点力学中的牛顿第二定律 $\boldsymbol{F}=m\boldsymbol{a}$ 对比,可见 J_z 与 m 具有类似的地位,m 可描述质点的平动惯性,那么 J_z 应是描述刚体转动惯性的一个物理量。

4.3 转动惯量的计算

由式(4.2.9)转动惯量 J_z 的定义可以看出,若刚体的质量分布是分立的,由许多离散的质点组成,则转动惯量可表示为

$$J_z = \sum_i m_i r_i^2 \tag{4.3.1}$$

若刚体的质量分布是连续的,则转动惯量可表示为

$$J_z = \int_m r^2 \, \mathrm{d}m \tag{4.3.2}$$

式中,r 为 $\mathrm{d}m$ 到转轴的距离。在国际单位制中,转动惯量的单位是 $\mathrm{kg \cdot m^2}$。

进一步分析表明,刚体转动惯量的大小与以下三个因素有关:

(1) 刚体的总质量;

(2) 刚体的质量分布和几何形状;

(3) 转轴的位置。对同一物体,转轴位置不同,对应的转动惯量不同。

对于有规则几何图形的刚体,可以用计算的方法求其转动惯量,但一般情况下,因刚体形状复杂或质量分布不均匀,计算起来十分麻烦,此时常常通过实验进行测量。表 4.3.1 列出了几种标明转轴位置的常用刚体的转动惯量。

表 4.3.1 几种常用刚体的转动惯量

刚体	转轴位置	示意图	转动惯量
圆环	转轴通过中心与环面垂直	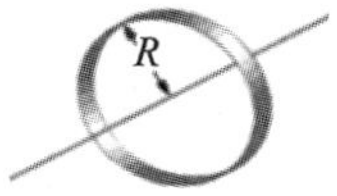	$J = MR^2$
	转轴沿直径	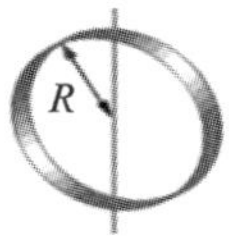	$J = \dfrac{MR^2}{2}$
圆柱	转轴沿几何对称轴	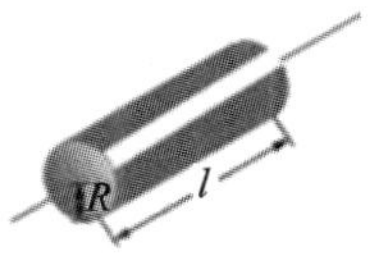	$J = \dfrac{MR^2}{2}$
圆筒	转轴沿几何对称轴	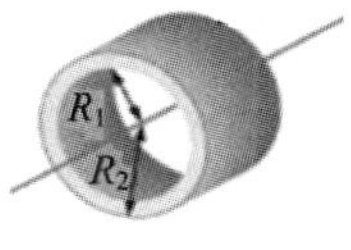	$J = \dfrac{M}{2}(R_2^2 + R_1^2)$

刚体	转轴位置	示意图	转动惯量
细棒	转轴通过中心与棒垂直		$J = \dfrac{ML^2}{12}$
	转轴通过端点与棒垂直		$J = \dfrac{ML^2}{3}$
球体	转轴沿直径		$J = \dfrac{2MR^2}{5}$
球壳	转轴沿直径		$J = \dfrac{2MR^2}{3}$

在计算刚体对定轴的转动惯量时,常常用到以下两个定理。

1. 平行轴定理

如图 4.3.1 所示,设通过刚体质心 C 的轴线为 Z_C 轴,刚体相对于这个轴线的转动惯量为 J_C,如果有另一轴线 Z 与通过质心的轴线 Z_C 平行,则可以证明刚体对通过 Z 轴的转动惯量为

$$J_Z = J_C + md^2 \qquad (4.3.3)$$

式中,m 为刚体的质量,d 为两平行轴之间的距离。式(4.3.3)叫作转动惯量的**平行轴定理**。由式(4.3.3)可以看出,刚体对通过质心轴线的转动惯量最小,而对任何与质心轴线相平行的轴线的转动惯量 J_Z 都大于 J_C,即 $J_Z > J_C$。平行轴定理不仅有助于计算转动惯量,而且对研究刚体的滚动也是很有帮助的。

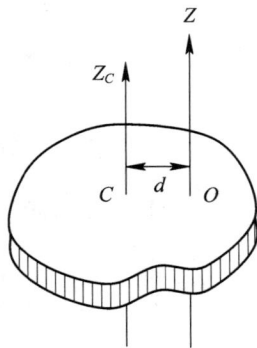

图 4.3.1 平行轴定理示意图

利用平行轴定理，我们很容易得到通过细棒端点且与棒垂直的轴线的转动惯量

$$J = J_C + md^2 = \frac{1}{12}mL^2 + m\left(\frac{L}{2}\right)^2 = \frac{1}{3}mL^2$$

同理，可以得出一个均匀圆盘对于通过其边缘一点且垂直于盘面的轴的转动惯量

$$J = J_C + mR^2 = \frac{1}{2}mR^2 + mR^2 = \frac{3}{2}mR^2$$

2. 垂直轴定理

如图 4.3.2 所示，有一薄板状刚体，设板面在 XY 平面内，选取两垂直轴的交点 O 点为坐标原点，OZ 轴垂直于板面，则薄板状刚体对 OZ 轴的转动惯量为

$$J_Z = \sum \Delta m_i r_i^2 = \sum \Delta m_i (x_i^2 + y_i^2)$$

因为 x_i 和 y_i 分别是质元 Δm_i 到 Y 轴和 X 轴的垂直距离，而 $\sum \Delta m_i x_i^2 = J_Y$，$\sum \Delta m_i y_i^2 = J_X$，所以

$$J_Z = J_X + J_Y \tag{4.3.4}$$

式(4.3.4)表明，薄板刚体对板面内任意两垂直轴的转动惯量之和等于该刚体对通过两轴交点且垂直于板面的轴的转动惯量，这就是**垂直轴定理**。此定理适用于平面、薄板刚体，并限于薄板面内两轴相互垂直的情况，对于有限厚度的板不成立。

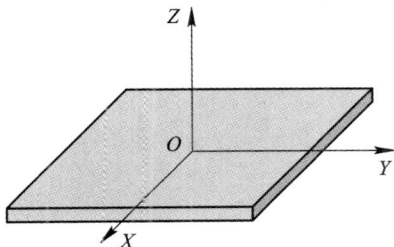

图 4.3.2　垂直轴定理示意图

例 4.3.1　如图 4.3.3 所示，一质量均匀分布的细杆，长为 L，质量为 m，试求：它对通过一端并与杆垂直的转轴 Z 的转动惯量。

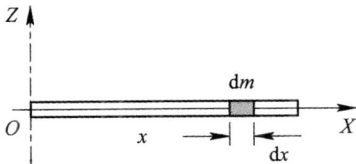

图 4.3.3　例 4.3.1 图

解　以转轴 Z 与杆的交点 O 为原点，沿杆的方向建立 OX 轴。在杆上坐标为 x 处取长度为 dx 的微元，根据题意，这一微元的质量 dm 为

$$dm = \frac{m}{L}dx$$

质元 dm 到垂直轴 Z 的距离为 x，质元 dm 对垂直轴的转动惯量为

$$dJ_Z = x^2 dm$$

故而整个杆对过 O 点的垂直轴 Z 的转动惯量为

$$J_z = \int_0^L x^2 \frac{m}{L} \mathrm{d}x = \frac{1}{3}mL^2$$

讨论：若转轴通过杆的中心，求得杆的转动惯量为 $J_z = \frac{1}{12}mL^2$。可见，刚体转动惯量的大小与转轴位置有关。

例 4.3.2　如图 4.3.4 所示，一质量均匀分布的圆盘，质量为 m，半径为 R。试求其对过中心并垂直于圆盘的转轴的转动惯量。

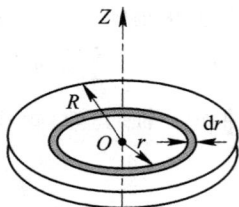

图 4.3.4　例 4.3.2 图

解　在离转轴的距离为 r 至 $r+\mathrm{d}r$ 处取一圆环，其面积为 $\mathrm{d}S=2\pi r\mathrm{d}r$，质量为 $\mathrm{d}m=\sigma\mathrm{d}S$，其中 $\sigma=\dfrac{m}{\pi R^2}$ 为圆盘的质量面密度，则圆环对轴的转动惯量为

$$\mathrm{d}J_z = r^2\mathrm{d}m = 2\pi\sigma r^3\mathrm{d}r$$

整个圆盘的转动惯量为

$$J_z = \int r^2\mathrm{d}m = 2\pi\sigma\int_0^R r^3\mathrm{d}r = \frac{\pi}{2}\sigma R^4$$

把圆盘的质量面密度 $\sigma=\dfrac{m}{\pi R^2}$ 代入，可得

$$J_z = \frac{1}{2}mR^2$$

例 4.3.3　如图 4.3.5 所示，有一质量为 m、半径为 R 的质量均匀分布的薄圆盘，若盘面厚度无限小，求该盘面对任意直径的转动惯量。

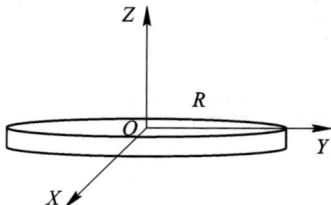

图 4.3.5　例 4.3.3 图

解　以圆盘中心为坐标原点，建立直角坐标系，使 X、Y 轴在盘面内。由于对称，因此 $J_X=J_Y$，根据垂直轴定理可得

$$J_Z = J_X + J_Y = 2J_X$$

由例 4.3.2 可知，$J_Z = \frac{1}{2}mR^2$，所以

$$J_X = \frac{1}{4}mR^2$$

4.4　转动定律的应用

刚体绕定轴转动的问题，通常采用"隔离法"进行研究，其解题步骤与牛顿第二定律类似。

例 4.4.1　如图 4.4.1 所示，已知滑轮是质量均匀分布的圆盘，质量为 m，半径为 R，跨过滑轮的轻绳连接质量分别为 m_1 和 m_2 的物体。假定绳为不可伸缩的轻绳，绳与滑轮间无相对滑动，且滑轮轴处的摩擦可忽略不计。求绳中的张力及滑轮的角加速度。

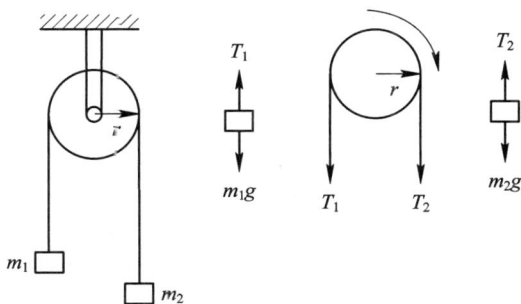

图 4.4.1　例 4.4.1 图

解　滑轮与绳间无相对滑动，这表明绳与滑轮之间有静摩擦，正是这一摩擦力带动滑轮转动，又因为绳要带动滑轮转动，所以两边绳的张力不相等。

首先采用隔离法，分别选质量为 m_1、m_2 的物体和滑轮及绳与滑轮接触部分三者为研究对象，它们的受力如图 4.4.1 所示。设质量为 m_2 的物体的加速度为 a，方向竖直向下。因为绳不可伸缩，故 m_1 和 m_2 的加速度大小相等。取滑轮的角加速度 β 沿顺时针方向为正方向。

对滑轮根据转动定律可得

$$T_2 R - T_1 R = J_z \beta \qquad\qquad ①$$

对质量为 m_1 的物体，根据牛顿第二定律可得

$$T_1 - m_1 g = m_1 a \qquad\qquad ②$$

对质量为 m_2 的物体，根据牛顿第二定律可得

$$m_2 g - T_2 = m_2 a \qquad\qquad ③$$

由绳与滑轮间无相对滑动可得

$$a = R\beta \qquad\qquad ④$$

因滑轮可视为质量均匀分布的圆盘，故其转动惯量为

$$J_z = \frac{1}{2}mR^2 \qquad\qquad ⑤$$

联立式①～⑤可解得

$$\beta = \frac{2(m_2 - m_1)}{[2(m_1 + m_2) + m]R} g$$

$$T_1 = \frac{(4m_2 + m)m_1}{2(m_1 + m_2) + m}g$$

$$T_2 = \frac{(4m_1 + m)m_2}{2(m_1 + m_2) + m}g$$

从结果可以看出来，$T_2 \neq T_1$，这是因为滑轮质量不为零，要使滑轮转动状态发生变化，必须有 $T_2 \neq T_1$。需要指出的是，绳与滑轮之间的静摩擦力是其间无相对滑动的原因，也是使滑轮转动的动力。

例 4.4.2　有一半径为 R 的圆形平板平放在水平桌面上，平板与水平桌面的摩擦系数为 μ。若平板开始时绕通过其中心且垂直板面的固定轴以角速度 ω_0 旋转，它将在旋转几圈后停止？（已知圆形平板的转动惯量 $J = \frac{1}{2}mR^2$，其中 m 为圆形平板的质量。）

解　如图 4.4.2 所示，在离转轴的距离为 $r + \mathrm{d}r$ 处取一圆环，

视频 4 - 2

面积为 $\mathrm{d}S = 2\pi r \mathrm{d}r$，质量为 $\mathrm{d}m = \sigma \mathrm{d}S$，其中 $\sigma = \frac{m}{\pi R^2}$ 为圆形平板的质量面密度。圆环受到的摩擦力为

$$\mathrm{d}f = \mu \mathrm{d}mg = 2\pi \sigma \mu g r \mathrm{d}r$$

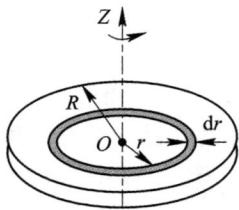

图 4.4.2　例 4.4.2 图

圆环受到的摩擦力矩为

$$\mathrm{d}M = -r\mathrm{d}f = -2\pi \sigma \mu g r^2 \mathrm{d}r$$

圆形平板受到的摩擦力矩为

$$M = \int \mathrm{d}M = -\int_0^R 2\pi \sigma \mu g r^2 \mathrm{d}r = -\frac{2}{3}\mu mgR$$

由转动定律可得圆形平板的角加速度

$$\beta = \frac{M}{J_z} = -\frac{4\mu g}{3R}$$

圆盘停下来时，它的角速度为 $\omega = 0$，设圆形平板从角速度 ω_0 旋转到停止，转过的角度为 $\Delta\theta$，则

$$\omega^2 - \omega_0^2 = 2\beta\Delta\theta$$

所以

$$\Delta\theta = \frac{\omega^2 - \omega_0^2}{2\beta} = \frac{3R\omega_0^2}{8\mu g}$$

旋转的圈数

$$N = \frac{\Delta\theta}{2\pi} = \frac{3R\omega_0^2}{16\pi\mu g}$$

4.5 刚体定轴转动的动能定理

4.5.1 力矩的功

如图 4.5.1 所示，刚体可绕 Z 轴转动，设在转动平面内的某一外力 $\boldsymbol{F}_i$ 作用于 B 点，在刚体绕定轴转动的同时刚体上的 B 点也在绕 O 点作圆周运动，B 点对应的位置矢量为 $\boldsymbol{r}_i$。在刚体转过一角位移 $\mathrm{d}\theta$ 时，B 点的元位移为 $\mathrm{d}\boldsymbol{r}$。根据功的定义，外力 $\boldsymbol{F}_i$ 所做的元功 $\mathrm{d}A_i$ 为

$$\mathrm{d}A_i = \boldsymbol{F}_i \cdot \mathrm{d}\boldsymbol{r} = F_i |\mathrm{d}\boldsymbol{r}| \cos\alpha$$

式中，α 为 $\boldsymbol{F}_i$ 和 $\mathrm{d}\boldsymbol{r}$ 的夹角，将 $F_i\cos\alpha = F_{it}$、$|\mathrm{d}\boldsymbol{r}| = r_i\mathrm{d}\theta$ 带入上式，可得

$$\mathrm{d}A_i = F_{it}r_i\mathrm{d}\theta = M_{iz}\mathrm{d}\theta \tag{4.5.1}$$

其中，M_{iz} 表示外力 $\boldsymbol{F}_i$ 相对于转轴 Z 的力矩，可见 $\mathrm{d}A_i$ 也是外力矩的元功。式(4.5.1)表明：外力矩所做的元功等于外力矩和角位移的乘积。

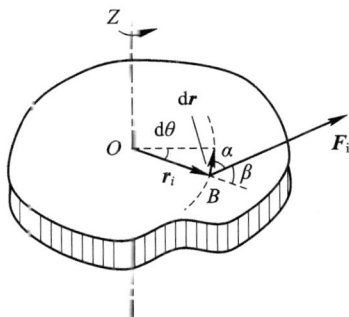

图 4.5.1 力矩所做的功

若刚体在多个外力作用下转过一角位移 $\mathrm{d}\theta$，则外力矩的总元功 $\mathrm{d}A$ 就等于各外力矩元功的代数和，即

$$\mathrm{d}A = \sum_i \mathrm{d}A_i = \sum_i M_{iz}\mathrm{d}\theta = M_Z\mathrm{d}\theta \tag{4.5.2}$$

其中，$\displaystyle\sum_i M_{iz} = M_Z$ 为作用在刚体上的各外力对固定转轴的力矩的代数和，称为**合外力矩**。式(4.5.2)表明：合外力矩所做的元功等于合外力矩与角位移的乘积。

刚体由角坐标 θ_1 旋转到 θ_2 的过程中合外力矩做的总功为

$$A = \int_{\theta_1}^{\theta_2} M_Z\mathrm{d}\theta \tag{4.5.3}$$

这里需要指出，因为刚体是一个特殊质点系，一对相互作用的内力的相对位移为零，故一对内力所做的功为零，我们只需考虑合外力矩的功。

4.5.2 刚体定轴转动的转动动能

刚体可以看成是由许多质点组成的特殊的质点系，所以刚体的转动动能就是刚体上每个质点转动动能的总和。设刚体以角速度 ω 绕固定轴 Z 转动，其上各个质元都在各自的转

动平面内以角速度 ω 作圆周运动，设任一质元的质量为 Δm_i，离转轴的距离为 r_i，其线速度为 $v_i = r_i\omega$，则该质元的动能为

$$E_{ki} = \frac{1}{2}\Delta m_i v_i^2$$

考虑到角量和线量的关系 $v_i = r_i\omega$，则整个刚体的转动动能为

$$E_k = \sum_i E_{ki} = \sum_i \frac{1}{2}\Delta m_i v_i^2 = \frac{1}{2}\left(\sum_i \Delta m_i r_i^2\right)\omega^2 = \frac{1}{2}J_z\omega^2$$

所以刚体的转动动能为

$$E_k = \frac{1}{2}J_z\omega^2 \tag{4.5.4}$$

式(4.5.4)表明，刚体绕定轴转动时的转动动能等于刚体的转动惯量与角速度平方乘积的一半，与质点的动能在形式上非常相似。

4.5.3 刚体定轴转动的动能定理

将刚体定轴转动的转动定律改写为

$$M_z = J_z\beta = J_z\frac{\mathrm{d}\omega}{\mathrm{d}t} = J_z\frac{\mathrm{d}\omega}{\mathrm{d}\theta}\frac{\mathrm{d}\theta}{\mathrm{d}t} = J_z\omega\frac{\mathrm{d}\omega}{\mathrm{d}\theta}$$

整理可得

$$M_z\mathrm{d}\theta = J_z\omega\,\mathrm{d}\omega = \mathrm{d}\left(\frac{1}{2}J_z\omega^2\right)$$

式中，$M_z\mathrm{d}\theta = \mathrm{d}A$，表示刚体转过小角度 $\mathrm{d}\theta$ 时，作用在刚体上的合外力矩所作的元功，可进一步写为

$$\mathrm{d}A = \mathrm{d}\left(\frac{1}{2}J_z\omega^2\right) \tag{4.5.5}$$

式(4.5.5)表明：作用在刚体上的合外力矩所做的元功等于刚体定轴转动动能的微分。

若绕定轴转动的刚体在外力作用下，从初态 $\theta = \theta_1$、$\omega = \omega_1$，变到末态 $\theta = \theta_2$、$\omega = \omega_2$，则积分可得

$$\int_{\theta_1}^{\theta_2} M_z\mathrm{d}\theta = \int_{\omega_1}^{\omega_2}\mathrm{d}\left(\frac{1}{2}J_z\omega^2\right)$$

即

$$A = \frac{1}{2}J_z\omega_2^2 - \frac{1}{2}J_z\omega_1^2 \tag{4.5.6}$$

式中，$A = \int_{\theta_1}^{\theta_2} M_z\mathrm{d}\theta$ 表示刚体角速度从 ω_1 变到 ω_2 这一过程中，作用于刚体上的合外力矩所做的功。式(4.5.6)表明：**合外力矩对定轴转动刚体所做的功等于刚体转动动能的增量，此称为刚体绕定轴转动时的动能定理。**

如果刚体受到保守力的作用，也可以引入势能的概念。对包含有刚体的系统，如果运动过程中仅有保守力做功，则系统机械能守恒。

例 4.5.1 一根质量分布均匀、长为 l 的刚性细杆，可绕 A 端的光滑水平固定轴在铅垂平面内转动，如图 4.5.2 所示。现将杆从水平位置($\theta_1 = 0$，$\omega_1 = 0$)释放，试求杆转到 $\theta_2 = \frac{\pi}{6}$ 的过程中重力所做的功及杆在该位置时的角速度。

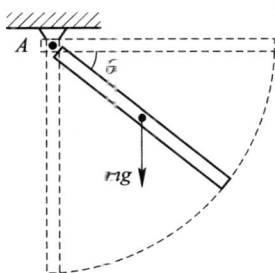

图 4.5.2　例 4.5.1 图

解　当杆转过一个角位移元 $\mathrm{d}\theta$ 时，重力矩的元功为

$$\mathrm{d}A = M_z\mathrm{d}\theta = mg\ \frac{l}{2}\cos\theta\mathrm{d}\theta$$

杆从角坐标 $\theta_1 = 0$ 转到 $\theta_2 = \dfrac{\pi}{6}$ 的过程中，重力矩对杆所做的功为

$$A = \int_0^{\frac{\pi}{6}} mg\ \frac{l}{2}\cos\theta\mathrm{d}\theta = \frac{mgl}{4}$$

杆在水平位置时的角速度 $\omega_1 = 0$，转到 $\theta_2 = \dfrac{\pi}{6}$ 位置时的角速度为 ω，根据刚体定轴转动的动能定理有

$$\frac{mgl}{4} = \frac{1}{2}J_z\omega^2$$

杆对水平固定轴的转动惯量为

$$J_z = \frac{1}{3}ml^2$$

所以

$$\omega = \sqrt{\frac{3g}{2l}}$$

因为此过程中只有重力矩做功，所以也可以用机械能守恒求解角速度，求得的结果一致。

　　例 4.5.2　如图 4.5.3 所示，定滑轮 A 绕有轻绳，绳绕过另一定滑轮 B 后挂一物体 C。A、B 两轮可看作匀质圆盘，半径分别为 R_1、R_2，质量分别为 m_1、m_2，物体 C 质量为 m_3。忽略轮轴的摩擦，轻绳与两个滑轮之间没有相对滑动。求物体 C 由静止下落到 h 处时的速度。

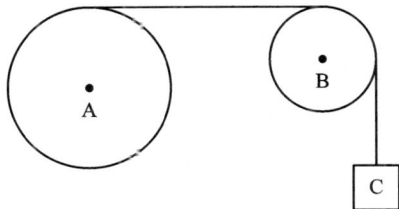

图 4.5.3　例 4.5.2 图

解　把 A、B、C 作为一个系统，在运动过程中绳子张力的总功为零，只有保守力重力

做功,故系统的机械能守恒。以物体 C 在最高点时的位置为重力势能零点,则系统初态的动能、势能均为零,机械能为零。系统末态的机械能包括 A、B、C 三个物体的动能及物体 C 的重力势能,设 A、B 两轮的角速度分别为 ω_1 和 ω_2,物体 C 的速度为 v,则有

$$0 = \frac{1}{2}J_1\omega_1^2 + \frac{1}{2}J_2\omega_2^2 + \frac{1}{2}m_3v^2 - m_3gh \qquad ①$$

A、B 两轮的转动惯量分别为

$$J_1 = \frac{1}{2}m_1R_1^2, \quad J_2 = \frac{1}{2}m_2R_2^2 \qquad ②$$

因为轻绳与两个滑轮之间没有相对滑动,故 C 的速度与两个滑轮边沿处的线速度相等,根据角量与线量间的关系有

$$v = R_1\omega_1 = R_2\omega_2 \qquad ③$$

联立①~③式可解出

$$v = 2\sqrt{\frac{m_3gh}{m_1 + m_2 + 2m_3}}$$

此题也可先用转动定律求出物体 C 的加速度后,再通过积分求出它下落到 h 处时的速度,还可以用动能定理求解。

4.6　刚体的动量矩和动量矩守恒定律

4.6.1　刚体的动量矩

如图 4.6.1 所示,刚体绕 Z 轴以角速度 ω 转动,刚体上每一质元都以相同的角速度 ω 绕轴 Z 在转动平面内做圆周运动。设刚体中某质元的质量为 Δm_i,到转轴的距离为 r_i,该质元对 Z 轴的动量矩为 $L_{zi} = \Delta m_i r_i^2 \omega$,则刚体对 Z 轴的动量矩就是每个质元对转轴的动量矩之和,即

$$L_Z = \sum_i \Delta m_i r_i^2 \omega = J_Z \omega \qquad (4.6.1)$$

式(4.6.1)称为**刚体对转轴的动量矩**。

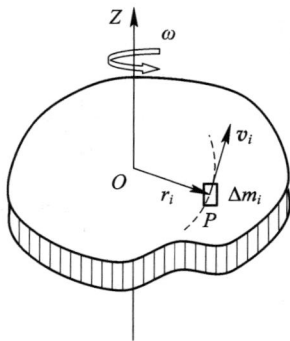

图 4.6.1　刚体的动量矩

4.6.2　动量矩定理

刚体作定轴转动时，因刚体对固定轴的转动惯量是一恒量，转动定律（式(4.2.9)）可改写为

$$M_z = J_z \frac{\mathrm{d}\omega}{\mathrm{d}t} = \frac{\mathrm{d}(J_z\omega)}{\mathrm{d}t} = \frac{\mathrm{d}L_z}{\mathrm{d}t} \qquad (4.6.2)$$

视频 4-3

式中 $L_z = J_z\omega$。分离变量并积分，若绕定轴转动的刚体在外力矩作用下，从初态 t_1、ω_1 变到末态 t_2、ω_2，则

$$\int_{t_1}^{t_2} M_z \mathrm{d}t = \int_{\omega_1}^{\omega_2} \mathrm{d}L_z \qquad (4.6.3)$$

于是可得

$$\int_{t_1}^{t_2} M_z \mathrm{d}t = J_z\omega_2 - J_z\omega_1 \qquad (4.6.4)$$

式(4.6.4)中 $\int_{t_1}^{t_2} M_z \mathrm{d}t$ 是刚体所受合外力对 Z 轴力矩的冲量矩。式(4.6.4)表明：刚体定轴转动时，角动量的增量等于合外力矩的冲量矩，这就是刚体定轴转动的动量矩定理。

4.6.3　动量矩守恒定律

若刚体所受的合外力矩 M_z 恒等于零，即

$$\frac{\mathrm{d}L_z}{\mathrm{d}t} = \frac{\mathrm{d}(J_z\omega)}{\mathrm{d}t} = 0$$

则

$$L_z = J_z\omega = 常量 \qquad (4.6.5)$$

式(4.6.5)表明：**刚体所受的合外力矩为零时，刚体的动量矩保持不变，这就是动量矩守恒定律。**

可以证明，如果作用在可变形物体上的合外力矩总为零，则在运动过程中，可变形物体的动量矩也是守恒的，也就是说，动量矩守恒定律不仅适用于刚体也适用于可变形的物体。如芭蕾舞演员、跳水运动员，他们可以依靠改变自身的转动惯量来改变身体转动的角速度，从而做出许多优美漂亮的动作。动量矩守恒定律与动量守恒定律、能量守恒定律一样，是自然界中的普遍规律之一。它不仅适用于包括天体在内的宏观领域，而且适用于原子、原子核等微观领域。

4.6.4　动量矩守恒定律在工程技术上的应用

动量矩守恒定律在工程技术中有着广泛的应用，如直升机、陀螺仪等。

当直升机的主螺旋桨旋转时，主螺旋桨加速转动的力矩对系统来讲是内力矩，它与作用在机身的内力矩总和为零，因此内力矩对系统的动量矩没影响。当忽略空气对主螺旋桨转动的阻力矩时，此时外力矩为零，故系统动量矩守恒。若主螺旋桨的角加速度增加，机身会反方向转动，以抵消由于主螺旋桨继续加速而增加的动量矩，使系统总动量矩保持不变。为了阻止机身旋转，需要在机尾安装一个小螺旋桨来产生一个附加力矩，使其与主螺旋桨产生的力矩相抵消，从而消除机身的转动，如图 4.6.2 所示。

图 4.6.2   直升机

陀螺仪的结构如图 4.6.3 所示,转子、内环、外环都可以绕着各自的转动轴自由转动,三个转动轴正交于转子质心。在忽略摩擦力和空气阻力的情况下,这种设计保证了转子所受的合外力矩为零,转子的角动量守恒。陀螺仪的转动惯量不随时间变化,若将陀螺仪的转轴指向某方向,当转子绕自身对称轴以角速度 ω 高速转动时,不管如何改变框架的方位,其中心轴的空间取向都始终保持不变。根据陀螺仪的这一特性,如将其安装在船、飞机、导弹或宇宙飞船上,就能指出这些船或飞行器相对于空间某一定向的方向,并随时纠正它们在运行中可能发生的方向偏离,克服由于惯性力的作用产生的错觉,从而起到导航的作用。陀螺仪与手机上的摄像头配合使用可起到防抖作用,这会让手机的拍照摄像能力得到很大的提升;在各类飞行游戏、第一视角类射击游戏等传感器中,可以通过陀螺仪完整监测游戏者手的位移,从而实现各种游戏的操作效果。

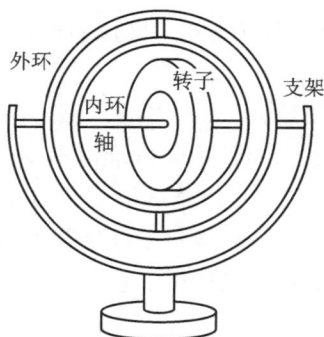

图 4.6.3   陀螺仪

例 4.6.1   如图 4.6.4 所示,长为 l、质量为 m_1 的均质细杆,一端悬挂在水平光滑固定轴 O 上,杆将自水平位置无初速度地自由下摆,至铅垂位置与质量为 m_2 的物块做完全弹性碰撞。碰撞之后,细杆仍沿原方向摆动,物块在水平面上滑行了一段距离后停止。设物块与水平面间的摩擦系数 μ 处处相等。试求物块在水平面上滑行的距离。

解   此题可分为 3 个简单的过程:

(1) 选细杆、地球构成的系统为研究对象,细杆由水平位置摆至竖直位置但尚未与物块相碰的过程中,仅重力矩做功,故机械能守恒。以细杆呈水平状态时,细杆质心所在位

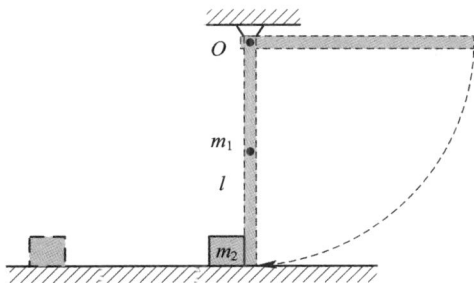

图 4.6.4　例 4.6.1 图

置处为重力势能零点。设细杆摆到竖直位置时的角速度为 ω，根据机械能守恒定律有

$$0 = -\frac{1}{2}m_1 gl + \frac{1}{2}J_z \omega^2 \qquad ①$$

细杆的转动惯量为

$$J_z = \frac{m_1 l^2}{3} \qquad ②$$

（2）选细杆、物块系统为研究对象，细杆与物块做完全弹性碰撞过程中，对转轴的合外力矩为零，故动量矩及能量守恒。设碰撞结束后细杆的角速度为 ω'，物块的速度为 v，则有

$$J_z \omega = J_z \omega' + l m_2 v \qquad ③$$

$$\frac{1}{2}J_z \omega^2 = \frac{1}{2}J_z \omega'^2 + \frac{1}{2}m_2 v^2 \qquad ④$$

（3）选物块为研究对象，设碰撞结束后物块在水平面上滑行 s 后停止，此过程中摩擦力做功，物块动能发生变化，根据质点的动能定理得

$$-\mu m_2 gs = 0 - \frac{1}{2}m_2 v^2 \qquad ⑤$$

联立式①～⑤，可得

$$s = \frac{6 m_1^2 l}{(m_1 + 3m_2)^2 \mu}$$

例 4.6.2　质量为 M、半径为 R 的转盘，可绕铅直轴无摩擦地转动。转盘的初始角速度为零。一质量为 m 的人，在转盘上从静止开始沿半径为 r 的圆周相对转盘走动，如图 4.6.5 所示。求当人在转盘上走一周回到盘上的原位置时，转盘相对于地面转过了多少角度。

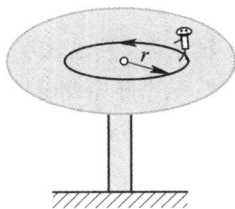

图 4.6.5　例 4.6.2 图

解　设人在转盘上走一周回到盘上的原位置时，转盘相对于地面转过的角度为 θ。以人和转盘组成的系统为研究对象，系统所受到的外力为重力和支持力，合外力矩为零。对

轴的动量矩守恒,即

$$mr^2\omega_{m\text{地}} - J_Z\omega_{M\text{地}} = 0$$

由角速度变换关系可得

$$\omega_{m\text{地}} = \omega_{mM} - \omega_{M\text{地}}$$

即

$$\omega_{mM} = \frac{mr^2 + J_Z}{mr^2}\omega_{M\text{地}}$$

两边积分得

$$\int_0^T \omega_{mM}\,\mathrm{d}t = \int_0^T \frac{mr^2 + J_Z}{mr^2}\omega_{M\text{地}}\,\mathrm{d}t$$

即

$$2\pi = \frac{mr^2 + J_Z}{mr^2}\theta$$

所以,转盘相对于地面转过的角度为

$$\theta = \frac{mr^2}{mr^2 + J_Z}2\pi$$

注意,角动量守恒定律仅适用于惯性参考系,因此不能选圆盘作为参考系。

科学家简介

钱 伟 长

钱伟长(1912—2010 年),我国著名力学家、应用数学家、教育家和社会活动家,是我国近代力学的奠基人之一。他先后担任中国多所名牌大学的校长、副校长,曾连续 4 届当选中华人民共和国全国政协副主席。

1931 年钱伟长考入清华大学历史系,九一八事变发生后,钱伟长毅然弃文从理,转入物理系,立志为国家而学,学为国家而用。1940 年,钱伟长公费留学加拿大,并主攻弹性力学。1942 年,获多伦多大学博士学位。1946 年 5 月,钱伟长回国报效祖国,任清华大学机械系教授,兼北京大学、燕京大学教授。

钱伟长长期从事力学研究,在板壳问题、广义变分原理、环壳解析解和汉字宏观字形编码等方面做出了突出的贡献。他早年与导师辛格合作研究板壳的内禀理论,开创了板壳理论的新方向,受到了国际学术界的重视。他提出的"参数摄动法",不但解决了冯·卡门于 1910 年提出的圆薄板大挠度变形的问题,而且能广泛用于解决各种非线性偏微分方程,被苏联学者称为"钱氏摄动法"。他关于广义变分原理的工作,从理论上阐明了变分原理与变分约束条件之间的关系,提出了用拉氏乘子法系统地消除变分约束条件的方法,并将广义变分原理广泛应用于固体力学、流体力学、传热学、振动、断裂力学以及一般力学的各种理论和实践问题。

　　钱伟长开创了中国大学里第一个力学专业，招收了第一批力学研究生，出版了中国第一本《弹性力学》专著，参与筹建了中国科学院力学研究所和自动化研究所。20 世纪 70 年代，他创立了中国力学学会理性力学和力学中的数学方法专业组。1980 年又创办了中国最早的学术期刊《应用数学和力学》，促进了力学研究成果的国际学术交流，为中国的力学事业和中国力学学会的发展做出了重要贡献。

延 伸 阅 读

从猫下落翻身到运动生物力学

　　用双手托起一只猫，使它四脚朝天，然后突然撒手，猫在下落过程中竟能在空中翻身，四脚朝地安全落下。据报道，有只猫从 32 层楼上掉下来也只有胸腔和一颗牙齿有轻微损伤。这个大家都熟悉的现象，在力学原理上却长达几十年得不到合理的解释，成为力学发展中著名的"猫案"。

　　早在 19 世纪末，法国的古龙就试图用动量矩守恒原理解释这一事实。他认为猫在下落过程中先收缩前肢、伸开后肢并转动前半身，由于前半身对纵轴的转动惯量小于后半身，在同样的时间内，前半身转过的角度要比后半身向相反方向转过的角度大。然后，猫伸开前肢、收缩后肢并转动后半身，根据同样的道理后半身也转过较大的角度。结果是虽然动量矩始终为零，但猫作为一个整体仍可向一个方向转动，这种解释可以称为"四肢开合"论。它虽然符合力学原理，却不符合实际，因为在猫的下落过程中根本观察不到这种四肢的开合运动。

　　20 世纪 40 年代，苏联力学家洛强斯基等人提出了"尾巴论"，即猫借助尾巴向一个方向急速转动，同时猫的身体绕纵轴向相反方向翻转，这样就能保持动量矩守恒。可是，由于猫的躯干与尾巴的质量相差甚大，为使躯干在 1/8 秒内转体 180°，尾巴的转速几乎要赶上飞机的螺旋桨，这显然不可能。1960 年，英国生理学家麦克唐纳用割去尾巴的猫做实验，猫照样能在空中灵巧地翻身。因此，这种"转尾巴"论也是站不住脚的。

　　1969 年，美国人凯恩和舍尔通过对猫下落翻身的高速摄影照片观察发现，如图 Y4-1 所示，猫在下落过程脊柱依次向各个方向弯曲(前、右、后、左)，很像人们进行体操运动时腰部的圆锥运动，猫前半身这样运动时，后半身将向相反方向转动，且前半身圆锥运动一周时，全身正好反

图 Y4-1　猫下落翻身照片

向转体 180°。凯恩和舍尔根据这一过程建立了"双刚体系统"物理模型，经过计算机模拟的结果完全符合实际。猫的运动是整体随后半身的翻身运动与前半身相对后半身的反向转动

的叠加。这两项相反转动的动量矩叠加保持了动量矩守恒。后来，凯恩这一理论逐渐被人们接受。

　　关于猫的这些讨论，给了我们很大的启示，使我们能解释、设计人体的运动，从而逐渐催生了运动生物力学这门学科。运动生物力学是研究体育运动及其他人体运动中人体机械运动规律的科学。它的研究内容包括各种体育动作的运动学、生理学及解剖学特征，以及引起运动的内因、外因及其相互作用，并指出运动动作的关键要领，从而指导训练，提高运动水平。运动生物力学通常对运动动作做高速摄影，然后作数据处理及力学分析，这在现代体育技术、航空航天技术中是十分重要的。

　　在体育运动中，人体有许多动作是在腾空阶段完成的。由于只受重力作用，人体在腾空阶段对质心的动量矩守恒。从猫翻身的力学解释可以看到，通过正确的动作人体也能实现空中转体，跳水运动中的向前翻腾转体半周的动作就可以看成是这种情况的例子之一。如图 Y4-2 所示，跳水运动员在离开跳板时，利用身体略向前倾，使跳板反作用力通过重心后面，从而获得一个向前翻腾的初始动量矩，它平行于人体的横轴，因此人体不能绕纵轴转动。但接下来运动员通过屈体(以后还要通过伸臂)造成的上下半身对纵轴转动惯量的不同，使上下半身分别绕纵轴转动，这样就实现了转体 360° 的姿态入水。

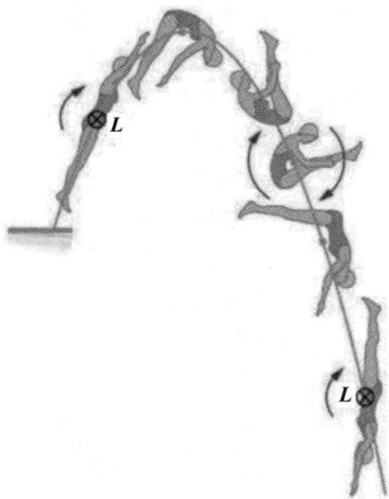

图 Y4-2　跳水运动员的动作

　　在航天飞行中，宇航员处于失重状态，他们必须穿上带钩子的鞋在网状地板上行走，或者利用飞船上的脚套将自己固定在某一位置。然而，有时宇航员还必须在飘浮状态下完成各种转体任务，这时宇航员的动作将和地面上的常规动作有很大的不同。例如，宇航员在静止飘浮状态下要实现绕纵轴的 180° 转体，采用地面上向后转的方法将无法完成，因为身体动量矩为零，身体任一部分的转动必将伴随着另一部分的反向转动。为了使宇航员在失重飘浮状态下顺利完成各项任务并保证身体的稳定，宇航部门经过复杂的力学研究，设计了一套标准动作来训练宇航员。宇航员只要举起手臂使手在头上作圆周运动，躯干就会向相反方向慢慢转动；手臂动作停止，躯干的转动也停止，因而可以实现绕纵轴转过任意角度的目的。考虑到手臂动作方便，同时为了提高转体效率，还可将手臂在身体两侧作圆锥运动，转动方向相同，这时躯干将反向转动。为了进一步提高转体效率，还可用质量较大的腿代替手臂，双腿踢开，然后右腿向右，左腿向左，同时作半个圆锥运动，再将双腿收回成直立状态。

思 考 题

4.1　刚体的转动惯量都与哪些因素有关？"一个确定的刚体有确定的转动惯量"这种说法对吗？

4.2　一个有固定轴的刚体受到两个力的作用，当这两个力的合力为零时，它们对轴的合力矩是否一定为零？当这两个力对轴的合力矩为零时，其合力是否一定为零？

4.3　一个系统的动量守恒和动量矩守恒的条件有何不同？有人说"碰撞的过程中动量矩一定守恒"，这种说法对吗？

4.4　有些矢量是相对于一个定点（或轴）而确定的，有些矢量是与定点（或轴）的选择无关的。请指出下面这些矢量各属于哪一类：

（1）位矢；（2）位移；（3）速度；（4）动量；（5）动量矩；（6）力。

练 习 题

4.1　设定轴转动转轮的角位置 θ 与时间 t 有函数关系 $\theta=\dfrac{t^3}{3}+\dfrac{t^2}{2}+t+5$，式中各量均为国际单位，求 t 时刻该转轮的角速度及角加速度。

4.2　有一被制动的发动机飞轮，制动伊始开启计时，设飞轮的角加速度 $\beta=-6t$，式中各量均为国际单位，并且飞轮具有零初始条件 $\omega_0=0$ rad/s，$\theta_0=0°$。试求此后飞轮转动的角速度及角坐标。

4.3　飞轮质量 $m=60$ kg，半径 $R=0.25$ m，绕水平中心轴 O 转动，转速为 900 r/min。现利用一制动用的轻质闸瓦，在闸杆一端加竖直方向的制动力 F，可使飞轮减速。闸杆尺寸如图 T4-1 所示，闸瓦与飞轮之间的摩擦系数 $\mu=0.4$，飞轮的转动惯量可按匀质圆盘计算。求：

（1）设 $F=100$ N，问飞轮在多长时间内停止转动？这段时间飞轮转了多少转？

（2）若要在 2 s 内使飞轮转速减为一半，需加多大的制动力 F？

4.4　如图 T4-2 所示，A、B 为两个相同的绕着轻绳的定滑轮，A 滑轮挂一质量为 M 的物体，B 滑轮受到拉力 F，而且 $F=Mg$。试求 A、B 两滑轮的角加速度。（不计滑轮与轴的摩擦）

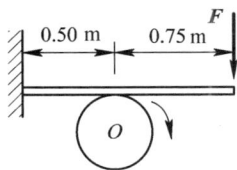

图 T4-1　练习题 4.3 图　　　　　　　图 T4-2　练习题 4.4 图

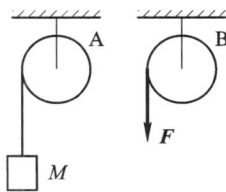

4.5　质量为 m、长度为 l 的均质细杆，其一端 B 置于桌沿，另一端 A 被手托扶呈水平位形，如图 T4 - 3 所示。现突然松手释放 A 端，求此瞬间细杆质心 C 的加速度、(绕 B 端的)角加速度。

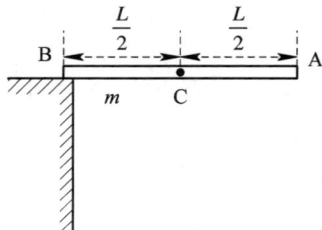

4.6　现有一长度为 l、质量分布不均匀的杆，可绕垂直于纸面的光滑轴 O 在铅垂面内自由摆动，设其上 P 点的线质量密度为 $\lambda = 2 + 3x$，如图 T4 - 4 所示。现将杆从水平位置释放，求杆转至竖直位置的过程中，重力对其作的功。

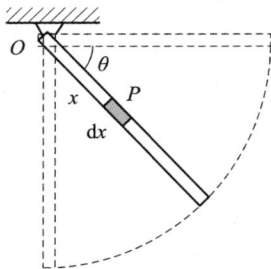

图 T4 - 3　练习题 4.5 图　　　　　图 T4 - 4　练习题 4.6 图

4.7　如图 T4 - 5 所示，两根长度和质量都相等的匀质细杆分别绕光滑的水平轴 O_1 和 O_2 转动，当它们分别转过 90°时，求端点 A、B 的速度。

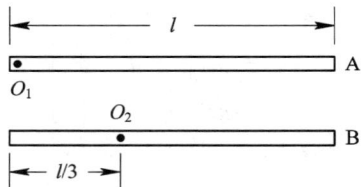

图 T4 - 5　练习题 4.7 图

4.8　一质量为 m、半径为 R 的匀质细杆，平放在滑动摩擦系数为 μ 的水平桌面上，它可以绕通过中心且垂直杆的轴转动。若开始时，杆以角速度 ω_0 旋转。求：

(1) 杆转动过程中所受到的摩擦力矩；

(2) 杆从开始到静止，摩擦力矩所作的功。

4.9　两滑冰运动员，在相距 1.5 m 的两平行线上相向而行，两人质量分别为 $m_A = 60$ kg，$m_B = 70$ kg，他们的速率分别为 $v_A = 7$ m/s，$v_B = 6$ m/s，当两者最接近时，便拉起手来，开始绕质心作圆周运动，并保持二者的距离为 1.5 m。求该瞬时：

(1) 系统对通过质心的竖直轴的总动量矩；

(2) 系统的角速度；

(3) 两人拉手前、后的总动能，这一过程中能量是否守恒？

4.10　如图 T4 - 6 所示，已知滑轮的半径为 r，转动惯量为 J，弹簧的劲度系数为 k，物体的质量为 m。设开始时物体静止且弹簧无伸长，在物体下落过程中绳与滑轮无相对滑动，轴间摩擦不计。试求：

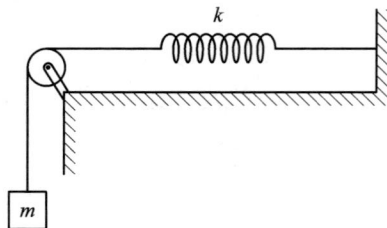

图 T4 - 6　练习题 4.10 图

（1）物体下落距离为 l 时的速率；

（2）物体能够下落的最大距离。

4.11　今有质量为 m_1、半径为 R 的均匀圆盘形平台，以恒定角速度 ω_0 围绕通过中心 O 的光滑铅直轴转动，平台转轴处站一质量为 m_2 的人，如图 T4-7 所示。试问，若此人离开转轴前往平台边缘再止步，则平台的角速度将为多大？

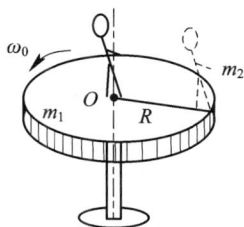

图 T4-7　练习题 4.11 图

提 升 题

4.1　如图 T4-8 所示，均质矩形薄板质量为 m，长为 a，宽为 b，可绕竖直边转动，初始角速度为 ω_0。转动时受到空气阻力，其方向垂直于板面，每一小块面积所受阻力的大小与其面积和速度的 $n(n \geqslant 0)$ 次方的乘积成正比，比例系数为 $k_n(k_n > 0)$。求薄板转动的角速度和角度。当 n 取不同的正数时，角速度和角度与时间的关系曲线有什么特点？

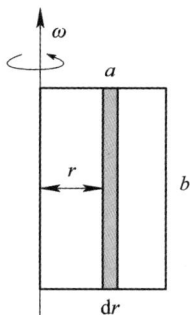

图 T4-8　提升题 4.1 图

提升题 4.1 参考答案

4.2　如图 T4-9 所示，长为 $2l$、质量为 m 的均匀杆，在光滑水平面上由竖直位置自然倒下，杆的角速度和角加速度以及质心的速度和加速度与角度 θ 有什么关系？角度与时间有什么关系？杆的角速度和角加速度以及质心的速度和加速度与时间有什么关系？

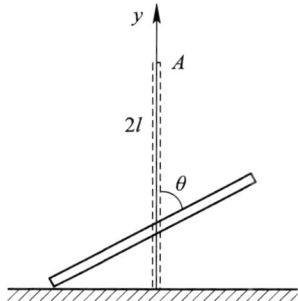

图 T4-9　提升题 4.2 图

提升题 4.2 参考答案

4.3　如图 T4-10 所示，两滑冰运动员 A 和 B 在相距 $r = 1.5$ m 的两平行线上相向而行，两人质量分别为 $m_1 = 50$ kg，$m_2 = 70$ kg，他们的速率分别为 $v_1 = 10$ m/s，$v_2 =$

8 m/s,当两者最接近时,便拉起手来,开始绕质心作圆周运动,并保持二人之间的距离不变。

(1) 求他们的质心速度;

(2) 求他们绕质心的角速度;

(3) 求他们之间的拉力;

(4) 拉手前后的机械能守恒吗?(不计地面的摩擦)

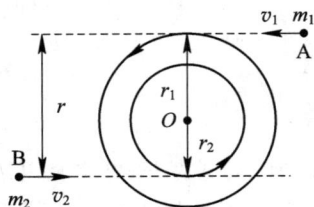

图 T4-10　提升题 4.3 图

提升题 4.3 参考答案

第 5 章　机械振动

振动是自然界中最常见的运动形式之一，我们把物体在其稳定平衡位置附近所做的往复运动称为机械振动。在自然界、工程技术和日常生活中经常见到机械振动现象。例如，微风中树枝的摇曳、海浪的起伏、钟摆的摆动、心脏的跳动、单摆的运动、弹簧振子的振动、火车过桥时桥梁的振动等都是机械振动。在不同的振动现象中，最简单、最基本的振动是简谐振动。广义地说，任何一个物理量（如物体的位置矢量，物体的动能，交流电路中的电流、电压，振荡电路中的电场强度或磁场强度等）在某个定值附近反复变化，都可以称为振动。尽管各种振动的物理本质并不相同，但在数学描述上却是相同的。因此，研究机械振动的规律有助于了解其他各种振动的规律。傅里叶变换表明任何一个复杂的振动都可以看作多个简谐振动的合成，因此，研究简谐振动是研究复杂振动的基础。在本章中，我们将主要讨论简谐振动的基本性质和规律。

5.1　简谐振动的描述

5.1.1　简谐振动的定义

一个质量可以忽略的弹簧，一端固定，另一端连接一个有质量的物体，该物体可看作质点。设弹簧在质点运动过程中总处于弹性范围内，则弹簧与质点构成的系统称为弹簧振子。将弹簧振子放在光滑的水平面上，当弹簧处于原长时，物体受到的合外力为零，我们将此时物体的位置设为平衡位置。如果把物体略加移动后释放，这时由于弹簧被拉长或被压缩，就会产生指向平衡位置的弹性力，迫使物体返回平衡位置，在此弹性力的作用下，物体将在其平衡位置附近做往复运动。

现对弹簧振子的小幅度振动作定量分析。如图 5.1.1 所示，弹簧振子置于光滑水平面上，取弹簧处于原长的稳定平衡位置为坐标原点，物体的质量为 m，弹簧的劲度系数为 k，选水平向右为正方向，假定某一时刻，物体偏离平衡位置的位移为 x，忽略振子运动过程中的空气阻力，物体受到的力可表示为

$$F = -kx \tag{5.1.1}$$

式中，负号表示弹力的方向与振子的位移方向相反，在运动过程中始终指向平衡位置，力的大小与振子的位移大小成正比，

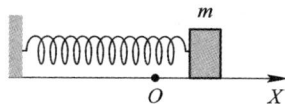

图 5.1.1　弹簧振子

这种力称为线性回复力。若物体受的合力 F 与离开平衡位置的位移 x 成正比且方向反向，则在这种回复力作用下物体的运动称为**简谐振动**。式（5.1.1）是判断一个物体能否做简谐振动的依据之一。如果一个物体所受的合力满足这个方程，就可等价成一个弹簧振子，这里需要强调的是弹簧振子不一定有弹簧。

根据牛顿运动第二定律,可以得到振子运动的微分方程为

$$m \frac{\mathrm{d}^2 x}{\mathrm{d}t^2} = -kx$$

整理得

$$\frac{\mathrm{d}^2 x}{\mathrm{d}t^2} + \frac{k}{m}x = 0$$

令 $\omega^2 = \dfrac{k}{m}$,有

$$\frac{\mathrm{d}^2 x}{\mathrm{d}t^2} + \omega^2 x = 0 \tag{5.1.2}$$

式(5.1.2)是一个二阶常系数齐次微分方程,根据高等数学知识,该微分方程的通解为

$$x = A\cos(\omega t + \varphi) \tag{5.1.3}$$

其中,A 和 φ 是常数,ω 由振动系统本身的性质决定。由此,可以给出简谐振动的另一种定义:**如果某力学系统的运动学方程可写为余弦(或正弦)的形式,则该系统所做的运动称作简谐振动。**

由上面的分析可知:式(5.1.1)反映了弹簧振子振动过程中的动力学特征,它是**简谐振动的动力学方程**;式(5.1.2)和式(5.1.3)描绘了弹簧振子在振动过程中的运动规律,它们是**简谐振动的运动方程**。当描述系统运动状态的物理量满足式(5.1.2)或式(5.1.3)时,就可以判定这个物体做简谐振动。在一个系统所进行的物理过程中,动力学特征支配运动规律,所以式(5.1.1)反映了简谐振动的本质。

对式(5.1.3)关于时间求导,可以得到振子做简谐振动的速度和加速度的表达式

$$v = \frac{\mathrm{d}x}{\mathrm{d}t} = -\omega A \sin(\omega t + \varphi) \tag{5.1.4}$$

$$a = \frac{\mathrm{d}v}{\mathrm{d}t} = -\omega^2 A \cos(\omega t + \varphi) \tag{5.1.5}$$

由此可见,物体做简谐振动时,其速度和加速度也随时间做周期性变化。

可见,当物体做简谐振动时,位移、速度、加速度呈现周期性变化,可以用图 5.1.2 表示,其中表示 x-t 关系的曲线称为**振动曲线**。

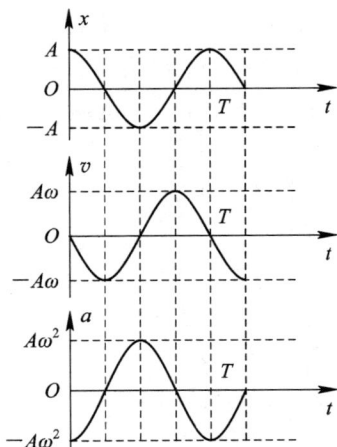

图 5.1.2   简谐振动的位移、速度、加速度曲线

例 5.1.1　单摆是一个理想化的振动系统，它是由一根无弹性的轻绳挂上一个很小的重物构成的。若把重物从平衡位置略微移开，那么重物就在重力的作用下在竖直平面内来回摆动。如图 5.1.3 所示，如果忽略空气阻力，且摆动的角位移 θ 很小（$\theta < 5°$），试证明单摆作简谐振动。

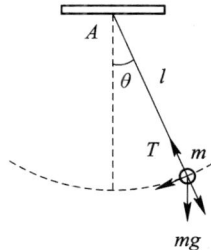

图 5.1.3　例 5.1.1 图

解　重物所受的力有重力 mg 和绳的拉力 T。取逆时针方向为角位移 θ 的正方向，当摆线与竖直方向成 θ 角时，忽略空气阻力，摆球所受的合力沿圆弧切线方向的分力（即重力在这一方向上的分力）为

$$F_\tau = - mg \sin\theta$$

当 θ 很小（$\theta < 5°$）时，$\sin\theta \approx \theta$，所以

$$F_\tau = - mg\theta$$

上式在形式上与式（5.1.1）相同，因此在角位移很小的情况下，单摆的振动是简谐振动。

例 5.1.2　一匀质细杆的长度为 l，质量为 m，可绕其一端的轴 O 在铅垂面内自由转动，如图 5.1.4 所示。试证明杆作微小角度转动时杆的运动为简谐振动。

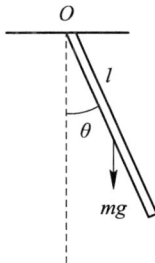

图 5.1.4　例 5.1.2 图

解　杆所受的合外力矩是重力矩，在细杆偏离平衡位置 θ 角时（设逆时针方向为正方向），杆所受重力矩为

$$M = - mg \frac{l}{2} \sin\theta$$

其中，负号表示重力矩的方向与角位移的方向相反。对于微小角度的转动，θ 很小，可以认为 $\sin\theta \approx \theta$，所以

$$M = - \frac{1}{2} mgl\theta$$

根据转动定律 $M = J\beta$ 有

$$J \frac{\mathrm{d}^2\theta}{\mathrm{d}t^2} + \frac{1}{2}mgl\theta = 0$$

令 $\omega = \sqrt{\dfrac{mgl}{2J}}$ 有

$$\frac{\mathrm{d}^2\theta}{\mathrm{d}t^2} + \omega^2\theta = 0$$

上式与式(5.1.2)在形式上相同,所以杆作微小角度的转动为简谐振动。

下面给出描述简谐振动的物理量。

1. 振幅 A

在简谐振动表达式中,由于余弦函数的绝对值不能大于 1,因此 x 的绝对值不能大于 A,物体的振动范围在 $-A$ 和 $+A$ 之间。在简谐振动中,**物体离开平衡位置的最大位移(或角位移)的绝对值叫作振幅**。振幅取正值,它给出了质点运动的范围,其大小一般由起始条件决定。

2. 周期和频率

物体作简谐振动时,振动状态完全重复一次所需的时间称为简谐振动的周期,以 T 来表示。每隔一个周期,振动状态就完全重复一次,根据余弦函数的周期性,有

$$x = A\cos[\omega(t+T)+\varphi] = A\cos(\omega t + \varphi)$$

满足该方程的 T 的最小值应为

$$T = \frac{2\pi}{\omega} \qquad (5.1.6)$$

物体在单位时间内完成全振动的次数称为简谐振动的频率,用 ν 表示,其大小等于周期的倒数,即

$$\nu = \frac{1}{T} = \frac{\omega}{2\pi} \qquad (5.1.7)$$

在国际单位制中,频率的单位是赫兹(Hz)。

根据式(5.1.7)得

$$\omega = 2\pi\nu \qquad (5.1.8)$$

ω 表示物体振动的角频率,也称圆频率,它的单位是弧度/秒(rad/s)。

对于弹簧振子,$\omega = \sqrt{\dfrac{k}{m}}$,故弹簧振子的周期和频率分别为

$$T = 2\pi\sqrt{\frac{m}{k}}, \quad \nu = \frac{1}{2\pi}\sqrt{\frac{k}{m}}$$

质量 m 和劲度系数 k 都属于弹簧振子本身固有的性质,所以弹簧振子的周期和频率完全取决于其本身的性质,因此,常称其为固有周期和固有频率。

3. 相位和初相

由式(5.1.3)～式(5.1.5)可知,当振幅 A 和角频率 ω 已知时,振动物体在任意时刻 t 的位置、速度和加速度完全由 $\omega t + \varphi$ 决定。$\omega t + \varphi$ 是决定振动物体运动状态的物理量,称为振动的相位。常量 φ 是 $t=0$ s 时的相位,称为振动的初相位,简称**初相**。φ 值由初始条件决定,它反映物体初始时刻的运动状态。由于余弦函数的周期是 2π,所以相位在 $0\sim2\pi$ 范

围内与振动状态一一对应，相位每改变 2π，振动状态重复一次。

相位不仅是简谐振动中一个非常重要的概念，它在机械波、光学、电工学、无线通信技术等方面都有广泛的应用。相位概念的重要性还在于比较两个简谐振动之间在"步调"上的差异，为此我们引入了相位差的概念。

设有两个简谐振动，它们的振动表达式分别为 $x_1 = A_1 \cos(\omega_1 t + \varphi_1)$ 和 $x_2 = A_2 \cos(\omega_2 t + \varphi_2)$，它们的相位差（简称相差）$\Delta\varphi = (\omega_2 t + \varphi_2) - (\omega_1 t + \varphi_1)$。当 $\omega_2 = \omega_1$ 时，任一时刻两振动的相位差 $\Delta\varphi = \varphi_2 - \varphi_1$，为初相位差，与时间无关。由这个相差的值可以分析它们在步调上的差异。

两个频率相同的简谐振动，当它们的初相位差 $\Delta\varphi$ 是 π 的偶数倍时，步调完全一致，两振动物体的振动状态完全相同，通常称这样的两个振动是**同相**状态；而当初相位差 $\Delta\varphi$ 是 π 的奇数倍时，若它们中的一个到达正的最大位移，则另一个到达负的最大位移，步调完全相反，通常称这样的两个振动是**反相**状态。

若 $\Delta\varphi = \varphi_2 - \varphi_1 > 0$，则称第二个振动比第一个振动**超前** $\Delta\varphi$（或第一个振动比第二个振动**滞后** $\Delta\varphi$）。

对于一个简谐振动，如果 A、ω 和 φ 都知道了，这个振动状态也就完全确定了。因此，这三个量被称为描述简谐振动特征的三个物理量。

4. 振幅和初相的确定

对于一个简谐振动，ω 是由系统本身的性质决定的，常数 A 和 φ 是求解简谐振动微分方程时引入的量，其值可以由振动系统的初始条件来确定。初始条件是指 $t = 0$ s 时物体的位移 x_0 以及速度 v_0，则由式（5.1.3）和式（5.1.4）可得

$$x_0 = A\cos\varphi$$
$$v_0 = -A\omega\sin\varphi$$

由此可解得

$$A = \sqrt{x_0^2 + \left(\frac{v_0}{\omega}\right)^2} \tag{5.1.9}$$

$$\tan\varphi = -\frac{v_0}{\omega x_0} \tag{5.1.10}$$

由式（5.1.9）和式（5.1.10）可以看出，简谐振动的振幅和初相都由初始条件决定。其中，初相 φ 所在的象限可以由 x_0 和 v_0 的方向来决定，一般有如下结果：

（1）当 $x_0 > 0$ m/s、$v_0 < 0$ m/s 时，φ 取值在第一象限；

（2）当 $x_0 < 0$ m/s、$v_0 < 0$ m/s 时，φ 取值在第二象限；

（3）当 $x_0 < 0$ m/s、$v_0 > 0$ m/s 时，φ 取值在第三象限；

（4）当 $x_0 > 0$ m/s、$v_0 > 0$ m/s 时，φ 取值在第四象限。

例 5.1.3　物体沿 OX 轴作简谐振动，振幅为 0.12 m，周期为 2 s，当 $t = 0$ s 时，物体的坐标为 0.06 m，向 X 轴正方向运动。求：

（1）振动的初相位；

（2）$t = 0.5$ s 时，物体的坐标、速度和加速度。

解　选水平向右的方向为 OX 轴的正方向，并设物体的运动学方程为

$$x = A\cos(\omega t + \varphi)$$

（1）根据题意知，$A = 0.12$ m，$\omega = \dfrac{2\pi}{T} = \pi$ rad/s，初始条件为当 $t = 0$ s 时，$x_0 =$ 0.06 m，$v_0 > 0$ m/s。将这些代入运动学方程得

$$x_0 = 0.06 \text{ m} = 0.12\cos\varphi \text{ m}$$

即 $\cos\varphi = \dfrac{1}{2}$，所以 $\varphi = \dfrac{\pi}{3}$ 或 $\varphi = \dfrac{5\pi}{3}$。因为 $t = 0$ s 时，$v_0 > 0$ m/s，所以 $\varphi = \dfrac{5\pi}{3}$。

因此，物体的运动学方程为

$$x = 0.12\cos\left(\pi t + \frac{5}{3}\pi\right) \text{ m}$$

（2）任意时刻物体的坐标、速度和加速度分别为

$$x = 0.12\cos\left(\pi t + \frac{5}{3}\pi\right) \text{ m}$$

$$v = \frac{\mathrm{d}x}{\mathrm{d}t} = -0.12\pi\sin\left(\pi t + \frac{5}{3}\pi\right) \text{ m/s}$$

$$a = \frac{\mathrm{d}v}{\mathrm{d}t} = -0.12\pi^2\cos\left(\pi t + \frac{5}{3}\pi\right) \text{ m/s}$$

当 $t = 0.5$ s 时，物体的坐标、速度和加速度分别为

$$x_{0.5} = 0.12\cos\left(\pi \times 0.5 + \frac{5}{3}\pi\right) \text{ m} = 0.104 \text{ m}$$

$$v_{0.5} = -0.12\pi\sin\left(\pi \times 0.5 + \frac{5}{3}\pi\right) \text{ m/s} = -0.188 \text{ m/s}$$

$$a_{0.5} = -0.12\pi^2\cos\left(\pi \times 0.5 + \frac{5}{3}\pi\right) \text{ m/s}^2 = -1.03 \text{ m/s}^2$$

5.1.2 简谐振动的旋转矢量表示法

为了形象地表达简谐振动的振幅、相位、角频率等物理量的物理意义，方便确定这些量的数值，下面我们介绍简谐振动的旋转矢量法。

视频 5-1

在平面上作 OX 坐标轴，以原点 O 为起点作一个长度为 A 的矢量 A，计时起点 $t = 0$ s 时，矢量与坐标轴的夹角为 φ，如图 5.1.5 所示。矢量 A 以角速度 ω 绕原点 O 逆时针匀速转动，矢量的端点 M 在平面上将画出一个圆，并在圆上以角速度 ω 做匀速圆周运动，该圆称为参考圆，ω 也被叫作简谐振动的圆频率。在 t 时刻，矢量 A 与 OX 轴间的夹角为 $\omega t + \varphi$，这样的矢量称为旋转矢量。矢量的末端点 M 在 OX 轴上的投影点 P

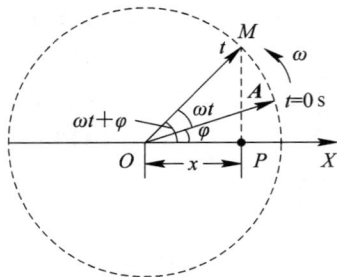

图 5.1.5 旋转矢量图

的坐标为

$$x = A\cos(\omega t + \varphi)$$

这正是简谐振动的运动方程。可见，匀速旋转的矢量的端点在 OX 轴上的投影的运动就是简谐振动。这一直观描述简谐振动的方法称为旋转矢量法。

简谐振动的旋转矢量法把描写简谐振动的振幅、相位、角频率三个特征量非常直观地表示出来了。旋转矢量的长度等于简谐振动的振幅，因而旋转矢量又称为振幅矢量；旋转矢量在 $t=0$ 时与坐标轴间的夹角等于简谐振动的初相位，旋转矢量的角速度等于简谐振动的角频率。在讨论简谐振动时，用上述旋转矢量法来分析可以使运动的各个物理量表现得更直观，运动过程显示得更清晰。

例 5.1.4　一质点沿 OX 轴作简谐振动，振幅为 A，周期为 T。

（1）$t=0$ s 时，质点处于 $x_0=\dfrac{A}{2}$ 处且向 OX 轴负方向运动，求振动的初相位；

（2）质点从 $x=A$ 处开始运动，第二次经过平衡位置最少需要多少时间？

解　（1）如图 5.1.6(a) 所示的旋转矢量图，$t=0$ s 时，质点的位移 $x_0=\dfrac{A}{2}$，故旋转矢量与 OX 轴的夹角 $\varphi=\dfrac{\pi}{3}$ 或 $\varphi=-\dfrac{\pi}{3}$。由于质点向 X 轴负方向运动，所以矢量末端点应在参考圆的上半圆上，质点振动的初相应 $\varphi=\dfrac{\pi}{3}$。

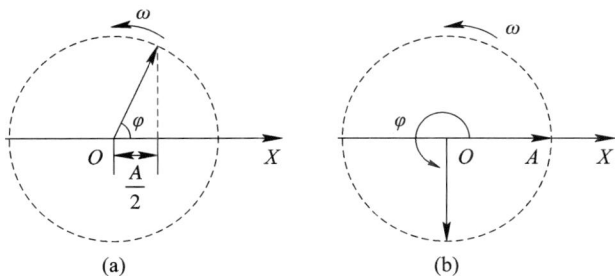

图 5.1.6　例 5.1.4 图

（2）如图 5.1.6(b) 所示，质点从 $x=A$ 处开始运动，第二次经过平衡位置的过程中，旋转矢量从 $\varphi=0$ 处转动到 $\varphi=\dfrac{3\pi}{2}$ 处，转过了 $\Delta\varphi=\dfrac{3\pi}{2}$ 的角度。转动的角速度 $\omega=\dfrac{2\pi}{T}$，故转过 $\Delta\varphi=\dfrac{3\pi}{2}$ 的时间应为 $\Delta t=\dfrac{\Delta\varphi}{\omega}=\dfrac{3}{4}T$，需要的最短时间为 $\dfrac{3}{4}T$。

例 5.1.5　一质点作简谐振动的振动曲线如图 5.1.7 所示，求质点的振动方程。

解　由图 5.1.7(a) 可以直接看出质点振动的振幅 $A=2$ cm。其初始条件为：$t=0$ s 时，$x_0=\dfrac{A}{2}$，$v_0<0$ cm/s。由旋转矢量图 5.1.7(b) 可知，初相位 $\varphi=\dfrac{\pi}{3}$。

由振动曲线可知，质点从 $x_0=\dfrac{A}{2}$、$v_0<0$ cm/s 处开始运动，经过 $\Delta t=2$ s 第一次经过 $x=\dfrac{A}{2}=1$ cm 处，对应地，旋转矢量从 $\varphi=\dfrac{\pi}{3}$ 处转动到 $\varphi=\dfrac{5\pi}{3}$ 处，转过了 $\Delta\varphi=\dfrac{4\pi}{3}$ 的角度，如

图5.1.7(c)所示，故

$$\omega = \frac{\Delta\varphi}{\Delta t} = \frac{2\pi}{3}$$

质点的振动方程为

$$x = 0.02\cos\left(\frac{2\pi}{3}t + \frac{\pi}{3}\right) \text{ m}$$

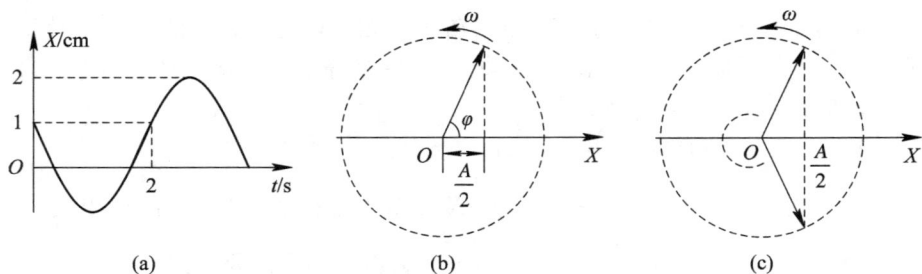

图 5.1.7　例 5.1.5 图

5.2　简谐振动的能量

当系统做简谐振动时，振动系统的能量包含动能和势能。下面我们仍以弹簧振子为例来说明振动系统的能量。设振子的质量为 m，弹簧的劲度系数为 k，振动方程为 $x = A\cos(\omega t + \varphi)$，则任一时刻振子的速率 $v = -\omega A\sin(\omega t + \varphi)$，弹簧振子的动能为

$$E_{\text{k}} = \frac{1}{2}mv^2 = \frac{1}{2}m\omega^2 A^2 \sin^2(\omega t + \varphi) \tag{5.2.1}$$

考虑到 $\omega^2 = \dfrac{k}{m}$，动能还可以表示为

$$E_{\text{k}} = \frac{1}{2}kA^2 \sin^2(\omega t + \varphi) \tag{5.2.2}$$

选弹簧原长处为弹性势能零点，则弹簧振子的弹性势能为

$$E_{\text{p}} = \frac{1}{2}kx^2 = \frac{1}{2}kA^2 \cos^2(\omega t + \varphi) \tag{5.2.3}$$

则弹簧振子的机械能为

$$E = E_{\text{k}} + E_{\text{p}} = \frac{1}{2}kA^2 \tag{5.2.4}$$

由此可知，简谐振动系统的总能量与振幅的平方成正比，在振动过程中机械能守恒。这是由于弹簧振子在振动过程中仅有弹簧的弹性力做功，而弹簧的弹性力是保守力，因此弹簧振子的机械能守恒。对于其他简谐振动系统，机械能也是守恒的。总机械能与振幅平方成正比这一点对其他简谐振动系统也是成立的。这意味着振幅不仅描述简谐振动的运动范围，还反映振动系统能量的大小。

图 5.2.1 给出了初相位为零时动能、势能和总能量随时间的变化曲线。由曲线图我们可以看出，振子在振动过程中动能和势能分别随时间作周期性变化，势能最大时动能为零，势能为零时动能最大。在简谐振动的过程中动能和势能相互转换，总机械能保持不变。

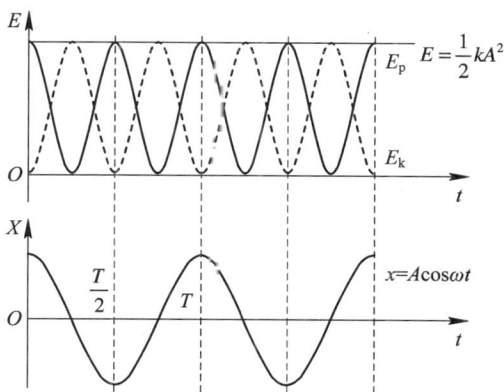

图 5.2.1 简谐振子的动能、势能和总能量随时间的变化曲线

下面给出弹簧振子的动能和势能在一个周期内的平均值。

动能在一个周期内的平均值为

$$\bar{E}_k = \frac{1}{T}\int_0^T E_k(t)\,\mathrm{d}t = \frac{1}{T}\int_0^T \frac{1}{2}kA^2\sin^2(\omega t + \varphi)\,\mathrm{d}t = \frac{1}{4}kA^2 \tag{5.2.5}$$

势能在一个周期内的平均值为

$$\bar{E}_p = \frac{1}{T}\int_0^T E_p(t)\,\mathrm{d}t = \frac{1}{T}\int_0^T \frac{1}{2}kA^2\cos^2(\omega t + \varphi)\,\mathrm{d}t = \frac{1}{4}kA^2 \tag{5.2.6}$$

可见，**简谐振动在一个周期内的平均动能和平均势能相等，为总能量的一半。**

上述结论对任何一个简谐振动系统都有普遍意义。

例 5.2.1 质量为 m 的水平弹簧振子，运动方程为 $x = 2\cos\left(\dfrac{\pi}{2}t\right)$ cm。

(1) t 为何值时振子的动能最大？

(2) 当振子的动能与势能相等时，试求振子的坐标。

解 (1) 对弹簧振子的运动方程关于时间求一阶导数，可得速度为

$$v = -\pi\sin\left(\frac{\pi}{2}t\right)$$

由式(5.2.1)可知，振子的动能为

$$E_k = \frac{1}{2}mv^2 = \frac{1}{2}m\pi^2\sin^2\left(\frac{\pi}{2}t\right)$$

当动能最大时，$\sin^2\left(\dfrac{\pi}{2}t\right) = 1$，即

$$\frac{\pi}{2}t = (2n+1)\frac{\pi}{2}, \quad n = 0, 1, 2, \cdots$$

所以，对应的时间 t 为

$$t = 2n+1, \quad n = 0, 1, 2, \cdots$$

(2) 根据式(5.2.1)～式(5.2.3)可知，动能和势能相等时满足：

$$\frac{1}{2}m\pi^2\sin^2\left(\frac{\pi}{2}t\right) = \frac{1}{2}m\pi^2\cos^2\left(\frac{\pi}{2}t\right)$$

即

$$\tan^2\left(\frac{\pi}{2}t\right) = 1$$

解得

$$\frac{\pi}{2}t = (2n+1)\frac{\pi}{4}, \quad n = 0, 1, 2, \cdots$$

代入运动方程可得

$$x = \pm\sqrt{2}\ \text{cm}$$

5.3　简谐振动的合成

简谐振动是最简单、最基本的振动，任何复杂的振动都可以看作是由多个简谐振动合成的。振动合成的基本知识在声学、光学、无线电技术等方面都有着广泛的应用。在实际问题中，振动的合成是经常发生的。例如，当两个声波同时传到某点时，该点处的空气质元就将同时参与两个振动，这时质元的运动实际上就是两个振动的合成。一般振动的合成比较复杂，在此仅讨论同方向的两个简谐振动的合成。

5.3.1　同方向、同频率两个简谐振动的合成

一个质点同时参与两个同方向、同频率的简谐振动，其振动方程分别为

$$x_1 = A_1\cos(\omega t + \varphi_1), \quad x_2 = A_2\cos(\omega t + \varphi_2)$$

视频 5-2

因为两个振动都在 X 轴上，所以质点的位移 x 等于两个振动形成的位移 x_1 和 x_2 的代数和，即

$$x = x_1 + x_2 = A_1\cos(\omega t + \varphi_1) + A_2\cos(\omega t + \varphi_2)$$

利用三角函数恒等式，将上式整理为如下形式：

$$x = A\cos(\omega t + \varphi) \tag{5.3.1}$$

式中，A 是合振动的振幅，φ 是合振动的初相位，且

$$A = \sqrt{A_1^2 + A_2^2 + 2A_1A_2\cos(\varphi_2 - \varphi_1)} \tag{5.3.2}$$

$$\tan\varphi = \frac{A_1\sin\varphi_1 + A_2\sin\varphi_2}{A_1\cos\varphi_1 + A_2\cos\varphi_2} \tag{5.3.3}$$

由此可见，同方向、同频率的两个简谐振动合成后仍为一简谐振动，其频率与分振动的频率相同。合振动的振幅、初相位不但与两分振动的振幅有关，而且与两分振动的初相位有关。

利用旋转矢量法可以更直观、更简洁地研究两个简谐振动的合成问题。如图 5.3.1 所示，建立参考坐标 OX，第一个振动所对应的矢量为 $\boldsymbol{A}_1$，它与 OX 轴的夹角为 φ_1，该矢量以角速度 ω 绕 O 点逆时针旋转，矢量末端在 OX 轴上的投影表示第一个简谐振动。同理做出第二个振动的旋转矢量。由于矢量 $\boldsymbol{A}_1$ 与矢量 $\boldsymbol{A}_2$ 以相同的角速度 ω 旋转，所以它们的合矢量也以角速度 ω 旋转。在旋转过程中，图 5.3.1 中平行四边形的形状保持不变，因此合矢量 $\boldsymbol{A} = \boldsymbol{A}_1 + \boldsymbol{A}_2$ 的长度 A 保持不变，并以相同的角速度 ω 匀速旋转，矢量 $\boldsymbol{A}$ 的端点在 X 轴上的投影坐标可表示为

$$x = A\cos(\omega t + \varphi) \qquad (5.3.4)$$

式(5.3.4)即为合振动的振动方程。对图 5.3.1 中的 $\triangle OMM_1$ 应用余弦定理求得的合振幅 A 与式(5.3.2)一致,为

$$A = \sqrt{A_1^2 + A_2^2 + 2A_1A_2\cos(\varphi_2 - \varphi_1)}$$

在图 5.3.1 中的 $\triangle MOQ$ 中,$\angle MOQ$ 的正切值与式(5.3.3)一致,为

$$\tan\varphi = \frac{MQ}{OQ} = \frac{QN + NM}{OP + PQ} = \frac{A_1\sin\varphi_1 + A_2\sin\varphi_2}{A_1\cos\varphi_1 + A_2\cos\varphi_2}$$

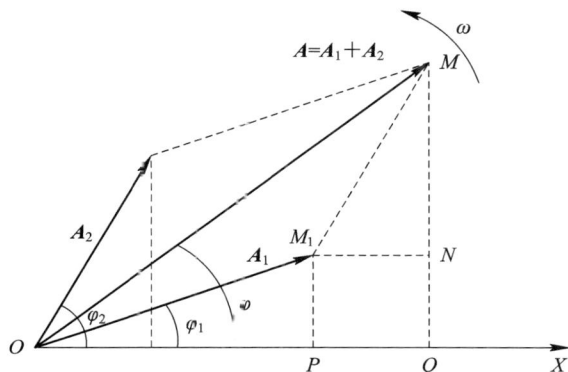

图 5.3.1 旋转矢量法表示振动的合成

现进一步讨论合振动的振幅与两分振动的相位差之间的关系。由式(5.3.2)可知:

(1) 当两个分振动同相,即相位差 $\Delta\varphi = \varphi_2 - \varphi_1 = 2k\pi(k=0, \pm1, \pm2, \cdots)$ 时,有

$$A = \sqrt{A_1^2 + A_2^2 + 2A_1A_2} = A_1 + A_2 \qquad (5.3.5)$$

合振动的振幅等于两个分振动的振幅之和,为最大值,称为两个振动加强。

(2) 当两个分振动反相,即相位差 $\Delta\varphi = \varphi_2 - \varphi_1 = (2k+1)\pi(k=0, \pm1, \pm2, \cdots)$ 时,有

$$A = \sqrt{A_1^2 + A_2^2 - 2A_1A_2} = |A_1 - A_2| \qquad (5.3.6)$$

合振动的振幅为两个分振动的振幅之差的绝对值,为最小值,称为两个振动相消。实际问题中,还常常有 $A_1 = A_2$ 的情况,此时合振幅 $A=0$,说明两个同幅反相的振动合成的结果将使质点保持静止状态。

5.3.2 同方向、不同频率简谐振动的合成

两个同方向不同频率的简谐振动可以表示为

$$x_1 = A_1\cos(\omega_1 t + \varphi_1)$$
$$x_2 = A_2\cos(\omega_2 t + \varphi_2)$$

合振动的位移为

$$x = x_1 + x_2$$

因为这两个简谐振动的角频率不相等(设 $\omega_2 > \omega_1$),所以它们的旋转矢量 A_1 和 A_2 之间的夹角 $\Delta\varphi = (\omega_2 - \omega_1)t + (\varphi_2 - \varphi_1)$ 是随时间变化的,因此合矢量 A 的大小也随时间变化,合矢量 A 旋转的角速率也随时间变化。由以上分析可以看出,合矢量 A 在 X 轴上的投影 $x = x_1 + x_2$ 不是做简谐振动。

为了简化起见，假定 $\varphi_1=\varphi_2=0$，$A_1=A_2=A_0$，且两个简谐振动的频率相差很小，此时

$$x = x_1 + x_2 = A_0\cos\omega_1 t + A_0\cos\omega_2 t$$

利用 $\cos\alpha + \cos\beta = 2\cos\frac{1}{2}(\alpha-\beta)\cos\frac{1}{2}(\alpha+\beta)$，上式可变为

$$x = 2A_0\cos\frac{\omega_2-\omega_1}{2}t\cos\frac{\omega_2+\omega_1}{2}t \tag{5.3.7}$$

令 $A = 2A_0\cos\frac{\omega_2-\omega_1}{2}t$，则

$$x = A\cos\frac{\omega_1+\omega_2}{2}t \tag{5.3.8}$$

由于我们假定两个振动的角频率相差不大，因此 $\omega_1+\omega_2 \gg \omega_2-\omega_1$，可以把式(5.3.8)看成一个振幅为 $\left|2A_0\cos\frac{\omega_2-\omega_1}{2}t\right|$、角频率 $\omega = \frac{\omega_1+\omega_2}{2}$ 的变振幅的周期性振动。振幅 $\left|2A_0\cos\frac{\omega_2-\omega_1}{2}t\right|$ 的变化范围为 $0\sim 2A_0$，可见合振动的振幅随时间发生周期性的变化，这种现象叫作拍。正是因为合振幅的缓慢变化是周期性的，所以合振动会出现时强时弱的拍现象。图 5.3.2 画出了两个分振动以及合振动的图形。由于振幅总是正值，而余弦函数的绝对值以 π 为周期，因而振幅变化周期 τ 可由 $\left|\frac{\omega_2-\omega_1}{2}\right|\tau = \pi$ 来决定，振幅变化的频率(即拍频)为

$$\nu_{\text{beat}} = \frac{1}{\tau} = \left|\frac{\omega_2-\omega_1}{2\pi}\right| = |\nu_2-\nu_1| \tag{5.3.9}$$

ν_{beat} 表示单位时间内振幅大小变化的次数，称为**拍频**。可以看出，它的数值等于两分振动的频率之差。

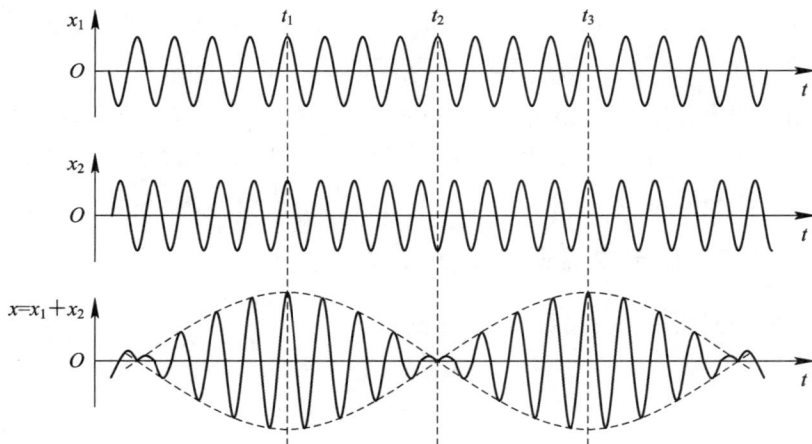

图 5.3.2　拍

拍现象在技术上有着许多重要的应用，如超外差收音机、产生极低频电磁振荡的差频振荡器等都是根据拍原理设计的。又如，乐师利用拍现象给乐器调音，只需将一件乐器对着标准频率发声，并把它一直调到拍消失，乐器的频率就和标准频率一样了。

例 5.3.1　一质点同时参与两个简谐振动，它们的振动方程分别为 $x_1 = 4\cos\left(\dfrac{\pi}{3}t + \dfrac{\pi}{6}\right)$ cm，$x_2 = 3\cos\left(\dfrac{\pi}{3}t + \dfrac{\pi}{2}\right)$ cm，求该质点的振动方程。

解　该质点的振动为两个简谐振动的合振动，利用式（5.3.2）和式（5.3.3）求出合振动的振幅 A 和初相位 φ：

$$A = \sqrt{A_1^2 + A_2^2 + 2A_1 A_2 \cos(\varphi_2 - \varphi_1)}$$
$$= \sqrt{4^2 + 3^2 + 2 \times 4 \times 3\cos\left(\dfrac{\pi}{2} - \dfrac{\pi}{6}\right)} \text{ cm}$$
$$= \sqrt{37} \text{ cm}$$

$$\tan\varphi = \frac{A_1 \sin\varphi_1 + A_2 \sin\varphi_2}{A_1 \cos\varphi_1 + A_2 \cos\varphi_2} = \frac{4\sin\dfrac{\pi}{6} + 3\sin\dfrac{\pi}{2}}{4\cos\dfrac{\pi}{6} + 3\cos\dfrac{\pi}{2}} = \frac{5}{6}\sqrt{3}$$

所以，质点的振动方程为

$$x = \sqrt{37}\cos\left(\frac{\pi}{3}t + \arctan\frac{5}{6}\sqrt{3}\right) \text{ cm}$$

例 5.3.2　有一个质点同时参与两个简谐振动，其中第一个分振动的振动方程为 $x_1 = 3\cos\omega t$ cm，合振动的振动方程为 $x = 3\sqrt{3}\sin\omega t$ cm，求第二个分振动的振动方程。

解　将合振动的振动方程改写为

$$x = 3\sqrt{3}\cos\left(\omega t - \frac{\pi}{2}\right) \text{ cm}$$

当 $t=0$ s 时，振动合成的矢量图如图 5.3.3 所示。在直角三角形 OPQ 中，由勾股定理得到第二个分振动的振幅，即它的旋转矢量 $\boldsymbol{A}_2$ 的长度 $A_2 = 6$ cm，并得到第二个分振动的初相位，即旋转矢量 $\boldsymbol{A}_2$ 与 X 轴的夹角：

$$\varphi_2 = -\frac{\pi}{2} - \frac{\pi}{6} = -\frac{2\pi}{3}$$

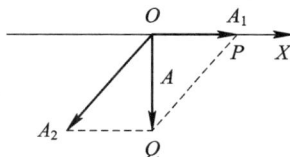

图 5.3.3　例 5.3.2 图

所以第二个分振动的振动方程为

$$x_2 = 6\cos\left(\omega t - \frac{2\pi}{3}\right) \text{ cm}$$

*5.3.3　振动方向垂直、频率相同的两个简谐振动的合成

设一个质点同时参与两个频率相同、振动方向分别在 X 轴和 Y 轴方向上的两个简谐振动，振动方程分别为

$$x = A_1 \cos(\omega t + \varphi_1)$$
$$y = A_2 \cos(\omega t + \varphi_2)$$

从上面的两式中消去 t，得到合振动的轨迹方程为

$$\frac{x^2}{A_1^2} + \frac{y^2}{A_2^2} - \frac{2xy}{A_1 A_2}\cos(\varphi_2 - \varphi_1) = \sin^2(\varphi_2 - \varphi_1) \tag{5.3.10}$$

式（5.3.10）是椭圆方程。可见，两个频率相同、振动方向相互垂直的简谐振动，其合振动的轨迹一般为椭圆。椭圆的形状、方位取决于两分振动的相位差 $\varphi_2 - \varphi_1$ 和振幅。下面讨论

几种特殊情况。

(1) 当 $\varphi_2 - \varphi_1 = 0$，即两分振动的初相位相同时，式(5.3.10)变为

$$y = \frac{A_2}{A_1}x$$

它表明质点运动的轨迹是一条通过坐标原点的直线，且质点在过原点的一、三象限的直线上运动，直线的斜率为 $\frac{A_2}{A_1}$，如图 5.3.4(a)所示。

(2) 当 $\varphi_2 - \varphi_1 = \pi$，即两分振动的相位相反时，式(5.3.10)变为

$$y = -\frac{A_2}{A_1}x$$

它表明质点运动的轨迹是一条通过坐标原点的直线，且质点在过原点的二、四象限的直线上运动，直线的斜率为 $-\frac{A_2}{A_1}$，如图 5.3.4(b)所示。

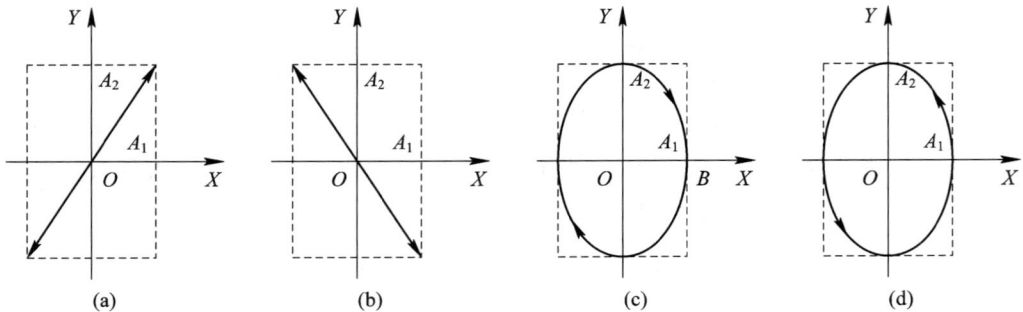

图 5.3.4   两个互相垂直的同频率简谐振动的合成

在(1)和(2)两种情况下，任意时刻质点离开平衡位置的位移是

$$r = \sqrt{x^2 + y^2} = \sqrt{A_1^2 + A_2^2}\cos(\omega t + \varphi)$$

可见，合振动仍是简谐振动，频率与分振动相同，振幅为 $\sqrt{A_1^2 + A_2^2}$，所不同的是(1)中的直线过一、三象限，而(2)中的直线过二、四象限。

(3) 当 $\varphi_2 - \varphi_1 = \frac{\pi}{2}$ 时，Y 方向上的分振动比 X 方向上的分振动超前 $\frac{\pi}{2}$，式(5.3.10)变为

$$\frac{x^2}{A_1^2} + \frac{y^2}{A_2^2} = 1$$

即合振动的轨迹为以 X 轴和 Y 轴为轴线的椭圆，两个半轴分别为 A_1 和 A_2，如图 5.3.4(c)所示。当 $\varphi_2 - \varphi_1 = \frac{\pi}{2}\left(\text{即 } \varphi_2 = \varphi_1 + \frac{\pi}{2}\right)$ 时，Y 方向分振动的振动方程为 $y = A_2\cos\left(\omega t + \varphi_1 + \frac{\pi}{2}\right)$。当某一瞬时 $\omega t + \varphi_1 = 0$ 时，$x = A_1$，$y = 0$，质点位于图中 B 点，当 $\omega t + \varphi_1$ 略大于 0 时，x 略小于 A_1，同时 $\omega t + \varphi_1 + \frac{\pi}{2}$ 略大于 $\frac{\pi}{2}$，$y = A_2\cos\left(\omega t + \varphi_1 + \frac{\pi}{2}\right) < 0$，质点将处于第四象限。因此，可以得到质点沿椭圆的运动方向是顺时针的。当 $A_1 = A_2$ 时，质点沿顺时针方向做圆周运动。

(4) 当 $\varphi_2 - \varphi_1 = -\frac{\pi}{2}$ 时，Y 方向上的分振动比 X 上的分振动落后 $\frac{\pi}{2}$。由与(3)类似的

分析可知，合振动的轨迹仍是以 X 轴和 Y 轴为轴线的椭圆，但质点沿椭圆的运动方向是逆时针的，如图 5.3.4(d)所示。

（5）当 $\varphi_2 - \varphi_1$ 为其他值时，合振动的轨迹一般是斜椭圆，长短轴的方向和大小与运动的方向由分振动的振幅和相位差决定。

5.3.4 振动方向垂直、频率不相同的两个简谐振动的合成

一般来说，两个互相垂直的、不同频率的简谐振动，由于它们的相位差不是一个定值，因此合振动比较复杂。当两个分振动的频率成整数比时，合成轨迹曲线是闭合的，这种闭合图形称为李萨如图形，如图 5.3.5 所示。利用李萨如图形，可以由一个频率已知的振动求得另一个振动的频率。这是无线电技术中常用来测定振荡频率的方法。

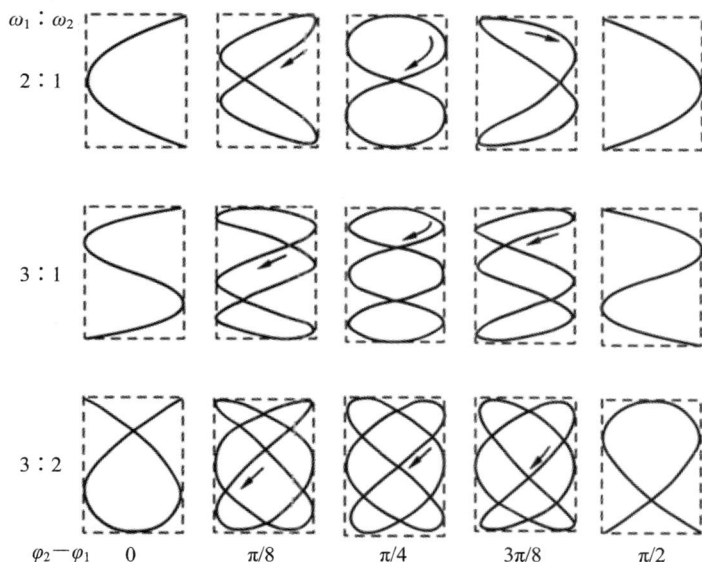

图 5.3.5 李萨如图形

当两个分振动的频率不成整数比时，合成轨迹曲线是不闭合的，合成运动将不再是周期性运动。

* 5.4 阻尼振动和受迫振动

5.4.1 阻尼振动

前面讨论的简谐振动只是一种理想的情况，即物体在运动过程中不受任何阻力的理想条件下的振动，振动是等振幅的，且在振动过程中振动系统能量守恒。在实际振动中，振动系统总要受到阻力作用。因此，若不向振动系统补充能量，则由于阻力的作用，振动系统开始时所获得的能量将在振动过程中因不断克服阻力做功而逐渐减小。随着能量的不断减小，振幅将会逐渐减小，直至停止振动而归于静止。**这种因振动系统受阻力作用而导致**

振幅不断减小的振动，称为阻尼振动。

振动系统的能量根据阻尼减少的方式通常分为两种。一种是由于振动系统受到摩擦阻力作用，部分能量通过摩擦逐渐转变为分子热运动，叫作**摩擦阻尼**，如弹簧振子在空气中的振动。另一种是由于振动系统引起邻近质点的振动，使振动系统的能量向四周辐射出去，叫作辐射阻尼，如音叉振动不仅因摩擦而消耗能量，同时也因辐射声波而减少能量。

实际阻尼振动的规律比较复杂。下面以弹簧振子为例讨论阻尼对振动的影响。由于摩擦的存在，弹簧振子除了受弹性力以外还受阻力的作用。实验表明，在振子速度不太大时，可认为阻力与速度大小成正比，但方向与振子运动速度方向相反，即

$$f = -\gamma v = -\gamma \frac{\mathrm{d}x}{\mathrm{d}t}$$

式中，比例系数 γ 叫作阻尼系数。在弹性力和阻力的共同作用下，弹簧振子的动力学方程变为

$$m \frac{\mathrm{d}^2 x}{\mathrm{d}t^2} = -kx - \gamma \frac{\mathrm{d}x}{\mathrm{d}t} \tag{5.4.1}$$

令 $\omega_0 = \sqrt{\dfrac{k}{m}}$，$\beta = \dfrac{\gamma}{2m}$，$\omega_0$ 是无阻尼时振子的固有角频率，β 为阻尼因数，则方程(5.4.1)可化为

$$\frac{\mathrm{d}^2 x}{\mathrm{d}t^2} + 2\beta \frac{\mathrm{d}x}{\mathrm{d}t} + \omega_0^2 x = 0 \tag{5.4.2}$$

式(5.4.2)是一个二阶线性常系数齐次微分方程。一般情况下，阻尼因数不同，方程的解不同，下面分三种情况讨论该方程的解。

1. 欠阻尼

若 $\beta < \omega_0$，则振动称为欠阻尼振动，方程(5.4.2)的解为

$$x = A_0 \mathrm{e}^{-\beta t} \cos(\omega t + \varphi_0)$$

式中，$\omega = \sqrt{\omega_0^2 - \beta^2}$；$A_0$、$\varphi_0$ 是由初始条件决定的两个积分常数。阻尼振动过程中位移随时间变化的曲线如图 5.4.1 所示。

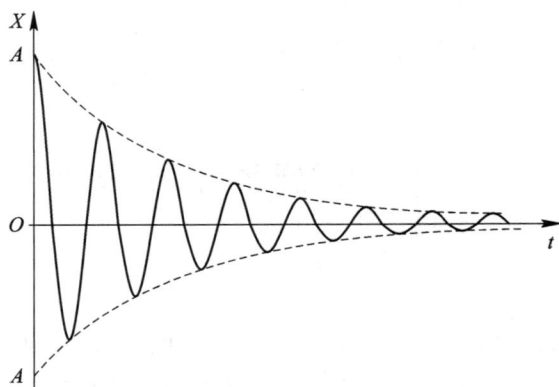

图 5.4.1 欠阻尼时的振动曲线

图 5.4.1 中，虚线表示阻尼振动的振幅 $A_0 \mathrm{e}^{-\beta t}$ 随时间 t 按指数衰减，此时已不是严格

意义上的周期运动。阻尼振动的准周期为

$$T = \frac{2\pi}{\omega} = \frac{2\pi}{\sqrt{\omega_0^2 - \beta^2}}$$

该周期大于同一系统没有阻力的情况下做简谐振动的固有周期，这是受阻力作用运动变慢的缘故。

2. 过阻尼

若 $\beta > \omega_0$，则振动称为过阻尼振动。此时，式(5.4.2)的解为

$$x = c_1 e^{-(\beta - \sqrt{\beta^2 - \omega_0^2})t} + c_2 e^{-(\beta + \sqrt{\beta^2 - \omega_0^2})t}$$

式中，c_1、c_2 为常数。这时振动系统不再做往复运动，而是较缓慢地回到平衡位置。图 5.4.2 中的曲线 1 为过阻尼时的振动曲线，弹簧振子作衰减运动而不是振动。

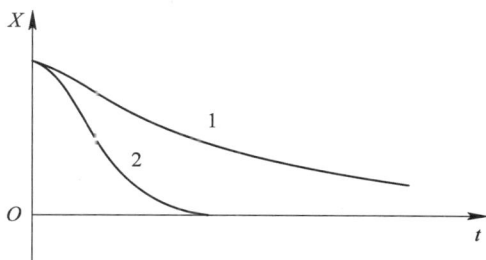

图 5.4.2　临界阻尼和过阻尼振动曲线

3. 临界阻尼

若 $\beta = \omega_0$，则振动称为临界阻尼振动。此时，式(5.4.2)的解为

$$x = (c_1 + c_2 t) e^{-\beta t}$$

式中，c_1、c_2 为常数。此时，阻尼的大小恰好使振子不能产生振动，而迅速地从最大位移回到平衡位置。图 5.4.2 中的曲线 2 为临界阻尼时的振动曲线。临界阻尼时，弹簧振子作衰减运动而不是振动。

在工程技术上，常根据需要控制阻尼的大小，以实现控制系统的运动状况。应用较广的如高灵敏度仪表，要求指针迅速地、无振动地回到平衡位置，以便尽快地读数，这就需要把系统的阻尼控制在临界阻尼状态。

5.4.2　受迫振动

实际振动的物体如果没有能量的不断补充，则由于阻尼的作用，振动最终总要停下来。为了获得稳定的振动，通常对振动系统施加一周期性的外力。**振动系统在周期性外力作用下发生的振动叫作受迫振动**。这种周期性的外力称为策动力。

仍以弹簧振子为例来讨论欠阻尼情形下受策动力作用的运动。为简单起见，设策动力具有如下形式：

$$F = F_0 \cos(\omega t)$$

式中，F_0 为策动力的振幅，ω 为策动力的频率。在这样的策动力作用下，受迫振动的动力

学方程可写为

$$m \frac{\mathrm{d}^2 x}{\mathrm{d} t^2} = -kx - \gamma \frac{\mathrm{d} x}{\mathrm{d} t} + F_0 \cos(\omega t) \tag{5.4.3}$$

令 $\omega_0 = \sqrt{\dfrac{k}{m}}$、$\beta = \dfrac{\gamma}{2m}$、$f_0 = \dfrac{F_0}{m}$，上式可化为

$$\frac{\mathrm{d}^2 x}{\mathrm{d} t^2} + 2\beta \frac{\mathrm{d} x}{\mathrm{d} t} + \omega_0^2 x = f_0 \cos(\omega t) \tag{5.4.4}$$

式(5.4.4)是一个二阶常系数线性非齐次微分方程，其解为

$$x = A_0 \mathrm{e}^{-\beta t} \cos(\sqrt{\omega_0^2 - \beta^2}\, t + \varphi_0) + A\cos(\omega t + \varphi)$$

此解为两项之和：第一项为阻尼振动，随时间推移而很快衰减，它反映受迫振动的暂态行为，与策动力无关；第二项表示一个稳定的等幅振动。经过一段时间后，第一项衰减到可以忽略不计，所以受迫振动稳定时的振动方程为

$$x = A\cos(\omega t + \varphi) \tag{5.4.5}$$

将式(5.4.5)代入式(5.4.4)可求得

$$A = \frac{f_0}{\sqrt{(\omega_0^2 - \omega^2)^2 + 4\beta^2 \omega^2}} \tag{5.4.6}$$

$$\tan\varphi = -\frac{2\beta\omega}{\omega_0^2 - \omega^2}$$

这些结果都与振动的初始条件无关，而仅依赖于振动系统的性质以及阻尼力、策动力的大小和性质。

5.4.3　共振

受迫振动的振幅与策动力的振幅和频率有关，还与振动系统的固有频率及所受阻力有关。图5.4.3给出了不同阻尼因数的受迫振动的振幅 A 与策动力的角频率的关系曲线。

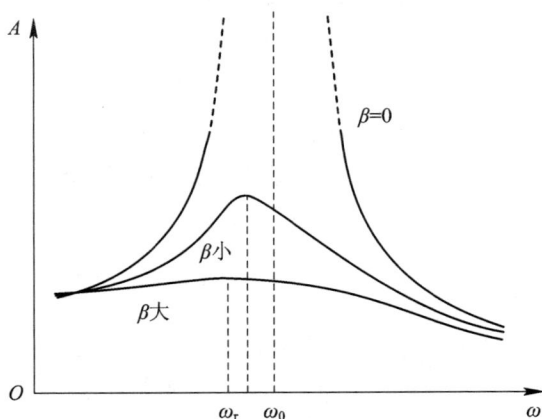

图 5.4.3　共振

由图5.4.3可以看出，当策动力的频率为某一特定值时，振幅达到极大值，这一现象称为共振。由式(5.4.6)利用求极值的方法可得到振幅达到极大值时对应的角频率为

$$\omega_r = \sqrt{\omega_0^2 - 2\beta^2} \tag{5.4.7}$$

振幅的极大值为

$$A_r = \frac{f_0}{2\beta \sqrt{\omega_0^2 - \beta^2}} \tag{5.4.8}$$

由式 (5.4.7) 可以看出，在阻尼很小 ($\beta \ll \omega_0$) 时，若策动力的频率近似等于振动系统的固有频率，则位移振幅达到极大值，即出现共振现象。

发生共振现象时，策动力的方向与物体的运动方向始终一致，因此在整个周期内，策动力对系统始终做正功，供给系统的能量最大，物体振动的振幅也最大。此时，系统对外界激励源的能量吸收最充分，这一机制称为能量的共振吸收。

5.4.4　共振现象在工程技术中的应用

共振现象在工程技术中有着重要的意义。例如，收音机和电视机通过改变调谐电路的参数而改变电路的固有频率，使电路与要收听或收看的电台发射的音频信号或电视台发射的视频信号的频率接近而发生共振，从而接收到感兴趣的节目。人的外耳道实际上就是个共振系统，共振频率为 3200～3500 Hz，因此，人耳对这一频段声音的接收灵敏度最高。医学上，利用原子核的磁共振现象可以诊断疾病。

共振理论还用在噪声控制中，通过薄板共振将噪声的能量转化为其他形式的能量，从而消除噪声，如剧场中的观众厅、排练厅和琴室内的胶合板护墙就是薄板共振吸声结构。薄板共振结构就是将薄的胶合板、硬质纤维板、木板或金属板等的周边固定在紧贴墙面的框架上，并与墙之间留有一定厚度的空气层。当声波射到薄板上时引起板的振动，从而使薄板发生弯曲变形，薄板与固定支点之间的摩擦以及薄板本身的内耗使振动的能量转化为热量。若入射波的频率接近系统的固有频率，那么系统发生共振，此时振幅达到最大值，相应的噪声能量消耗也最大，从而达到控制噪声的目的。通过理论计算，薄板共振结构系统的固有频率 $f_0 = \frac{1}{2\pi} \sqrt{\frac{\gamma p}{\sigma D}}$，其中 γ 为气体的比热容比，p 为大气压强，σ 为薄板的质量面密度，D 为薄板与墙体之间的距离。可见系统的固有频率与空腔的深度 D 和薄板的质量面密度有关。实用木质薄板吸声结构的厚度一般取 3～6 mm，空腔厚度取 30～100 mm，因此共振频率在 100～300 Hz 之间，可控的噪声频率也在此范围内。由于低频波更接近薄板的固有频率，吸声频率主要在低频范围，因此可组合多层薄板或在空腔中加入弹性材料层以提高其有效吸声范围。

共振也有不利的一方面。由于共振时系统的振动非常强烈，因此会造成系统的破坏。例如，机器运转时产生的共振会影响机械加工的精度，大风或地震导致的共振可能会使桥梁倒塌、飞机机翼折断或建筑物坍塌。1940 年，美国的塔柯姆大桥因大风引起的共振而塌毁，如图 5.4.4(a) 所示，尽管当时的风速还不到设计风速限值的 1/3，可是因为这座大桥的实际的抗共振强度没有过关，所以导致了事故的发生。2020 年，广东虎门大桥在微风中发生异常抖动，大桥桥面出现轻微起伏的波浪。根据专家组判断，虎门大桥这次振动的原因是沿桥栏连续设置的水马改变了钢箱梁的气动外形。在当天的特定风环境下，桥的箱体主梁形成了卡门涡街，这个涡街的振动频率刚好与桥本身的自有频率接近，从而产生了涡振现象，如图 5.4.4(b) 所示。因此，高层建筑、大桥和特大桥在全世界不同区域建设时，设计人员为了确保建筑的安全，都会将风振作为主要因素之一进行分析，设计不同的防风振结构和抗共振阻尼器。

(a)　　　　　　　　　　　(b)

图 5.4.4　共振现象

科学家简介

周　培　源

周培源(1902—1993 年)，江苏省宜兴县人，著名流体力学家、理论物理学家、教育家和社会活动家，中国科学院院士，中国近代力学奠基人和理论物理奠基人之一。

1924 年周培源毕业于清华大学，1927 年在美国加州理工学院学习，获博士学位，是加州理工学院毕业的第一名中国博士生。1928 年赴德国莱比锡大学，在海森伯指导下从事量子力学的研究，1929 年赴瑞士苏黎世高等工业学校，在泡利教授指导下从事研究。1929 年回国以后，先后在清华大学、西南联大、北京大学任教授，曾任清华大学教务长、北京大学校长、中国科学院副院长、中国科协主席、世界科协副主席、中国国际科技促进会会长、中国物理学会理事长。

周培源在学术上的成就，主要集中在爱因斯坦广义相对论中的引力论和流体力学中的湍流理论。在广义相对论方面，周培源一直致力于求解引力场方程的确定解，并应用于宇宙论的研究。他将严格的谐和条件作为一个物理条件添加进引力场方程，求得一系列静态解、稳态解及宇宙解；指导研究生进行了与地面平行和垂直的光速比较实验，在世界上首次获得了两者的相对差值在 10^{-11} 量级上的结果，这一结果使人们对爱因斯坦引力论的认识产生了重大影响。在湍流理论方面，他提出了两种求解湍流运动的方法，在国际上引起广泛注意，形成了一个"湍流模式理论"流派，对推动流体力学尤其是湍流理论的研究产生了深远的影响；他在国际上第一次用实验方法确定了湍流从衰变初期到后期的能量衰变规律和泰勒湍流微尺度扩散规律的理论结果。

周培源从事高等教育工作 60 余年，学生遍及海内外，早期学生中的王竹溪、彭桓武、林家翘、胡宁等都成了著名的科学家，他在教学过程中积累了丰富的教学和办学经验，形成了自己的教书育人风格和办学思想、办学理念，被人们称为"桃李满园的一代宗师"。

作为杰出的社会活动家，周培源积极开展国际科技交流，争取裁军和世界和平，为繁荣我国的科技教育事业孜孜不倦，赢得了国内外广大科技工作者的敬仰，被人们赞之为

"和平老人""杰出的民间外交家"。

延 伸 阅 读

非线性振动简介

　　振动是物理学、技术科学中广泛存在的物理现象，如建筑物和机器的振动、无线电技术和光学中的电磁振动、控制系统和跟踪系统中的自激振动、声波振动等。这些表面上看起来极不相同的现象，都可以通过振动方程统一到振动理论中来。其规律 $x(t)$ 取决于作用在系统上各种力的性质，即由下列方程决定：

$$m\frac{d^2x}{dt^2} + \beta\frac{dx}{dt} + kx = f(t) \tag{1}$$

其中，m 为振动质量，x 为振动位移，$\beta\frac{dx}{dt}$ 为阻尼力，kx 为弹性恢复力，$f(t)$ 为周期干扰力。因为弹性力和阻尼力都是线性函数，所以方程（1）是二阶线性非齐次微分方程，这样的系统称为线性振动系统。如果弹性力和阻尼力二者之一或二者都是非线性函数，则振动方程称为非线性微分方程，即

$$m\frac{d^2x}{dt^2} + f_1(x) + f_2\left(\frac{dx}{dt}\right) + kx = f(t) \tag{2}$$

此时系统称为非线性振动系统。

　　非线性振动的研究经历了较长的发展历史。现代物理科学的奠基人伽利略对振动问题进行了开创性的研究，他发现了单摆的等时性并利用自由落体公式计算单摆周期。在 17 世纪，惠更斯注意到单摆大幅摆动对等时性的偏离以及两只频率接近的时钟的同步现象，这是对非线性振动现象的最早记载。严格的非线性振动理论的研究开始于 19 世纪后期，由庞卡莱奠定了理论基础。他开辟了振动问题研究的一个全新方向，即定性理论。在 1881—1886 年的一系列论文中，庞卡莱讨论了二阶系统奇点的分类，引入了极限环的概念并建立了极限环的存在判据，定义奇点和极限环的指数。定性理论的一个特殊而重要的方面是稳定性理论，最早的结果是 1788 年拉格朗日建立的保守系统平衡位置稳定性判据。1892 年李雅普诺夫给出了稳定性的严格定义，并提出了研究稳定性问题的直接方法。在非线性振动的近似解析方法方面，1830 年泊桑研究单摆振动时提出了摄动法的基本思想，1833 年林滋泰德解决了摄动法的久期项问题，1892 年庞卡莱建立了摄动法的数学基础。1920 年范德波尔在研究电子管非线性振荡时提出了慢变系数法的基本思想，1934 年克雷洛夫和博戈留博夫根据这一思想，建立了弱非线性系统的平均法，1955 年米特罗波尔斯基将这种方法推广到非定常系统，最终形成了 KBM 法。

　　非线性振动的研究使人们对振动的机制有了新的认识。认识到除自由振动和受迫振动以外，还广泛存在另一类振动，即自激振动。1926 年范德波研究了三极电子管回路的自激振动，1933 年贝克的工作表明有能源输入时干摩擦会导致自激振动。非线性振动的研究还有助于人们认识一种新的运动形式，即混沌振动。混沌振动的发现和研究开拓了一个活跃的新领域，使非线性振动学科进入新的发展阶段。

非线性振动理论的主要任务是研究各种不同振动系统的周期振动规律(振幅、频率、相位的变化规律)或求周期解,以及研究周期解的稳定条件;从工程技术角度来说,其任务是研究减小系统的振动或有效利用振动,使系统具有合理的结构形式和参数。在对一个振动系统进行研究时,其阻尼力和弹性力有时可线性化,有时则必须考虑其非线性性质,何时需考虑力的非线性特性取决于所研究问题的性质和所要求的精度。实际机械系统中广泛存在着各种非线性因素,如电场力、磁场力、万有引力等作用力非线性,法向加速度、哥氏加速度等运动学非线性,非线性本构关系等材料非线性,弹性大变形等几何非线性等。因此工程实际中的振动系统绝大多数是非线性系统。

由于非线性微分方程尚无普遍有效的精确求解方法,而线性常微分方程的数学理论已十分完善,因此将非线性系统用线性系统代替是工程中常用的有效方法,但仅限于一定的范围。当非线性因素较强时,用线性理论得出的结果不仅误差过大,而且无法对自激振动、参数振动、多频响应、超谐和亚谐振动、内共振、跳跃现象和同步现象等实际现象做出解释,而这些实际现象在现代工程技术中愈来愈频繁地出现。早在1940年,美国塔可马(Tacoma)吊桥因风载引起振动而坍塌的事故就是典型的非线性振动引起破坏的例子。因此有必要发展非线性振动理论,研究对非线性系统的分析和计算方法,解释各种非线性现象的物理本质,以分析和解决工程技术中实际的非线性振动问题。

非线性振动理论研究的目的是基于非线性振动系统的数学模型,在不同参数和初始条件下,确定系统运动的定性特征和定量规律。非线性振动的数学模型通常是非线性微分方程。与线性微分方程不同,非线性微分方程尚无普遍有效的求解方法。因此与线性振动系统相比,非线性振动系统很难得到精确的解析解。对于工程中的实际非线性振动问题,除采用实验方法进行研究以外,常用的理论研究方法为几何法、数值法和解析法。

非线性振动系统的应用按其特性可分为具有光滑非线性恢复力系统的应用、分段线性和非线性恢复力系统的应用、滞回非线性作用力系统的应用、自激振动系统的应用、带有冲击非线性振动系统的应用、非线性波动系统的应用、慢变参数系统的应用、频率俘获原理的应用、分岔解的应用、混沌的应用等。

思 考 题

5.1　同一弹簧振子,当它在水平位置和竖直悬挂情况下做简谐振动时,频率是否相同?如果把它沿着光滑斜面放置,它是否仍做简谐振动,振动频率是否改变?

5.2　用手拉动摆球,使单摆从平衡位置偏离一小角 θ,然后无初速释放使其摆动,θ 是否就是初相角?

5.3　判断下列说法是否正确。

(1) 所有的周期性运动都是简谐振动;

(2) 在简谐运动中,周期正比于振幅;

(3) 在简谐运动中,总能量正比于振幅的平方。

5.4　同方向、同频率的简谐振动合成的结果是否简谐振动,如果是,其频率等于多少?振幅取决于哪些因素?

5.5　什么是共振?共振产生的条件是什么?

练　习　题

5.1　质量为 10×10^{-3} kg 的小球与轻弹簧组成的系统按 $x = 0.1\cos\left(8\pi t + \dfrac{2\pi}{3}\right)$ 的规律作振动，式中 t 以秒(s)计，x 以米(m)计。求：

（1）振动的圆频率、周期、振幅、初位相；

（2）振动的速度、加速度的最大值；

（3）最大恢复力。

5.2　一个沿 X 轴作简谐振动的弹簧振子，振幅为 A，周期为 T，其振动方程用余弦函数表示。如果 $t = 0$ s 时质点的状态分别如下：

（1）$x_0 = -A$；

（2）过平衡位置向正向运动；

（3）过 $x = \dfrac{A}{2}$ 处向负向运动；

（4）过 $x = -\dfrac{A}{\sqrt{2}}$ 处向正向运动。

试求出相应的初位相，并写出振动方程。

5.3　一质量为 10×10^{-3} kg 的物体作简谐振动，振幅为 24 cm，周期为 4.0 s，当 $t = 0$ s 时位移为 24 cm。求：

（1）$t = 0.5$ s 时，物体所在的位置及此时所受力的大小和方向；

（2）由起始位置运动到 $x = 12$ cm 处所需的最短时间；

（3）在 $x = 12$ cm 处物体的总能量。

5.4　有一弹簧，当其下端挂一质量为 M 的物体时，伸长量为 9.8×10^{-2} m，若使物体上下振动，且规定向下为正方向。

（1）$t = 0$ s 时，物体在平衡位置上方 8.0×10^{-2} m 处，由静止开始向下运动，求运动方程；

（2）$t = 0$ s 时，物体在平衡位置并以 0.60 m/s 的速度向上运动，求运动方程。

5.5　质量为 0.25 kg 的物体，在弹性力作用下作简谐振动，刚度系数 $k = 25$ N/m，如果开始振动时具有势能 0.6 J、动能 0.2 J，求：

（1）振幅；

（2）位移多大时，动能恰等于势能？

（3）经过平衡位置时的速度。

5.6　一振子 A 的振动曲线如图 T5-1 所示，试写出振子 A 的振动方程。

5.7　一弹簧振子置于光滑水平面上，静止于弹簧原长处，今有一质量为 m 的子弹以 v_0 水平射入其中，并一起开始作简谐振动，如图 T5-2 所示，若以此开始振动

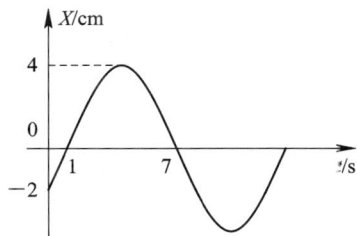

图 T5-1　练习题 5.6 图

时刻作为计时的起点,试求:

(1) 该振动系统的初相位 φ;

(2) 该振动系统的振幅 A;

(3) 该振动系统的振动方程。

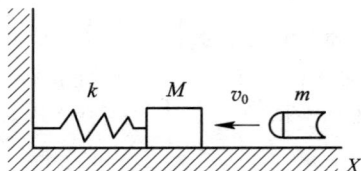

图 T5-2   练习题 5.7 图

5.8   已知两个同方向简谐振动的方程分别为

$$x_1 = 0.05\cos\left(10t + \frac{3}{5}\pi\right) \text{ m}$$

$$x_2 = 0.06\cos\left(10t + \frac{1}{5}\pi\right) \text{ m}$$

试分别用旋转矢量法和振动合成法求合振动的振幅和初相,并写出振动方程。

5.9   两个频率和振幅都相同的简谐振动的 x-t 曲线如图 T5-3 所示,求:

(1) 两个简谐振动的相位差;

(2) 两个简谐振动的合成振动的振动方程。

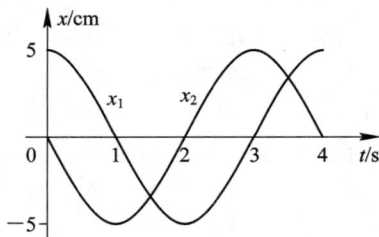

图 T5-3   练习题 5.9 图

5.10   三个同方向、同频率的简谐振动的方程分别为

$$x_1 = 0.08\cos\left(314t + \frac{\pi}{6}\right) \text{ m}$$

$$x_2 = 0.08\cos\left(314t + \frac{\pi}{2}\right) \text{ m}$$

$$x_3 = 0.08\cos\left(314t + \frac{5\pi}{6}\right) \text{ m}$$

求:

(1) 合振动的圆频率、振幅、初相及振动表达式;

(2) 合振动由初始位置运动到 $x = \frac{\sqrt{2}}{2}A$ 所需的最短时间(A 为合振动振幅)。

提　升　题

5.1　（1）一轻杆长为 l，连接一个质量为 m 的摆球，形成一个单摆。不计摩擦，求单摆的周期与角振幅的关系。

（2）演示单摆振动的动画，比较单摆振动和简谐振动的规律。

（3）当单摆角振幅的度数为 $1°$ 到 $7°$ 时（间隔为 $1°$），将单摆运动的角位置和角速度随时间的变化规律与简谐振动的位移与速度随时间的变化进行比较。当单摆角振幅的度数为 $30°$ 到接近 $180°$ 时（间隔为 $30°$），再进行比较，分析它们有何异同。

提升题 5.1 参考答案

5.2　质量为 m、半径为 r、质心转动惯量为 J_c 的圆柱形刚体，可在半径为 R 的弧上作无滑动的滚动，形成圆弧滚摆，求滚摆运动的周期。演示质量和半径相同而转动惯量不同的滚摆（如实心圆柱和空心圆筒）的运动过程。

提升题 5.2 参考答案

第6章 机 械 波

机械波的研究是伴随着对声波的研究而发展起来的。声音是人类最早研究的物理现象之一，世界上早期的声学研究工作主要在音乐方面。《吕氏春秋》记载，昔黄帝令伶伦取竹作律，增损长短成十二律；伏羲作琴，三分损益成十三音。三分损益法就是把管（笛、箫）加长三分之一或减短三分之一，这样听起来很和谐，这是最早的声学定律。传说在古希腊时期，毕达哥拉斯也提出了相似的自然律，只不过是用弦作基础。声的传播问题很早就引起了人们的注意。早在 1635 年就有人用远地枪声测声速。1738 年，巴黎科学院的科学家对炮声进行测量，得到了 0℃时空气声速为 332 m/s。1827 年，瑞士物理学家丹尼尔和法国数学家斯特姆在日内瓦湖进行实验，得到声在水中的传播速度是1435 m/s，这在当时声学仪器只有人耳的情况下是非常了不起的成绩。实际上，声波是机械波的一种，声波满足的规律与机械波遵循的理论相同。本章主要研究机械波形成的理论及满足的基本原理和规律。

6.1 机械波的产生和基本特征

6.1.1 机械波的形成

要产生机械波，首先要有做机械振动的物体作为**波源**，其次必须有能传播这种机械波的**弹性介质**。

没有波源和介质就不能产生机械波，二者缺一不可。例如，地震波的产生要有震源，地球本身是介质；声波的产生要有发声体，空气是介质；水波的产生要有振动源，水是介质。而太阳内部核爆炸产生的巨大声音，由于没有传播介质，因此在地球上是听不到的。当然，并不是所有的波都需要介质，电磁波的传播就不需要介质，电磁波在没有介质的真空中可以自由传播。

没有弹性介质，机械振动就无法传播。弹性介质是由连续不断的无穷多个质元构成的，这些质元之间有弹性力作用，也可以产生相对运动。当弹性介质中的任何一处质元因受到振动而离开平衡位置时，邻近质元将对它产生一个弹性回复力，并使它在平衡位置附近振动起来。同时，由于作用力与反作用力的原因，这个质元也会给邻近质元以弹性回复力的作用，使邻近质元在它们的平衡位置上也振动起来。这样依次带动，就使振动以一定的速度由波源向周围由近及远地传播出去，从而形成机械波。需要注意的是，就每一个质元而言，它只是在平衡位置附近做振动，自身并没有沿传播方向向前运动。

6.1.2 横波与纵波

在波动中，**如果质元的振动方向和波的传播方向相互垂直，我们就称这种波为横波**。

拿一根绳子，把它的一端握在手中上下抖动，如图 6.1.1 所示，会观察到该端上下振动的状态沿绳向固定端传播，并且绳中质元的振动方向与波传播的方向相互垂直。在横波传递过程中，质元依次到达**波峰**(正向最大位移)和**波谷**(负向最大位移)，所以横波波形的特征为波峰和波谷定向移动。

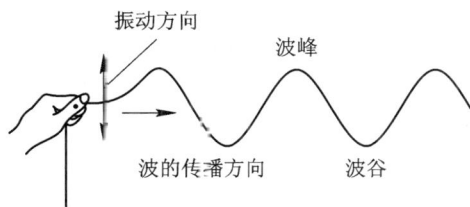

图 6.1.1　横波

下面我们以横波为例来说明它的形成过程。图 6.1.2 中，在 $t=0$ s 时，介质中的质元均处在平衡位置，当波源 O 处的质元开始做周期为 T 的简谐振动时，带动邻近的质元也做相同周期的简谐振动，到 $t=T/4$ 时振动传到质元 3，质元 3 开始振动，到 $t=T/2$ 时，振动传到了质元 5……到 $t=T$ 时，质元 O 经过一个周期回到平衡位置，振动传播到质元 9。就这样，弹性媒质中一个质元的振动由近及远传播出去，形成了机械波。

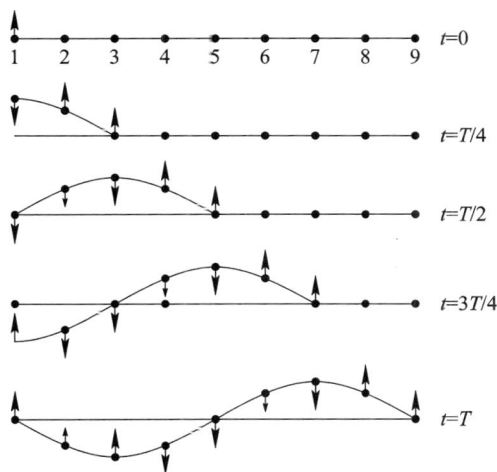

图 6.1.2　波的时间周期性

在波动中，**如果质元的振动方向和波的传播方向相互平行**，我们就称这种波为**纵波**。拿一根弹簧，把它的一端固定在墙面，另一端拿在手中快速推拉，如图 6.1.3 所示，会观

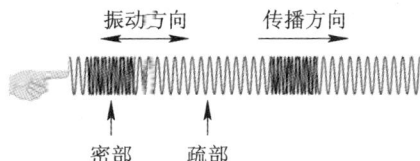

图 6.1.3　纵波

察到弹簧左端的左右振动状态沿弹簧向固定端传播,弹簧各部分的振动方向与波传播的方向平行。在纵波传递的过程中,质元之间呈现出时疏时密的状态,所以纵波波形的特征为疏密状态定向移动。

当振动在弹性固体介质中传播时,一层介质相对于另一层介质会发生横向平移,进而产生切变力,而气体和液体内部不能产生这种切向弹性力,所以横波只能在固体中传播。而纵波在固体、液体和气体中都能传播,这是因为在弹性介质中形成纵波时,介质要发生压缩或拉伸,即发生体变,固体、液体、气体都能发生体变。

横波与纵波只是波的简单分类,实际上有些波既不是纯粹的横波,也不是纯粹的纵波,可以看成横波与纵波的叠加。

6.1.3 波线和波面

为了形象地描述波在空间的传播情况,从几何角度引入了波线、波面、波前的概念。波传播的空间称为**波场**。沿波的传播方向做一些带箭头的线,称为**波线**。波线的指向表示波的传播方向。**波面**是指波传播过程中媒质中各振动相位相同的点连接成的面,也称为波阵面或同相面。在某一时刻,波传播到最前面的波面称为**波前**,因此,在任何时刻,波前只有一个。在各向同性介质中,波线总是与波面垂直,且指向振动相位落后的方向。按照波面的几何形状,波可分为平面波、球面波和柱面波等。波面是平面的波称为平面波。如图6.1.4 所示,平面波的波线是垂直于波面且相互平行的直线。波面是球面的波称为球面波。如图 6.1.5 所示,球面波的波线是以波源为中心沿径向外发散的一族射线。平面波和球面波都是波动过程中的理想情况。离波源很远处的局部区域内的球面波可以近似为平面波。

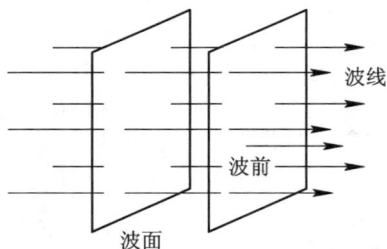

图 6.1.4 平面波的波阵面和波线　　　　图 6.1.5 球面波的波阵面和波线

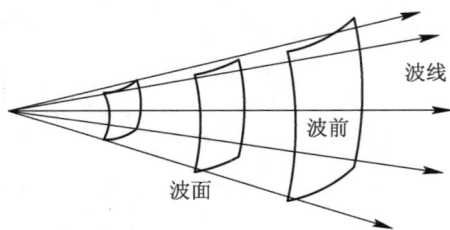

6.1.4 描述波动的特征物理量

1. 波速

波动是振动状态的传播,振动状态在单位时间内所传播的距离称为波速,用 u 表示。波的传播实际上是振动相位的传播,因此波速又称为相速。对于机械波,波速主要取决于介质的性质。可以证明,拉紧的绳子或弦线中横波的波速为

$$u = \sqrt{\frac{T}{\mu}} \tag{6.1.1}$$

式中,T 为绳子或弦线中的张力,μ 为绳子或弦线单位长度的质量。

在固体中,横波和纵波的传播速度可分别表示如下:

横波：

$$u_{\perp} = \sqrt{\frac{G}{\rho}} \tag{6.1.2}$$

纵波：

$$u_{/\!/} = \sqrt{\frac{E}{\rho}} \tag{6.1.3}$$

式中，G 和 E 分别是介质中的切变弹性模量和杨氏模量，ρ 为介质的密度。对于同一种固体介质，一般有 $G < E$，所以

$$u_{\perp} < u_{/\!/}$$

在液体和气体中只能传播纵波，速度为

$$u = \sqrt{\frac{B}{\rho}} \tag{6.1.4}$$

式中，B 是液体或者气体的体积模量，ρ 是液体或者气体的质量密度。

对于理想气体，根据分子动理论和热力学，可推出理想气体中的声速公式为

$$u = \sqrt{\frac{\gamma p}{\rho}} = \sqrt{\frac{\gamma R T}{M_{\text{mol}}}} \tag{6.1.5}$$

式中，M_{mol} 是气体的摩尔质量，γ 是气体的比热容比，p 是气体的压强，T 是气体的热力学温度，ρ 为气体的密度，R 是普适气体恒量。

如果波源的振动是周期性的，则波在空间的传播既具有时间周期性，也具有空间周期性。

2. 波长

在沿波的传播方向上，两个相邻的相位差为 2π 的振动质元之间的距离，即一个完整波形（波的形状）的长度，称为**波长**，用 λ 表示，如图 6.1.6 所示。显然，横波上相邻两个波峰之间或相邻两个波谷之间的距离都是一个波长；纵波上相邻两个疏部或两个密部对应点之间的距离也是一个波长。在波线上，距离为一个波长的两点其振动情况完全相同，因此波长表征了波的空间周期性。

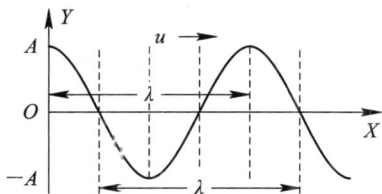

图 6.1.6　波的空间周期性

3. 周期和频率

波前进一个波长的距离所需要的时间称为**周期**，用 T 表示。周期的倒数称为**频率**，用 ν 表示，$\nu = 1/T$。可见，频率是单位时间内波通过某点的完整波的数目。由图 6.1.6 可以看出，波源做一次完整振动，波就前进一个波长，所以波源振动的周期等于波的周期，波的频率也就是波源的频率。由于介质中各质元均在依次重复波源的振动，因此介质中任一质元完成一次全振动所需要的时间也是波的周期。同时，一个完整波形通过介质中某一固定

点的时间也等于波的周期。从以上分析可以看出，波的周期反映了波的时间周期性。

在波动过程中，波速把波的时间周期性与空间周期性联系在了一起。在单位时间内质元振动了 ν 次，则在此时间内波向前推进了 ν 个波长，即 $\nu\lambda$ 这样一段距离，这就等于波的速度。波速与频率、波长的关系为

$$u = \frac{\lambda}{T} = \nu\lambda \tag{6.1.6}$$

6.2　平面简谐波的波函数

为了定量描述波动，常需要一个波函数来描述介质中各质元的位移是怎样随时间变化的。一般来说，由于介质中各个质元的振动很复杂，因此波动也很复杂。但是可以证明，任何复杂的波都可以看成是若干个简谐波叠加而成的。**简谐波**是指波源和介质中各质元都做简谐振动的一种波。如果简谐波的波面是平面，则称为**平面简谐波**。

6.2.1　平面简谐波的波函数

一平面简谐波沿 X 轴的正方向传播，如图 6.2.1 所示，因为与 X 轴垂直的平面上质元的相位均相同，所以任一个同相位面上所有质元的振动状态都可以用该平面与 X 轴交点处质元的振动状态来描述，因此整个介质中质元的振动研究可简化为只研究 X 轴上质元的振动。设原点处质元的振幅为 A，角频率为 ω，初相为 φ，则原点处质元的振动方程为

$$y_O = A\cos(\omega t + \varphi)$$

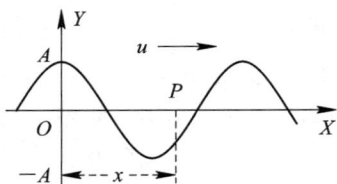

图 6.2.1　平面简谐波

为了找出波动过程中任一质元任意时刻的位移，我们在 OX 轴上任取一点 P，它的坐标为 x。显然，当振动从 O 处传播到 P 处时，P 处质元将重复 O 处质元的振动。因为振动从 O 传播到 P 所用时间为 x/u，所以 P 点比 O 点的振动落后 x/u 的时间。因此，P 点在 t 时刻的位移与 O 点在 $t-x/u$ 时刻的位移相等，由此可以写出 t 时刻 P 处质元的位移为

$$y_P = A\cos\left[\omega\left(t - \frac{x}{u}\right) + \varphi\right] \tag{6.2.1}$$

同理，当波沿 X 的负方向传播时，t 时刻 P 处质元的位移为

$$y_P = A\cos\left[\omega\left(t + \frac{x}{u}\right) + \varphi\right] \tag{6.2.2}$$

综合式（6.2.1）和式（6.2.2），可以得到

$$y(x, t) = A\cos\left[\omega\left(t \mp \frac{x}{u}\right) + \varphi\right] \tag{6.2.3}$$

式(6.2.3)表示的是波线上任一点(距离原点为 x)处的质元在任意时刻 t 的位移。"－"表示波沿 X 轴正方向传播，"＋"表示波沿 X 轴负方向传播。利用 $\omega = 2\pi\nu$ 和 $u = \nu\lambda$，式(6.2.3)也可写为

$$y(x, t) = A\cos\left[2\pi\left(\nu t \mp \frac{x}{\lambda}\right) + \varphi\right] \tag{6.2.4}$$

$$y(x, t) = A\cos\left[2\pi\left(\frac{t}{T} \mp \frac{x}{\lambda}\right) + \varphi\right] \tag{6.2.5}$$

$$y(x, t) = A\cos\left[\omega t + \varphi \mp \frac{2\pi}{\lambda}x\right] \tag{6.2.6}$$

式(6.2.3)～式(6.2.6)统称为**平面简谐波的波函数**。

6.2.2　波函数的物理意义

从平面简谐波的波函数可以看出，当波的角频率、波速、振幅等波动特征确定以后，波函数中仅含有坐标 x 和时间 t 两个变量，下面逐一进行讨论。

视频 6-1

(1) 当 $x = x_0$ 为给定值时，波函数 $y = y(x, t)$ 只是 t 的函数，即 $y = y(t)$。波函数此时表示 x_0 处质元在不同时刻偏离平衡位置的情况，因此波函数变成了 x_0 处质元的振动方程。另外，由式(6.2.3)可以看出，$x = x_0$ 处质元落后于原点 $\frac{2\pi}{\lambda}x_0$ 相位。x_0 值越大，相位落后越多，故在传播方向上，各质点的振动相位依次落后。$x = \lambda$ 处质点的振动相位比 $x = 0$ 处质点的相位落后 2π，对于余弦函数来说，这两点的振动曲线完全相同，说明波长反映了波在空间上的周期性。

(2) 当 $t = t_0$ 为给定值时，波函数 $y = y(x, t)$ 只是 x 的函数，即 $y = y(x)$。波函数此时表示 t_0 时刻波线上各个质元相对于其平衡位置的位移，也就是 t_0 时刻的波形方程。在同一时刻，距离原点 O 分别为 x_1 和 x_2 的两质元的相位是不同的，根据式(6.2.3)可以得出两质元的相位分别为

$$\varphi_1 = \omega t + \varphi - \frac{2\pi}{\lambda}x_1$$

$$\varphi_2 = \omega t + \varphi - \frac{2\pi}{\lambda}x_2$$

两质元振动的相位差为

$$\Delta\varphi = \varphi_1 - \varphi_2 = \frac{2\pi}{\lambda}(x_2 - x_1) = \frac{2\pi}{\lambda}\delta \tag{6.2.7}$$

其中，$\delta = x_2 - x_1$ 称为**波程差**。$t = 0$ s 时刻和 $t = T$ 时刻的波形曲线相同，说明周期反映了波在时间上的周期性。

(3) 当 x、t 均发生变化时，$y = y(x, t)$ 表示任意时刻波线上所有质元的位移情况，即各个质元的振动情况。此时波函数也形象地反映了波形的传播，如图 6.2.2 所示。图中，实线表示 t 时刻的波形，虚线表示 $t + \Delta t$ 时刻的波形。从图 6.2.2 中可以看出，振动状态(即相位)沿波线传播的距离 $\Delta x = u\Delta t$，整个波形也传播了 Δx 的距离，因而波速就是波形向前传播的速度，波函数也描述了波形的传播。

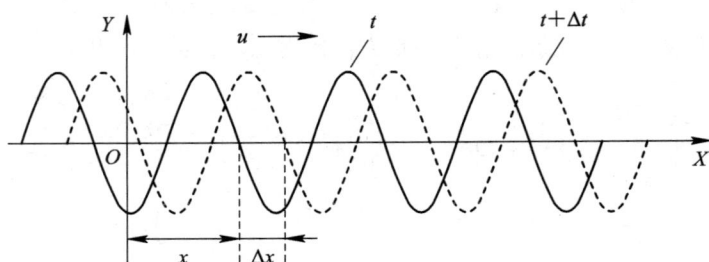

图 6.2.2 波形的传播

例 6.2.1 一连续纵波沿 X 轴的正方向传播，频率为 25 Hz，波线上相邻密集部分中心的距离为 24 cm，某质元的最大位移为 3 cm。$t=0$ s 时，原点处质元的位移为零，并向 Y 轴的正方向运动。求：

(1) 原点处质元的振动方程；

(2) 波函数的表达式；

(3) $t=1$ s 时的波形方程；

(4) $x=0.24$ m 处质元的振动方程；

(5) $x_1=0.12$ m 与 $x_2=0.36$ m 处质元振动的相位差。

解 (1) 由题意可知，$A=0.03$ m，$\omega=2\pi\nu=50\pi$ rad/s，由旋转矢量法可确定原点处质元振动的初相 $\varphi=-\dfrac{\pi}{2}$，因此原点处质元的振动方程为

$$y = 0.03\cos\left(50\pi t - \frac{\pi}{2}\right) \text{ m}$$

(2) 由于波向 X 轴的正方向传播，根据原点质元振动方程的表达式，由式(6.2.6)可以得到波函数的表达式为

$$y = 0.03\cos\left(50\pi t - \frac{\pi}{2} - \frac{2\pi}{\lambda}x\right) \text{ m}$$

由题意知 $\lambda=0.24$ m，所以波函数的表达式为

$$y = 0.03\cos\left(50\pi t - \frac{25}{3}\pi x - \frac{\pi}{2}\right) \text{ m}$$

(3) 把 $t=1$ s 代入波函数，可得 $t=1$ s 时的波形方程为

$$y = 0.03\cos\left(\frac{99}{2}\pi - \frac{25}{3}\pi x\right) \text{ m}$$

(4) 把 $x=0.24$ m 代入波函数得

$$y = 0.03\cos\left(50\pi t - 2\pi - \frac{\pi}{2}\right) \text{ m} = 0.03\cos\left(50\pi t - \frac{5\pi}{2}\right) \text{ m}$$

(5) x_1 处质元振动的相位为

$$\varphi_1 = 50\pi t - \frac{25}{3}\pi x_1 - \frac{\pi}{2}$$

x_2 处质元振动的相位为

$$\varphi_2 = 50\pi t - \frac{25}{3}\pi x_2 - \frac{\pi}{2}$$

x_1 与 x_2 处质元振动的相位差为

$$\Delta\varphi = \varphi_2 - \varphi_1 = \frac{25}{3}\pi(x_1 - x_2)$$

代入数据可得两质元间的相位差为

$$\Delta\varphi = \frac{25}{3}\pi(x_1 - x_2) = -2\pi$$

可见，x_1 处质元相位超前。

例 6.2.2　一列机械波沿 OX 轴正向传播，$t=0$ s 时的波形如图
6.2.3(a)所示，已知波速为 10 m/s，波长为 2 m，求：

(1) 波动方程；

(2) P 点的振动方程；

(3) P 点回到平衡位置所需的最短时间。

视频 6-2

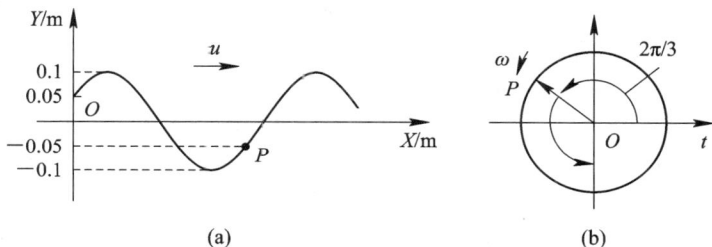

图 6.2.3　例 6.2.2 图

解　(1) 由题知 $\lambda=2$ m，$u=10$ m/s，$T=\dfrac{\lambda}{u}=\dfrac{1}{5}$ s，$\omega=\dfrac{2\pi}{T}=10\pi$ rad/s。由图6.2.3(a)

可知，$A=0.1$ m，O 点处质元的初始条件为：$t=0$ s 时，$y_0=\dfrac{A}{2}$ 且 $v_0<0$ m/s，结合旋转矢

量图得其初相位为 $\varphi=\dfrac{\pi}{3}$。由以上分析可以写出原点处质元的振动方程为

$$y_O = 0.1\cos\left(10\pi t + \frac{\pi}{3}\right) \text{ m}$$

所以波动方程为

$$y = 0.1\cos\left[10\pi\left(t - \frac{x}{10}\right) + \frac{\pi}{3}\right] \text{ m}$$

(2) 由图 6.2.3(a)知，P 点处质元的初始条件为：$t=0$ s 时，$y_P=-\dfrac{A}{2}$ 且 $v_P<0$ m/s，

结合旋转矢量图得其初相位为 $\varphi_P=\dfrac{2\pi}{3}$。故 P 点的振动方程为

$$y_P = 0.1\cos\left(10\pi t + \frac{2\pi}{3}\right) \text{ m}$$

(3) 根据(2)的结果可作出旋转矢量图如图 6.2.3(b)图所示，则由 P 点回到平衡位置
时旋转矢量应转过的角度为

$$\Delta\varphi = \frac{\pi}{3} + \frac{\pi}{2} = \frac{5\pi}{6}$$

所以需要的最短时间为

$$\Delta t = \frac{\Delta \varphi}{\omega} = \frac{1}{12} \text{ s}$$

6.3   波的能量和能流密度

6.3.1   波的能量

当一列波在弹性介质中传播时，介质中的各个质元都在各自的平衡位置附近振动，因而具有一定的动能；同时，介质中各质元之间的相对位置也发生变化，存在内应力（单位面积上所承受的附加内力），因而又有弹性势能。下面以在绳子上传播的横波为例导出波动的能量表达式。

设一平面简谐波沿密度为 ρ、截面积为 ΔS 的绳传播。取波的传播方向为 OX 轴的正方向，绳子的振动方向沿 Y 轴，则波的表达式为

$$y = A\cos\left[\omega\left(t - \frac{x}{u}\right) + \varphi_0\right] \tag{6.3.1}$$

在绳子上 x 处取一段长为 Δx 的体积元 $\Delta V = \Delta S \cdot \Delta x$，则此质元的质量 $\Delta m = \rho \Delta V$，振动速度为

$$v = \frac{\partial y}{\partial t} = -A\omega\sin\left[\omega\left(t - \frac{x}{u}\right) + \varphi_0\right] \tag{6.3.2}$$

质元的动能为

$$W_k = \frac{1}{2}\Delta m v^2 = \frac{1}{2}\rho \Delta V \omega^2 A^2 \sin^2\left[\omega\left(t - \frac{x}{u}\right) + \varphi_0\right] \tag{6.3.3}$$

如图 6.3.1 所示，波在传播过程中，质元不仅在 Y 轴方向有位移，而且在 X 轴方向也发生形变，由原长 Δx 变成了 Δl，伸长量为 $\Delta l - \Delta x$。当波的振幅很小时，质元两端所受的张力 T_1 和 T_2 可近似看成相等，即 $T = T_1 = T_2$。在质元伸长过程中，张力所做的功等于此质元的势能，即

$$W_p = T(\Delta l - \Delta x)$$

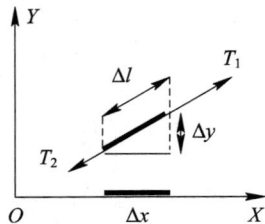

图 6.3.1   波在传播过程中的线元形变

当 Δx 很小时有

$$\Delta l = \sqrt{(\Delta x)^2 + (\Delta y)^2} = \Delta x\left[1 + \left(\frac{\Delta y}{\Delta x}\right)^2\right]^{\frac{1}{2}} \approx \Delta x\left[1 + \left(\frac{\partial y}{\partial x}\right)^2\right]^{\frac{1}{2}}$$

应用二项式定理展开，并略去高次项，则

$$\Delta l \approx \Delta x \left[1 + \frac{1}{2} \left(\frac{\partial y}{\partial x} \right)^2 \right]$$

所以，质元的势能为

$$W_p = T(\Delta l - \Delta x) = \frac{1}{2} T \left(\frac{\partial y}{\partial x} \right)^2 \Delta x \tag{6.3.4}$$

将波函数对 x 求一阶导数得

$$\frac{\partial y}{\partial x} = A \frac{\omega}{u} \sin\left[\omega \left(t - \frac{x}{u} \right) + \varphi_0 \right] \tag{6.3.5}$$

把 $T = \rho S u^2$ 及式(6.3.5)代入式(6.3.4)中，得质元的势能表达式为

$$W_p = \frac{1}{2} \rho \Delta V \omega^2 A^2 \sin^2\left[\omega \left(t - \frac{x}{u} \right) + \varphi_0 \right] \tag{6.3.6}$$

质元的总机械能为

$$W = W_k + W_p = \rho \Delta V \omega^2 A^2 \sin^2\left[\omega \left(t - \frac{x}{u} \right) + \varphi_0 \right] \tag{6.3.7}$$

由式(6.3.3)和式(6.3.6)可以看出，在波动过程中，任一时刻某一体积元的动能和势能具有相同的数值，而且随时间的变化规律也相同，动能最大时势能也最大，动能为零时势能也为零；该体积元的总能量随时间 t 作周期性变化。上述结果与单个简谐振子的情况完全不同。单个简谐振子的势能最大时动能为零，动能最大时势能为零，二者之和为常数，即机械能守恒。在波动的过程中，体积元的动能和势能的变化同相位，介质中每个体积元的机械能并不守恒，下面作简单分析。

如图 6.3.2 所示，一个质量为 dm、长度为 dx 的线元，当波通过时，它做简谐振动。当线元运动到 $y=0$ 的位置（平衡位置）时，速度与动能最大；当线元运动到 $y=y_m$（最大位移）时，动能为零。同时可以看出，当线元通过 $y=0$ 的位置时，形变最大，因而弹性势能达到最大；当线元处于 $y=y_m$ 的位置时，没有形变，因而弹性势能是零。可见，线元在平衡位置时机械能最大，在最大位移处机械能为零，机械能不守恒。这是因为在波的传播过程中，介质的每个质元都同与它相邻的质元不断地进行着能量交换，波传播的过程同时也是能量传播的过程。

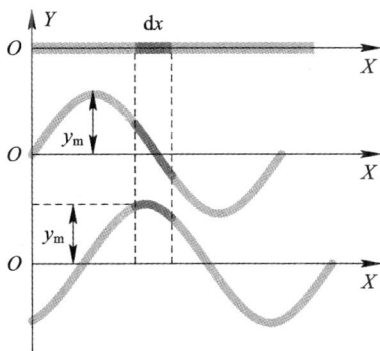

图 6.3.2 线元形变示意图

还应指出，上述针对横波讨论得到的结果，对纵波和其他波同样成立。尽管对其他波，其动能和势能的具体表达式有所差异，但动能与势能相同的结论是普遍成立的。

式（6.3.7）表明，波的能量与所考察体积元的体积有关。为此，我们定义单位体积介质所具有的能量为**能量密度**，用以表示波的能量在介质中的分布情况，常用 w 表示，其表达式为

$$w = \frac{W}{\Delta V} = \rho A^2 \omega^2 \sin^2\left[\omega\left(t - \frac{x}{u}\right) + \varphi_0\right] \tag{6.3.8}$$

能量密度在一个周期内的平均值为**平均能量密度**，通常用 $\overline{w}$ 表示，有

$$\overline{w} = \frac{1}{T}\int_0^T w\mathrm{d}t = \frac{1}{2}\rho\omega^2 A^2 \tag{6.3.9}$$

式（6.3.9）表示，对于各向同性均匀介质中的平面简谐波，波的平均能量密度与时间及位置无关，它与介质的密度、振幅的平方以及频率的平方成正比。

6.3.2　平均能流密度矢量

如图 6.3.3 所示，设 S 为介质中垂直于波传播方向的一截面，在单位时间内，体积为 uS 内的能量将全部流过该截面，该能量称为**能流**。能流为单位时间内通过介质中某截面的能量。由于能流是周期性变化的，通常取其在一个周期内的平均值，称为**平均能流**。由图 6.3.3 可知，平均能流为 $\overline{w}uS$。

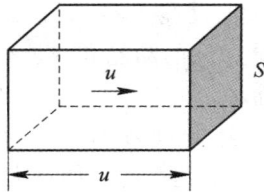

图 6.3.3　能量密度与能流的关系

单位时间内通过与波传播方向垂直的单位面积的平均能量为**平均能流密度**或**波的强度**，用 I 表示。显然有

$$I = \frac{\overline{w}uS}{S} = \overline{w}u \tag{6.3.10}$$

通常把 I 看成矢量，方向沿波的传播方向，即波速方向，因此有

$$\boldsymbol{I} = \overline{w}\boldsymbol{u} = \frac{1}{2}\rho A^2\omega^2\boldsymbol{u} \tag{6.3.11}$$

$\boldsymbol{I}$ 称为**平均能流密度矢量**，它的单位是瓦/米²（W/m²）。当一定频率的波在各向同性介质中传播时，波的强度与振幅成正比。

6.3.3　平面波和球面波的振幅

由式（6.3.11）可以看出，波的能流密度（或波的强度）与振幅有关，因此可以借助式（6.3.11）和能量守恒概念来研究波传播时振幅的变化。

1. 平面波

设有一平面波以波速 u 在均匀介质中传播，如图 6.3.4 所示，S_1 和 S_2 为波面上被同样的波线所限制的两个截面，通过 S_1 平面的波也将通过 S_2 平面。假设介质不吸收波的能量，

根据能量守恒可知,在一个周期内通过 S_1 和 S_2 面的能量相等,即

$$I_1 S_1 T = I_2 S_2 T_2$$

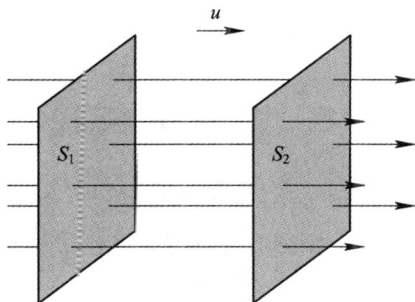

图 6.3.4　平面波

利用式(6.3.11)可得

$$\frac{1}{2}\rho A_1^2 \omega^2 u S_1 T = \frac{1}{2}\rho A_2^2 \omega^2 u S_2 T$$

对于平面波 $S_1 = S_2$,因而有

$$A_1 = A_2$$

这说明平面简谐波在均匀的不吸收能量的介质中传播时振幅保持不变。

2. 球面波

取距离点波源 O 为 r_1 和 r_2 的两个球面 S_1 和 S_2,如图 6.3.5 所示。在介质不吸收波的能量的条件下,根据能量守恒可知,一个周期内通过这两个球面的能量相等,即

$$I_1 S_1 T_1 = I_2 S_2 T_2$$

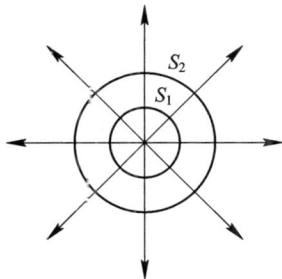

图 6.3.5　球面波

对于球面波 $S = 4\pi r^2$,因此

$$\frac{1}{2}\rho A_1^2 \omega^2 u (4\pi r_1^2) T = \frac{1}{2}\rho A_2^2 \omega^2 u (4\pi r_2^2) T$$

可以得到

$$\frac{A_1}{A_2} = \frac{r_2}{r_1}$$

即

$$A \propto \frac{1}{r}$$

可见,球面波的振幅与球面离点波源的距离成反比。由于球面波在介质中的振动相位随 r

的变化关系与平面波类似，因此球面简谐波的波函数可以写为

$$y = \frac{A_0}{r}\cos\left[\omega\left(t - \frac{x}{u}\right) + \varphi_0\right]$$

式中的常量 A_0 可以根据某一波面上的振幅与相应的球面半径来确定。

6.4　惠更斯原理

　　理论和实验证明，波在各向同性均匀介质中传播时，波面及波前的形状不变，波线也保持为直线。但当波在传播过程中遇到障碍物时，或当波从一种介质传播到另一种介质时，波面的形状和波的传播方向将发生改变。如图 6.4.1 所示，平面形水波通过具有狭缝的障碍物时，在狭缝后面出现球面形的波，原来的波前和波面都发生改变，就好像是以狭缝为新的波源一样。它所发射出去的波叫作**子波**。在对此类现象总结的基础上，荷兰物理学家惠更斯在 1690 年提出了一条原理，被称为**惠更斯原理**，其内容为：**在波的传播过程中，波前上的每一点都可看作是发射子波的点波源，在其后的任一时刻，这些子波的包迹就成为新的波前。**

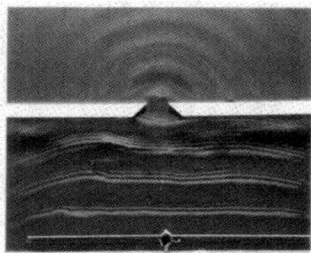

图 6.4.1　水波通过狭缝时的衍射

　　惠更斯原理对于任何波动过程都适用，不论是机械波还是电磁波，也不论传播波动的介质是否均匀，只要知道某一时刻的波前，就可以根据这一原理用几何作图的方法确定下一时刻的波前，因而在很大程度上解决了波的传播方向问题。下面以球面波和平面波为例，介绍惠更斯原理的应用。

　　如图 6.4.2(a)所示，以波速 u 向右传播的平面波，在 t 时刻的波前为平面 S_1，在经过

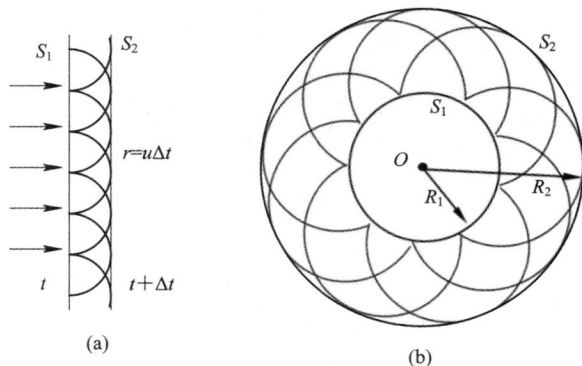

图 6.4.2　用惠更斯原理做新的波前

时间 Δt 后，根据惠更斯原理，S_1 上的各点都可以看作是发射子波的波源，以 S_1 上各点为中心，以 $r = u\Delta t$ 为子波半径画出许多半球面形的子波，这些子波的包迹 S_2 就是 $t + \Delta t$ 时刻的波前。显然，S_2 是与 S_1 互相平行的平面。图 6.4.2(b) 是以 O 为中心的球面波。假设球面波的波速为 u，在 t 时刻的波前是半径为 R_1 的球面 S_1，根据惠更斯原理，S_1 上的各点均为子波源，以 S_1 上各点为中心，以 $r = u\Delta t$ 为半径画出半球面形子波，这些子波的包迹 S_2 就是 $t + \Delta t$ 时刻的波前。显然，S_2 是以 O 为中心、以 $R_2 = R_1 + u\Delta t$ 为半径的球面。

应用惠更斯原理还可以定性解释波的衍射现象。波在传播过程中遇到障碍物时，其传播方向绕过障碍物发生偏折的现象，称为**波的衍射**。图 6.4.1 所示的衍射现象，可用惠更斯原理做出解释，与图 6.4.2 所示的方法类似，当波前到达狭缝时，狭缝处各点成为子波源，做出这些子波的包迹就得出新的波前。可以发现，衍射后的波前与原来的平面形波前不同，在靠近边缘处波前弯曲，即波绕过了障碍物而继续传播。

惠更斯原理不仅能解释波在介质中的传播问题与波的衍射现象，而且还可解释波在两种介质的交界面上发生反射和折射的现象。

应该指出，由于惠更斯原理没有说明子波的强度分布，因而只能解决波的传播方向问题。实际上，经过衍射的波，其各方向的强度并不一样。后来菲涅尔对惠更斯原理作了重要补充，形成了惠更斯－菲涅耳原理，此原理在波动光学中具有重要的应用。

6.5 波 的 干 涉

6.5.1 波的叠加原理

两个或多个波同时通过同一区域的情况是经常发生的，经过对波的叠加情况的观察和研究总结出以下两个规律：

（1）几列波在传播过程中经某一区域相遇后再行分开，各波的传播情况与未相遇时一样，仍保持各自的原有特性（频率、波长、振动方向等）继续沿原来的传播方向前进，即各波互不干扰，这称为**波传播的独立性**。例如，几个人同时讲话或者几种乐器同时演奏时，我们是能够分辨出各个人的声音或不同的乐器声音的。电磁波也具有这种独立性，如天空中同时有许多无线电磁波时，我们可以随意接收到某一电台的广播。

（2）在相遇的区域内，任一处质元的振动为各列波单独存在时所引起振动的合振动，即在任一时刻，该处质元的位移是各列波单独存在时在该处引起位移的矢量和，这一规律称为**波的叠加原理**。

6.5.2 波的干涉

一般情况下，几列波在空间相遇而产生的叠加问题是很复杂的，在这里只讨论一种最简单也是最重要的波叠加情况，即两列频率相同、振动方向相同、相位相同或相位差恒定的波的叠加。满足这三个条件的波称为**相干波**，产生相干波的波源称为**相干波源**。当两列相干

视频 6 - 3

波叠加时，两列波相遇后各点的合振动保持恒定的振幅，某些位置合振动始终加强，某些位置合振动始终减弱，这种现象称为**波的干涉**。干涉现象是波动的又一重要特征，它和衍

射现象都是作为判别某种运动是否具有波动性的主要依据。

　　设两相干波源 S_1 和 S_2，由这两个波源发出的波满足相干条件，即频率相同、振动方向相同、相位差恒定，它们的振动方程分别为

$$y_1 = A_1 \cos(\omega t + \varphi_1)$$
$$y_2 = A_2 \cos(\omega t + \varphi_2)$$

这两列波在距离两波源分别为 r_1 和 r_2 的 P 点相遇，如图 6.5.1 所示，设波传播过程中振幅不变，则两列波在 P 点分别引起的振动为

$$y_1 = A_1 \cos\left(\omega t + \varphi_1 - \frac{2\pi}{\lambda}r_1\right)$$

$$y_2 = A_2 \cos\left(\omega t + \varphi_2 - \frac{2\pi}{\lambda}r_2\right)$$

　　由于这两个分振动的振动方向相同，根据同方向同频率振动的合成法则，P 点的运动仍为简谐振动，振动方程为

$$y = y_1 + y_2 = A\cos(\omega t + \varphi)$$

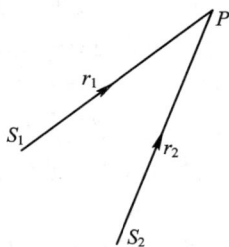

图 6.5.1　波的干涉

式中，A 为合振动的振幅，其大小为

$$A^2 = A_1^2 + A_2^2 + 2A_1 A_2 \cos\Delta\varphi \tag{6.5.1}$$

其中 $\Delta\varphi$ 为 P 点处两分振动的相位差，其大小为

$$\Delta\varphi = \left(\omega t + \varphi_2 - \frac{2\pi}{\lambda}r_2\right) - \left(\omega t + \varphi_1 - \frac{2\pi}{\lambda}r_1\right)$$

$$= (\varphi_2 - \varphi_1) - \frac{2\pi}{\lambda}(r_2 - r_1) \tag{6.5.2}$$

式中，$\varphi_2 - \varphi_1$ 是两相干波源的初相差，$\frac{2\pi}{\lambda}(r_2 - r_1)$ 是由于两波的波程差不同而产生的相位差。两相干波源的初相差($\varphi_2 - \varphi_1$)是一定的，对于空间给定的 P 点，波程差($r_2 - r_1$)也是一定的，因此相位差 $\Delta\varphi$ 恒定。由式(6.5.1)可以看出，对空间不同的点将有不同的恒定振幅值。

　　由式(6.5.2)可以看出，在相位差满足

$$\Delta\varphi = (\varphi_2 - \varphi_1) - \frac{2\pi}{\lambda}(r_2 - r_1) = \pm 2k\pi, \quad k = 0, 1, 2\cdots \tag{6.5.3}$$

的位置，振幅最大，为 $A_{max} = A_1 + A_2$，即相位差为零或 π 的偶数倍的位置，振动始终加强，称为**干涉相长**。

　　同理，在相位差满足

$$\Delta\varphi = (\varphi_2 - \varphi_1) - \frac{2\pi}{\lambda}(r_2 - r_1) = \pm(2k+1)\pi, \quad k = 0, 1, 2\cdots \tag{6.5.4}$$

的位置，振幅最小，为 $A_{min} = |A_1 - A_2|$，即相位差为 π 的奇数倍的位置，振动始终减弱，称为**干涉相消**。

　　如果两波源的初相相同，即 $\varphi_1 = \varphi_2$，则 $\Delta\varphi$ 只决定于波程差 $\delta = r_2 - r_1$，上述条件可简化为

$$\delta = r_2 - r_1 = \pm k\lambda, \quad k = 0, 1, 2\cdots \quad 干涉加强 \tag{6.5.5}$$

$$\delta = r_2 - r_1 = \pm(2k+1)\frac{\lambda}{2}, \quad k = 0, 1, 2\cdots \quad 干涉减弱 \tag{6.5.6}$$

式(6.5.5)和式(6.5.6)表明，两个初相相同的相干波源发出的波在空间叠加时，凡是波程差等于零或者波长整数倍的各点，干涉加强；凡是波程差等于半波长奇数倍的各点，干涉减弱。

干涉现象在光学、声学、近代物理学及许多工程学科上都有着广泛的应用。

例 6.5.1　A、B 为两个相干波源，相互距离为 30 m，振幅相同，A 振动的相位比 B 的落后 π，两列波波速均为 400 m/s，频率均为 100 Hz。求 A、B 连线上因干涉而静止的各点的位置。

解　设考察点为 P 点，P 点和 A 波源的距离为 r_1，和 B 波源的距离为 r_2。根据题意可知，两列波的波长均为 $\lambda = \dfrac{u}{\nu} = 4$ m。

若考察点 P 位于 A 点左侧，如图 6.5.2(a)所示，则两列波在 P 点的波程差为

$$\delta = r_2 - r_1 = 30 \text{ m}$$

由式(6.5.2)可以得出两列波在 P 点的相位差为

$$\Delta\varphi = \pi - \frac{2\pi}{\lambda}\delta = -14\pi$$

同理，若考察点 P 位于 B 点右侧，如图 6.5.2(b)所示，则波程差为

$$\delta = r_2 - r_1 = -30 \text{ m}$$

相位差为

$$\Delta\varphi = \pi - \frac{2\pi}{\lambda}\delta = 16\pi$$

可见 P 处于 A 点左侧或 B 点右侧的任一点都会满足干涉相长的条件，因此 A、B 两侧不会有因干涉而静止的点。

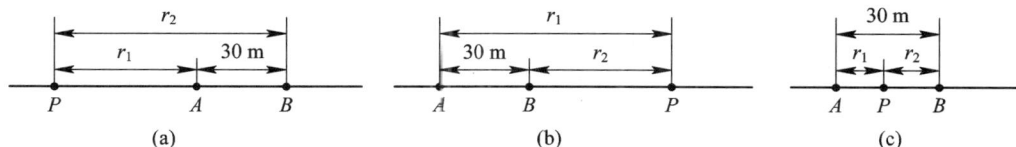

图 6.5.2　例 6.5.1 图

如果 P 点位于 A、B 两波源之间，如图 6.5.2(c)所示，则两列波在 P 点的波程差为

$$\delta = r_2 - r_1 = 30 - 2r_1$$

若要满足干涉相消的条件，则相位差

$$\Delta\varphi = \pi - \frac{2\pi}{\lambda}\delta = -14\pi + \pi r_1 = \pm(2k+1)\pi$$

即

$$r_1 = 14 \pm (2k+1), \quad k = 0, 1, 2, \cdots$$

由于 P 点在 A、B 两波源之间，故 0 m$<r_1<$30 m。所以在 A、B 两波源之间距离 A 波源为 1 m、3 m、5 m、$\cdots$、25 m、27 m、29 m 的点出现因干涉而静止的点。

例 6.5.2　如图 6.5.3 所示，S_1 和 S_2 为同一介质中的两个相干波源，其振幅均为 5 cm，频率均为

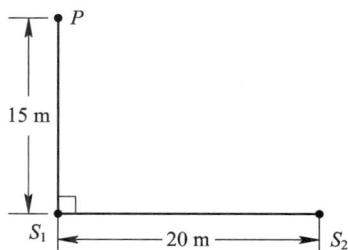

图 6.5.3　例 6.5.2 图

100 Hz，S_1 的振动比 S_2 的振动超前，当 S_1 为波峰时，S_2 恰好为波谷，波速为 10 m/s。设 S_1 和 S_2 的振动均垂直于纸面，试求它们发出的两列波传到 P 点时干涉的结果。

解　由图 6.5.3 可知，$S_1P=15$ m，$S_1S_2=20$ m，则 $S_2P=\sqrt{15^2+20^2}$ m$=25$ m。由题意可知 $\varphi_1-\varphi_2=\pi$，$A_1=A_2=5$ cm，$\nu_1=\nu_2=100$ Hz，$u=10$ m/s，因此波长为

$$\lambda=\frac{u}{\nu_1}=0.10 \text{ m}$$

相位差为

$$\Delta\varphi=\varphi_2-\varphi_1-2\pi\frac{S_2P-S_1P}{\lambda}=-201\pi$$

这样的 $\Delta\varphi$ 值符合式(6.5.4)，所以合振幅 $A=|A_1-A_2|=0$，所以 P 点因干涉相消而不发生振动。

6.6　驻　　波

驻波是一种特殊的干涉现象，它是由振幅相同、频率相同、振动方向相同但在同一直线沿相反方向传播的两列相干波叠加而形成的。

6.6.1　驻波实验

图 6.6.1 是观察驻波的一种实验装置示意图。弦线的 A 端系在音叉上，B 端通过一滑轮系一砝码，使弦线拉紧，现让音叉振动起来，并调节劈尖 B 端至适当位置，当 AB 为某些特殊长度时，可以看到 AB 之间的弦线上有些点始终静止不动，有些点则振动加强，弦线 AB 分段振动，这就是驻波。当音叉振动时，带动弦线 A 端振动，由 A 端振动引起的波沿弦线向右传播，在到达 B 点遇到障碍物(劈尖)后产生反射，反射波沿弦线向左传播。这样，在弦线上向右传播的入射波和向左传播的反射波满足相干条件，发生波的干涉，产生如图 6.6.2 所示的驻波现象。

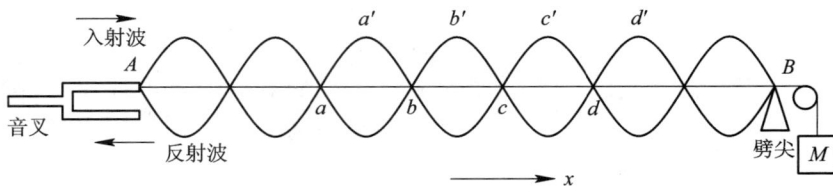

图 6.6.1　驻波实验装置示意图

从实验中可以发现，在弦线上的有些地方始终不动，这些位置称为**波节**，如点 a、b、c、d 等。相邻波节的中点振幅最大，这些位置称为**波腹**，如点 a'、b'、c'、d' 等。由图 6.6.2 可以看出，形成驻波后，波的图样不会向左或向右运动，振幅最大和最小的位置不变。图 6.6.3 画出了驻波的形成过程，其中粗虚线表示向右传播的波，细实线表示向左传播的波，粗线表示合成振动，图中依次给出了几个特殊时刻质元的位移分布。初始时刻 $t=0$ 时，两列波相互重合，相位相同，各质元的合位移最大；经过四分之一周期，即 $t=T/4$ 时，两列波分别在其本身传播方向上向右或向左移动 $\lambda/4$ 的距离，两列波相位相反，各质元的合位

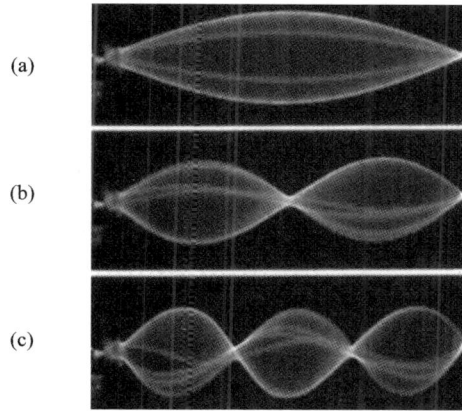

图 6.6.2 驻波图样

移为零；再经过四分之一周期，$t = T/2$ 时，两列波又相互重合，相位相同，各质元的合位移又最大。依次类推，从图上可以看出，由上述两列波叠加而成的波，在 a、b、c、d 各点始终保持静止不动，形成波节，而在 a'、b'、c'、d' 各点的振幅具有最大值，形成波腹，其他各点的振幅在零与最大值之间。

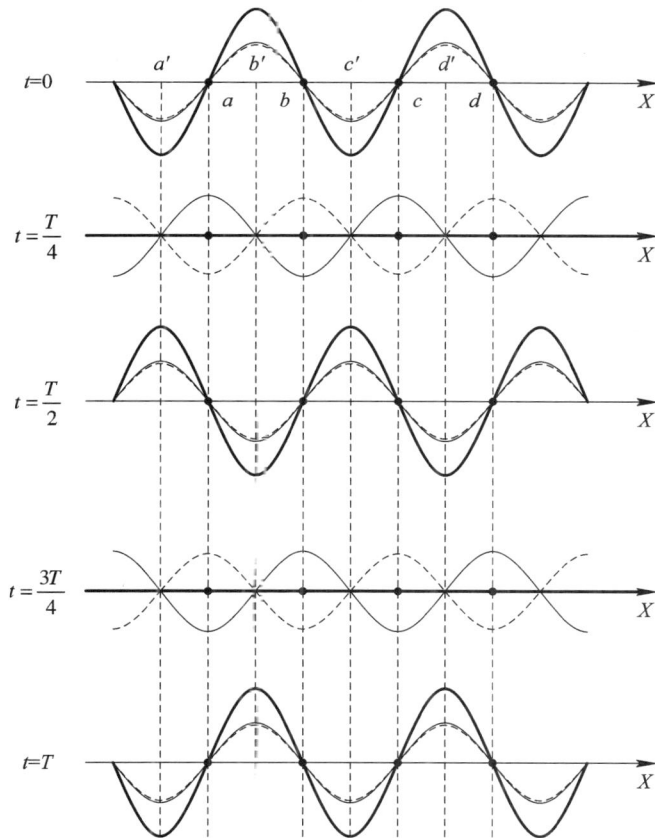

图 6.6.3 驻波的形成过程

6.6.2　驻波方程

驻波的形成可以用波的叠加原理定量研究。设有两列振幅相同、频率相同、振动方向相同但传播方向相反的平面简谐波，如图 6.6.3 所示。如果以 A 表示它们的振幅，以 ν 表示它们的频率，初相均为 0，则它们的波函数可以分别写为

$$y_1 = A\cos 2\pi\left(\nu t - \frac{x}{\lambda}\right)$$

$$y_2 = A\cos 2\pi\left(\nu t + \frac{x}{\lambda}\right)$$

根据波的叠加原理可得，合成驻波的波函数应为

$$y = y_1 + y_2 = A\cos 2\pi\left(\nu t - \frac{x}{\lambda}\right) + A\cos 2\pi\left(\nu t + \frac{x}{\lambda}\right)$$

利用三角函数关系，可简化为

$$y = 2A\cos\frac{2\pi x}{\lambda}\cos 2\pi\nu t \tag{6.6.1}$$

式中，$\cos 2\pi\nu t$ 是时间 t 的余弦函数，说明形成驻波后，各质元都在作同频率的简谐振动；$2A\cos\frac{2\pi x}{\lambda}$ 是坐标 x 的余弦函数，我们可以把它看作是 x 处质元的振幅，由于振幅应该总是正的，所以我们取 $\left|2A\cos\frac{2\pi x}{\lambda}\right|$ 来表示 x 处质元的振幅。

下面对驻波方程作进一步讨论。

1. 振幅特征

由驻波表达式(6.6.1)可知，振幅 $A(x) = \left|2A\cos\frac{2\pi x}{\lambda}\right|$ 是位置 x 的函数，当 x 为满足下式的各点时，振幅始终为零

$$2\pi\frac{x}{\lambda} = (2k+1)\frac{\pi}{2}, \quad k = 0, \pm 1, \pm 2, \cdots$$

即

$$x = (2k+1)\frac{\lambda}{4}, \quad k = 0, \pm 1, \pm 2, \cdots$$

这些点就是驻波的波节。相邻两波节的距离为

$$x_{k+1} - x_k = [2(k+1)+1]\frac{\lambda}{4} - (2k+1)\frac{\lambda}{4} = \frac{\lambda}{2}$$

即相邻两波节间的距离是半波长。

当 x 为满足下式的各点时，振幅最大

$$2\pi\frac{x}{\lambda} = k\pi, \quad k = 0, \pm 1, \pm 2, \cdots$$

即

$$x = k\frac{\lambda}{2}, \quad k = 0, \pm 1, \pm 2, \cdots$$

这些点就是驻波的波腹。相邻两波腹的距离为

$$x_{k+1} - x_k = (k+1)\frac{\lambda}{2} - k\frac{\lambda}{2} = \frac{\lambda}{2}$$

即相邻两波腹的距离也是半波长。

由以上的讨论可知，波节处质元振动的振幅为零，始终处于静止状态；波腹处质元振动的振幅最大，等于 $2A$。其他各处质元振动的振幅则在零与最大值之间，两相邻波节或两相邻波腹之间相距为半波长，波腹和相邻波节间的距离为 $\lambda/4$，即波腹和波节交替作等距离排列，如图 6.6.2 或图 6.6.3 所示。

2. 相位特征

由于振幅因子 $2A\cos\frac{2\pi x}{\lambda}$ 在 x 取不同值时有正有负，如果把相邻两波节之间的各点叫作一段，那么每一段内各点 $\cos\frac{2\pi x}{\lambda}$ 有相同的符号，而相邻的两段符号相反，这表明驻波中同一段中各质元的振动相位相同，而相邻两段中的各质元振动相位相反。因此，同一段上各质元沿相同方向同时到达各自振动位移的最大值，又沿相同方向同时通过平衡位置；而波节两侧各质元同时沿相反方向到达振动位移的正、负最大值，又沿相反方向同时通过平衡位置。可以看出，驻波是分段振动，每一段都作为一个整体同步振动，相邻段振动方向相反。

3. 半波损失

在图 6.6.1 所示的实验中，波是在固定点 B 处反射的，在反射端形成波节。如果波是在自由端反射的，则反射端为波腹。一般情况下，两种介质分界面处形成波节还是波腹与波的种类、两种介质的性质以及入射角有关。理论和实验表明，当波从第一种弹性介质垂直入射到第二种弹性介质时，如果第二种介质的质量密度与波速之积比第一种大，即 $\rho_2 v_2 > \rho_1 v_1$，则分界面出现波节。此时，第一种介质称为**波疏介质**，第二种介质称为**波密介质**。因此，波从波疏介质垂直入射到波密介质时，反射波在介质分界面处形成波节，反之，波从波疏介质反射回到波密介质时，反射波在分界面处形成波腹。

在反射面处如果形成波节，说明入射波与反射波相位相反，即发生 π 相位的突变，该相位对应相距半个波长的两点相位差，所以波从波密介质反射回到波疏介质时，相当于附加（或损失）了半个波长的波程，通常称这种相位突变 π 的现象为**半波损失**。

4. 驻波的能量

驻波是由波强相同的两列波沿相反方向传播叠加而形成的，因此介质中总的波强矢量和为零，即能流密度为零。没有能量的单向传播，波形也不传播。当两波节间各点的振动位移分别达到各自的正、负最大值时，各点处的动能均为零，波节附近因相对形变最大，势能具有最大值，而波腹附近因相对形变最小，势能具有极小值。当两波节间各点从同一方向通过平衡位置时，介质中各处的相对形变为零，势能均为零，波幅附近因振动速度最大而有最大动能，距离波节越近，动能越小。其他各时刻，动能势能同时存在。显然对各质元而言，只是动能和势能相互转换，并没有定向的能量传播。

5. 弦线上形成驻波的条件

由以上的分析可知，对于两端固定的弦线，不是任何频率（或波长）的波都能在弦上形

成驻波的，只有当弦长 l 等于半波长的整数倍时才有可能，即

$$l = n\frac{\lambda}{2}, \quad n = 1, 2, 3, \cdots$$

或

$$\nu = \frac{u}{\lambda} = \frac{nu}{2l}, \quad n = 1, 2, 3, \cdots \qquad (6.6.2)$$

式中，u 为波速。式(6.6.2)称为驻波条件，它在量子力学、声学、激光原理、原子物理等学科中都有着广泛的应用。$n=1$ 时的驻波振动模式称为基模或一次谐波，$n=2$ 时的驻波振动模式称为二次谐波，$n=3$ 时的驻波振动模式称为三次谐波，依次类推。所有可能的振动模式的集合称为谐波系列，n 就称为第 n 次谐波的谐次。图 6.6.2(a)、(b)、(c)分别是弦驻波一次、二次、三次谐波的振动图样。

例 6.6.1 如图 6.6.4 所示，有一向右传播的平面简谐波 $y = A\cos 2\pi\left(\dfrac{t}{T} - \dfrac{x}{\lambda}\right)$，在距坐标原点 O 为 $L = 5\lambda$ 的 P 点被垂直界面反射，设反射处有半波损失，反射波的振幅近似等于入射波的振幅。试求：

(1) 反射波的表达式；

(2) 驻波的表达式；

(3) 从原点 O 到反射点 P 之间各个波节和波腹的坐标。

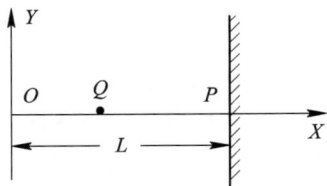

图 6.6.4　例 6.6.1 图

解　(1) 入射波在 P 点的振动方程为

$$y_入 = A\cos 2\pi\left(\frac{t}{T} - \frac{L}{\lambda}\right) = A\cos 2\pi\left(\frac{t}{T} - \frac{5\lambda}{\lambda}\right) = A\cos\left(\frac{2\pi}{T}t\right)$$

由于波在 P 点反射时有半波损失，所以反射波在 P 点的振动方程为

$$y_反 = A\cos\left(\frac{2\pi}{T}t + \pi\right)$$

在反射波行进方向上任取一质元 Q，其坐标为 x，Q 点处质元振动的相位比 P 点处质元振动的相位落后 $\dfrac{2\pi}{\lambda}(L-x) = 10\pi - \dfrac{2\pi}{\lambda}x$。$Q$ 点处质元振动的相位为

$$\frac{2\pi}{T}t + \pi - \left(10\pi - \frac{2\pi}{\lambda}x\right) = 2\pi\frac{t}{T} + \frac{2\pi}{\lambda}x - 9\pi$$

则 Q 点处质元的振动方程为

$$y = A\cos\left[2\pi\left(\frac{t}{T} + \frac{x}{\lambda}\right) - 9\pi\right] = A\cos\left[2\pi\left(\frac{t}{T} + \frac{x}{\lambda}\right) + \pi\right]$$

所以反射波的表达式为

$$y' = A\cos\left[2\pi\left(\frac{t}{T} + \frac{x}{\lambda}\right) + \pi\right]$$

（2）驻波的表达式为

$$y = y + y' = A\cos 2\pi \left(\frac{t}{T} - \frac{x}{\lambda} \right) + A\cos \left[2\pi \left(\frac{t}{T} + \frac{x}{\lambda} \right) + \pi \right]$$

$$= 2A\sin \frac{2\pi x}{\lambda} \sin \frac{2\pi}{T} t$$

（3）形成波节的各点振幅为 0，即 $\left| \sin \frac{2\pi x}{\lambda} \right| = 0$，即

$$\frac{2\pi}{\lambda} x = \pm k\pi, \quad k = 0, 1, 2, \cdots$$

所以

$$x = \pm \frac{k}{2}\lambda, \quad k = 0, 1, 2, \cdots$$

从原点 O 到反射点 P 之间各个波节的坐标为

$$x = 0, \frac{\lambda}{2}, \lambda, \frac{3\lambda}{2}, 2\lambda, \frac{5\lambda}{2}, 3\lambda, \frac{7\lambda}{2}, 4\lambda, \frac{9\lambda}{2}, 5\lambda$$

形成波腹的各点振幅为最大，即 $\left| \sin \frac{2\pi x}{\lambda} \right| = 1$，即

$$\frac{2\pi}{\lambda} x = \pm (2k+1) \frac{\pi}{2}, \quad k = 0, 1, 2, \cdots$$

所以

$$x = \pm (2k+1) \frac{\lambda}{4}, \quad k = 0, 1, 2, \cdots$$

从原点 O 到反射点 P 之间各个波腹的坐标为

$$x = \frac{\lambda}{4}, \frac{3\lambda}{4}, \frac{5\lambda}{4}, \frac{7\lambda}{4}, \frac{9\lambda}{4}, \frac{11\lambda}{4}, \frac{13\lambda}{4}, \frac{15\lambda}{4}, \frac{17\lambda}{4}, \frac{19\lambda}{4}$$

6.7　多普勒效应

6.7.1　多普勒效应

视频 6 - 4

前面的讨论都没有涉及波源与介质有相对运动的情况，在日常生活和科学观测中，经常会遇到波源或观察者相对于介质运动的情况。例如，当火车发出频率一定的鸣笛声疾驰而来时，站台上的观测者听到鸣笛的音调较高，这说明观测者接收到一个较高的声音频率；当火车离去时，听到的鸣笛音调变低，这意味着观测者接收到一个较低的声音频率。这种因为波源与观测者之间有相对运动从而使观测者接收到的波的频率与波源发出的频率不相同的现象称为**多普勒效应**。这一现象最初是由奥地利物理学家多普勒在 1842 年发现的，1845 年荷兰气象学家巴洛特让一队喇叭手站在一辆疾驶而过的敞篷火车上吹奏，他在站台上测到了音调的改变，这是科学史上最有趣的实验之一。多普勒效应不仅适用于声波，而且也适用于电磁波，包括微波、无线电波和可见光。我们在这里以声波为例来进行讨论，并取声波传播的介质（空气）整体作为参考系。

为简单起见，这里只讨论波源、接收器（或观测者）共线运动的情况。声波波源 S 和接

收器 R 都是沿两者的连线运动的，v_S 是波源相对于空气的速率，v_R 是接收器相对于空气的速率，u 为波在介质中的传播速率。波源的振动频率为 ν_S，ν_S 是波源在单位时间内振动的次数，也是波源在单位时间内向外发出的完整波长的个数。接收器接收到的频率为 ν_R，ν_R 是接收器在单位时间内接收到的完整波长的个数。波传播的频率为 ν，根据 $\nu = u/\lambda$ 可知 ν 也是沿波线上长度为 u 的一段介质中所具有的完整波长的个数。这 3 个频率可能相同也可能不同，下面分四种情况来讨论。

（1）波源 S 和接收器 R 均相对于介质静止。

通过前面的学习可知，机械波的周期等于波源的振动周期，这是指波源和观察者相对于介质是静止情况而言的。如图 6.7.1 所示，若波源 S 和接收器 R 均静止，在 Δt 时间内波面向前移动的距离为 $u\Delta t$，此距离对应的波长数为 $u\Delta t/\lambda$。接收器在单位时间内接收到的波长数（即 ν_R）为

$$\nu_R = \frac{u\Delta t/\lambda}{\Delta t} = \frac{u}{\lambda} = \nu_S$$

接收器接收到的频率等于波源的振动频率。可见这种情况下不存在多普勒效应。

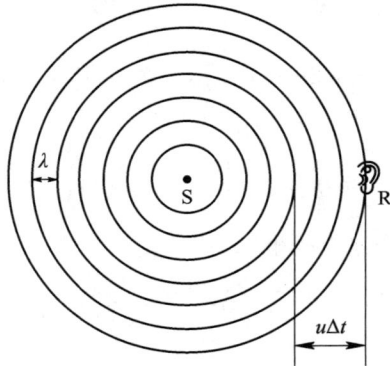

图 6.7.1   波源和接收器均静止时的频率示意图

（2）波源 S 相对于介质不动，接收器 R 以速度 v_R 运动。

如图 6.7.2 所示，若接收器向着静止的波源运动，在时间 Δt 内，波面仍然向前移动了距离 $u\Delta t$。接收器以速度 v_R 向着静止的波源运动，在时间 Δt 内移动的距离为 $v_R\Delta t$。这样

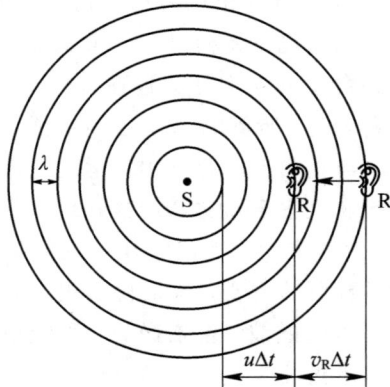

图 6.7.2   接收器运动时的多普勒效应

在时间 Δt 内波面相对于接收器移动的距离为 $u\Delta t + v_R\Delta t$，此距离内的波长数目就是接收器接收的波长数目。所以，单位时间内接收器接收到的完整波长的数目（即 ν_R）为

$$\nu_R = \frac{(u\Delta t + v_R\Delta t)/\lambda}{\Delta t} = \frac{u + v_R}{\lambda} = \frac{u + v_R}{\dfrac{u}{\nu}} = \frac{u + v_R}{u}\nu$$

由于波源在介质中静止，所以波的频率 ν 就等于波源的频率 ν_S，因此有

$$\nu_R = \frac{u + v_R}{u}\nu_S \tag{6.7.1}$$

这表明，当接收器向着静止波源运动时，接收到的频率为波源频率的 $\dfrac{u + v_R}{u}$ 倍。

如果接收器是离开波源运动的，通过类似的分析，可以求得接收器接收到的频率为

$$\nu_R = \frac{u - v_R}{u}\nu_S \tag{6.7.2}$$

即此时接收到的频率低于波源的频率。

（3）波源相对于介质以速率 v_S 运动，接收器静止。

图 6.7.3(a) 为天鹅游过时水波的波纹图，可以看出天鹅运动的前方波长变短，而后方波长变长。图 6.7.3(b) 定量分析了产生这一变化的原因。周期 $T(T = 1/\nu_S)$ 代表波源发射两个相邻波前 A_1 和 A_2 的时间间隔。在 T 时间内，波前 A_1 向前移动了距离 uT 到达 A_1'，波源移动的距离为 $v_S T$。因此在波源 S 运动的方向上，根据波长的定义，在 T 时间内相邻两波面 A_1 和 A_2 之间的距离 $uT - v_S T$ 就是波的波长。所以，接收器接收到的频率应为

$$\nu_R = \frac{u}{\lambda} = \frac{u}{uT - v_S T} = \frac{u}{u/\nu_S - v_S/\nu_S} = \frac{u}{u - v_S}\nu_S \tag{6.7.3}$$

可见接收器接收到的频率大于波源的频率。因为接收器静止，所以此时接收器收到的频率 ν_R 等于波的频率 ν。

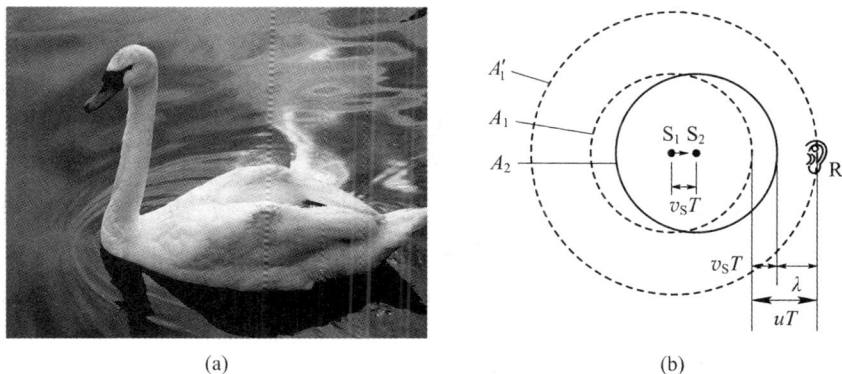

(a)　　　　　　　　　　　(b)

图 6.7.3　波源运动时的多普勒效应

当波源远离接收器运动时，通过类似的分析，可得接收器接收到的频率为

$$\nu_R = \frac{u}{u + v_S}\nu_S \tag{6.7.4}$$

这时接收器接收到的频率小于波源的频率。

（4）波源和接收器相对于介质同时运动。

综合以上分析，可得当波源与接收器相向运动时，接收器接收到的频率为

$$\nu_R = \frac{u + v_R}{u - v_S}\nu_S \qquad (6.7.5)$$

当波源和接收器彼此离开时，接收器接收到的频率为

$$\nu_R = \frac{u - v_R}{u + v_S}\nu_S \qquad (6.7.6)$$

式(6.7.5)和式(6.7.6)不仅适用于接收器与波源同时运动，而且也适用于我们刚讨论的两种特殊情况。例如，对于接收器远离波源运动而波源静止的情况，将 $v_S = 0$ 代入式(6.7.6)就得到式(6.7.2)；对于波源远离接收器运动而接收器静止的情况，将 $v_R = 0$ 代入式(6.7.6)就得到式(6.7.4)。

6.7.2 多普勒效应在工程技术中的应用

声波的多普勒效应也可以用于医学的诊断，也就是我们平常说的彩超。为了检查心脏、血管的运动状态，了解血液的流动速度，可以通过发射超声来实现。超声振荡器通过产生一种高频的等幅超声信号，激励发射换能器探头，产生连续不断的超声波，向人体心血管器官发射，便产生多普勒效应。当超声波束遇到运动的脏器和血管时，反射信号就被换能器所接收，就可以根据反射波与发射波的频率差异求出血流速度，根据反射波的频率是增大还是减小判定血流方向。

在移动通信中，当移动台移向基站时频率变高，远离基站时频率变低，所以我们在移动通信中要充分考虑多普勒效应。日常生活中我们移动的速度较小，不会带来十分大的频率偏移，但由于飞机的速度十分快，所以我们在卫星移动通信中要充分考虑多普勒效应。为了避免这种影响造成我们通信中的问题，我们不得不在技术上加以各种考虑，因此也加大了移动通信的复杂性。

在交通监控中，系统向行进中的车辆发射频率已知的超声波或电磁波，同时测量反射波的频率，根据反射波频率的变化就能知道车辆的速度。装有多普勒测速仪的监视器有时就装在路的上方，在测速的同时把车辆牌号也拍摄下来。

根据多普勒效应制成的气象雷达在天气预警中发挥着重要的作用。气象雷达向空中发射电磁波，电磁波在遇到大气中的水汽凝结物后发生散射，通过测定接收信号与发射信号之间高频频率存在的差异，可以测定散射体相对于雷达的速度，在一定条件下反演出大气风场、气流垂直速度的分布以及湍流情况等，这对研究降水的形成、分析中小尺度天气系统、警戒强对流天气等具有重要意义。

多普勒效应的应用非常广泛，它还被推广应用于微电子工业、航空测试技术、天体运动的研究等方面。

6.7.3 冲击波

当波源向着观察者的运动速率 v_S 超过波速 u 时，根据式(6.7.5)可得接收器接收到的频率小于零，公式失去意义。因为这时在任一时刻波源本身将超过它所发出的波前，在波源的前方不可能有任何波动产生，如图 6.7.4 所示。

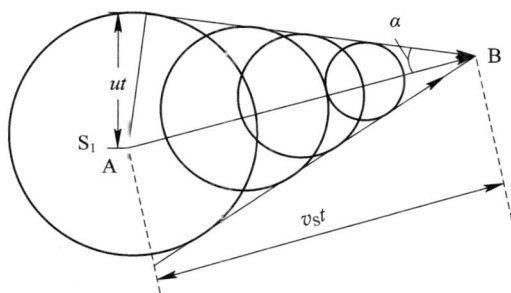

图 6.7.4　马赫锥和冲击波

设在时间 t 内点波源由 A 运动到 B，$AB = v_S t$，而在同一时间内，A 处波源发出的波才传播了 ut，使各处波前的切面形成一个锥面，其顶点角的半宽度为 α，则有

$$\sin\alpha = \frac{u}{v_S}$$

随着时间的推移，各波前不断扩展，锥面也不断扩展，这种由点波源形成的 V 字形波就叫作冲击波，冲击波的包络面呈圆锥状，称为**马赫锥**，$M = u/v_S$ 称为马赫数。

飞机、炮弹等以超音速飞行时就会产生超声波，图 6.7.5 为"超级大黄蜂"战斗机在纽约航空展表演时产生的冲击波。之所以能"看"到这种波，是因为冲击波内的空气压强突然减小，引起空气中的水分子凝结形成了雾。冲击波波前的聚集使得锥面两侧存在着压强、密度、温度的骤然变化，因此冲击波往往产生巨大的破坏力。

图 6.7.5　飞机产生的冲击波

例 6.7.1　两列火车分别以 72 km/h 和 54 km/h 的速度相向而行，第一列火车发出一个 600 Hz 的汽笛声，若声速为 340 m/s，第二列火车上的观测者听见该声音的频率在相遇前和相遇后分别是多少？

解　设鸣笛火车的车速为 $u_S = 72$ km/h $= 20$ m/s，接收鸣笛的火车车速为 $u_R = 54$ km/h $= 15$ m/s，则两者相遇前收到的声音的频率为

$$\nu_1 = \frac{u + u_R}{u - u_S}\nu_0 = \frac{340 + 15}{340 - 20} \times 600 \text{ Hz} = 665 \text{ Hz}$$

两车相遇之后收到的声音的频率为

$$\nu_2 = \frac{u - u_R}{u + u_S}\nu_0 = \frac{340 - 15}{340 + 20} \times 600 \text{ Hz} = 541 \text{ Hz}$$

视频 6 - 5

科学家简介

邓 稼 先

邓稼先（1924—1986年），安徽省怀宁县人。著名核物理学家、中国科学院院士。

邓稼先是中国核武器研制与发展的主要组织者、领导者，被授予"两弹元勋"勋章。在原子弹、氢弹的研究中，邓稼先领导开展了爆轰物理、流体力学、状态方程、中子输运等基础理论研究，完成了原子弹的理论方案，并参与指导了核试验的爆轰模拟试验。原子弹试验成功后，邓稼先又组织力量，探索氢弹的设计原理，选定技术途径，领导并亲自参与了1967年中国第一颗氢弹的研制和实验工作。

邓稼先和周光召合写的《我国第一颗原子弹理论研究总结》，是一部关于核武器理论和设计的开创性巨著，它总结了百位科学家的研究成果，这部著作不仅对以后的理论、设计起到了指导作用，而且还是培养科研人员入门的教科书。邓稼先对高温高压状态方程的研究也做出了重要贡献。为了培养年轻的科研人员，他还写了电动力学、等离子体物理、球面聚心爆轰波理论等许多讲义，即使在担任院长重任以后，他在工作之余还着手编写了《量子场论》和《群论》。

邓稼先是中国知识分子的优秀代表，为了祖国的强盛，为了国防科研事业的发展，他甘当无名英雄，默默无闻地奋斗了数十年。他常常在关键时刻，不顾个人安危，出现在最危险的岗位上，充分体现了他崇高无私的奉献精神。他在中国核武器的研制方面做出了卓越的贡献，却鲜为人知，直到他死后，人们才知道了他的事迹。

延 伸 阅 读

超声悬浮现象

超声悬浮技术是利用高强度的超声波场产生的声辐射压力来实现对物体的悬浮。相比于气动悬浮、电磁悬浮、超导悬浮等，声悬浮能够悬浮任何材质的物体，稳定性好，而且不产生显著的热效应，所以声悬浮是研究液滴动态行为的重要方法，也是实现对液滴操纵的重要途径之一。1886年，德国科学家孔特（Kundt）首次提出了超声悬浮的现象，并用谐振管中的声悬浮浮起了带电灰尘。此后，世界各地的物理学家便尝试着悬浮其他样品，其中最为著名的是1934年加拿大物理学家金King悬浮的刚性小球，并且揭示了超声悬浮是高声强条件下的一种非线性现象。

超声悬浮的实验原理是让竖直方向的悬浮力来克服悬浮物体的重力，并同时产生水平方向的定位力使物体固定在某一位置（或在某些范围内左右振动）。超声悬浮技术所利用的声波的本质是驻波,在驻波的波节处两侧的声压方向相反,合声压为零,物体不受悬浮力的作用。因此,如果物体不受其他外力作用就会停在波节处,但如果重力不可忽略,物体就会停在波节处偏下一点即声压向上的点处,如图 Y6 - 1 所示。水平方向上的定向力由圆柱形谐振腔所激发的声场来提供悬浮。由于驻波有多个声压节点,因此可产生好几个物体同时悬浮的现象。驻波悬浮仪器一般由超声波发射器、换能器、变幅杆、发射端、反射端、石英管及调谐机构组成,如图 Y6 - 2 所示。为了获得比较大的悬浮力,在实验中通常采用频率为 $20\sim50$ kHz 的超声波,而且在这个频率范围内,压电式超声换能器的性能也恰好优越。

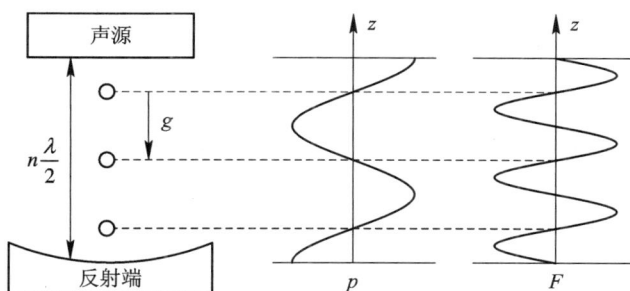

图 Y6 - 1　超声悬浮实验原理

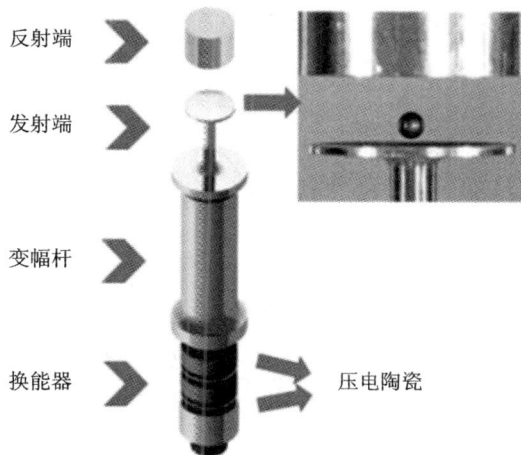

图 Y6 - 2　驻波悬浮仪器

　　超声悬浮实验对物体的尺寸有要求。由于相邻波节处的距离是半波长,因此被悬浮物体在声波传播方向的尺寸不能超过其波长的一半;而如果要稳定悬浮物体,只有波节处上下 1/6 的范围可作为聚集物体的范围,即物体的尺寸不能超过 1/3 的波长。一般来说,声波频率越大,波长越小,所能悬浮物体的尺寸越小。因为超声悬浮力 $F=-\dfrac{5}{6}\pi\rho_0^2\alpha^3\sin\theta$ 与物体直径的三次方成正比,而重力也与物体直径的三次方成正比,因此悬浮能力的大小仅与声场的能量、物体的密度有关。因而悬浮物品的形状不会影响超声悬浮的稳定性,物体的密度越大,悬浮所需的声强也就越大。例如,悬浮一滴水声压级需达到 160 dB,而悬浮起密度较高的金属钨则需达到 172 dB。

近些年，超声悬浮被广泛地应用于蛋白质结晶、液态合金冷凝、液滴动力学、生化分析甚至是胶体液滴的干燥研究，还可以提供地面无容器环境，模拟太空状态。西北工业大学魏炳波院士的课题组，利用超声悬浮技术研究了深过冷合金熔体中枝晶和共晶快速生长的动力学机制，揭示了微重力和深过冷条件对快速凝固过程的耦合作用，探索了深过冷合金熔体的热物理性质变化规律，测量了液体的密度、表面张力等物理性质。

思 考 题

6.1 什么叫波面？波面和波前有何异同？波面和波线之间有什么联系？

6.2 有人在写出沿 OX 轴正方向传播的波的波函数时，认为波从 O 点传播到 P 点，P 点的振动要比 O 点晚 x/u 的时间，因而 O 点在 t 时刻的相位应在 $t+x/u$ 时刻传到 P 点，因此，平面简谐波的波函数应为 $y=A\cos\left[\omega\left(t+\dfrac{x}{u}\right)+\varphi_0\right]$，你认为对吗？为什么？

6.3 平面简谐波的波函数 $y=A\cos\left[\omega\left(t-\dfrac{x}{u}\right)+\varphi_0\right]$ 中，x/u 表示什么？φ_0 表示什么？如写成 $y=A\cos\left(\omega t-\dfrac{\omega}{u}x+\varphi_0\right)$，$\dfrac{\omega}{u}x$ 又表示什么？

6.4 图 T6-1 可以表示某时刻的驻波波形，也可以表示某时刻的行波波形，波长为 λ。就驻波而言，A、B 两点间的相位差是多少？就行波而言又是多少？

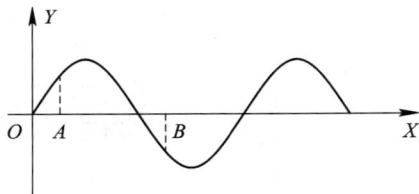

图 T6-1 思考题 6.4 图

6.5 在驻波中，波形没有"跑动"，也没有能量传播，这个现象和波的定义相矛盾，应如何解释？

6.6 什么是多普勒效应？

练 习 题

6.1 已知一波的波动方程为 $y = 5\times10^{-2}\sin(10\pi t - 0.6x)$ m。

（1）求波长、频率、波速及传播方向；

（2）说明 $x = 0$ m 时波动方程的意义，并作图表示。

6.2 一平面简谐波在媒质中以速度为 $u = 0.2$ m/s 沿 OX 轴正向传播，已知波线上 A 点$(x_A = 0.05$ m$)$ 的振动方程为 $y_A = 0.03\cos\left(4\pi t - \dfrac{\pi}{2}\right)$ m。试求：

（1）简谐波的波动方程；

（2）$x = -0.05$ m 处质点 P 的振动方程。

6.3　一个平面简谐波沿 OX 轴负方向传播，波速为 $u=10$ m/s。$x=0$ m 处，质点的振动曲线如图 T6-2 所示，试求该波的波动方程。

6.4　某平面简谐波在 $t=0.25$ s 时的波形如图 T6-3 所示，试求该波的波动方程。

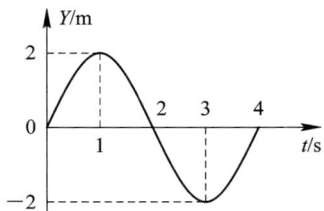

图 T6-2　练习题 6.3 图

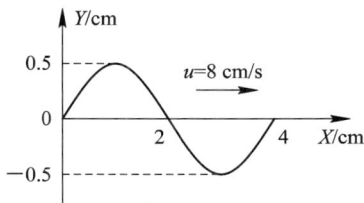

图 T6-3　练习题 6.4 图

6.5　一简谐波，振动周期 $T=0.5$ s，波长 $\lambda=10$ m，振幅 $A=0.1$ m。当 $t=0$ s 时，波源振动的位移恰好为正方向的最大值。若坐标原点和波源重合，且波沿 OX 轴正方向传播，求：

（1）此波的表达式；

（2）$t_1=T/4$ 时刻，$x_1=\lambda/4$ 处质点的位移；

（3）$t_2=T/2$ 时刻，$x_1=\lambda/4$ 处质点的振动速度。

6.6　已知平面波波源的振动表达式为 $y_0=6.0\times10^{-2}\sin\dfrac{\pi}{2}t$ m。求距波源 5 m 处质点的振动方程和该质点与波源的相位差。（设波速为 2 m/s）

6.7　一列机械波沿 OX 轴正向传播，$t=0$ s 时的波形如图 T6-4 所示，已知波速为 10 m/s，波长为 2 m，求：

（1）波动方程；

（2）P 点的振动方程；

（3）P 点回到平衡位置所需的最短时间。

6.8　如图 T6-5 所示，S_1 与 S_2 为两相干波源，相距 1/4 个波长，S_1 比 S_2 的相位超前 $\pi/2$。S_1、S_2 连线上在 S_1 外侧各点的合成波的振幅如何？在 S_2 外侧各点的合成波的振幅如何？

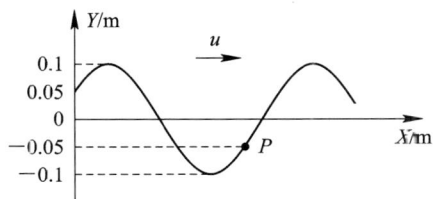

图 T6-4　练习题 6.7 图

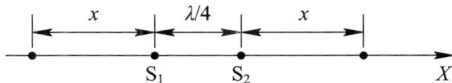

图 T6-5　练习题 6.8 图

6.9　两相干点波源 S_1 和 S_2，振幅均为 A、初相差为 $\varphi_1-\varphi_2=\dfrac{3\pi}{2}$。$S_1$ 和 S_2 在同一无限大均匀介质中的波长均为 λ。若 S_1 和 S_2 的连线上 S_1 外侧各点介质质元振动的振幅均为 $2A$，不考虑波的衰减，试求：

（1）S_1 和 S_2 连线上 S_1 外侧各点的波强与单个波源存在时波强的关系；

（2）用波长 λ 表示 S_1 与 S_2 之间的距离。

6.10　设入射波的表达式为 $y_1 = A\cos 2\pi\left(\dfrac{t}{T} + \dfrac{x}{\lambda}\right)$，在 $x = 0$ 处发生反射，反射点为一自由端，求：

（1）反射波的表达式；

（2）合成驻波的表达式。

6.11　两波在一很长的弦线上传播，设其表达式为 $y_1 = 6.0\cos\dfrac{\pi}{2}(0.02x - 8.0t)$ m、

$y_2 = 6.0\cos\dfrac{\pi}{2}(0.02x + 8.0t)$ m，用 SI 单位制表示，求：

（1）各波的频率、波长、波速；

（2）波节的位置；

（3）在哪些位置上振幅最大。

6.12　设空气中声速为 330 m/s。一列火车以 30 m/s 的速度行驶，机车上汽笛的频率为 600 Hz。一静止的观察者在机车的正前方和机车驶过其身后时听到的频率分别是多少？如果观察者以速度 10 m/s 与这列火车相向运动，在上述两个位置，他听到的声音频率分别是多少？

6.13　一声源的频率为 1080 Hz，相对地面以 30 m/s 的速率向右运动，在其右方有一反射面相对地面以 65 m/s 的速率向左运动，设空气中声速为 330 m/s。求：

（1）声源在空气中发出的声音的波长；

（2）反射回的声音的频率和波长。

提 升 题

一列火车 A 汽笛声的频率是 f_0，当火车鸣着笛通过一个道口时，一位路人 B 离铁轨的距离为 d，B 在道口听到火车的频率是多少？另一列火车 C 与火车 A 相向运动，速度大小相同，两铁轨相距为 d，C 车的司机听到对方火车汽笛声的频率是多少？

提升题参考答案

第二篇　热　　学

　　热学是研究物质热运动规律及其应用的学科。热学理论不仅应用于物理学的各个领域，而且广泛适应用于化学、生物学、气象学、天体物理学等自然科学领域，是具有普遍意义的基础理论。

　　18 — 19 世纪，蒸汽机的广泛应厥有力地推动了热现象及其规律的研究。迈耶（Mayer）、焦耳（Joule）、亥姆霍兹（Helmholtz）等人建立了与热现象有关的能量转化和守恒定律，即热力学第一定律；开尔文（Kelvin）、克劳修斯（Clausius）等人建立了描述能量传递方向的热力学第二定律。这种以观察和实验为基础，运用归纳和分析的方法总结出的热现象宏观理论被称为热力学。另一种研究热现象规律的方法是从物质的微观结构和分子运动论出发，以每个微观粒子遵循力学规律关基础，运用统计方法导出热运动的宏观规律，再由实验确认。用这种方法所建立的理论系统称为统计物理学。19 世纪，克劳修斯（Clausius）、麦克斯韦（Maxwell）、玻耳兹曼（Boltzmann）、吉布斯（Gibbs）等人在经典力学的基础上建立起了经典统计物理。20 世纪初，由于量子力学的建立，狄拉克（Dirac）、爱因斯坦（Einstein）、费米（Fermi）、波色（Bose）等人又创立了量子统计物理。统计物理学和热力学所研究的对象虽然相同，但两者采用的方法不同。统计物理学的理论经热力学的研究得到验证，而对热力学所研究的物质的宏观性质，经统计物理学的分析才能了解其本质，因此两者相互补充，促使我们对物质热运动的规律及其应用更深入地了解和掌握。

　　本篇以最简单的热力学系统——气体为研究对象，阐述气体动理论和热力学的基本概念和基本方法。

第 7 章　气 体 动 理 论

　　气体动理论是 19 世纪中叶建立的以气体热现象为主要研究对象的经典微观统计理论。气体由大量分子组成,分子作无规则的热运动,分子间存在作用力,分子的运动遵循经典的牛顿力学。根据上述微观模型,采用统计的方法来考察大量分子的集体行为,为气体的宏观热学性质和规律(如压强、温度、状态方程、内能、比热以及输运过程等)提供定量的微观解释。气体动理论揭示了气体宏观热学性质和过程的微观本质,给出了宏观量与微观量平均值的关系。它的成功印证了微观模型和统计方法的正确性,使人们对气体分子的集体运动和相互作用有了清晰的物理图像,标志着物理学的研究第一次达到了分子水平。

　　17 世纪到 19 世纪初是气体动理论的萌芽时期。1678 年胡克提出气体压强是大量气体分子与器壁碰撞的结果,1738 年伯努利据此理论推导出了压强公式,解释了玻意耳定律,1744 年罗蒙诺索夫提出了热是分子运动的表现。

　　19 世纪中叶气体动理论有了重大发展,它的奠基者有克劳修斯、麦克斯韦和玻耳兹曼等人。1858 年克劳修斯提出了气体分子平均自由程的概念,并推导出了相关公式。1860 年麦克斯韦指出,气体分子的频繁碰撞并未使它们的速度趋于一致,而是达到稳定的分布,他推导出了平衡态气体分子的速率分布和速度分布。1868 年玻耳兹曼在麦克斯韦速率分布中引进了重力场。随后玻耳兹曼引入非平衡态的统计思想,后来人们将平衡态统计和非平衡态统计相结合,形成了统计力学,气体动理论被纳入统计力学的范畴。

7.1　气体系统热运动的微观特征

　　气体动理论从物质的微观结构出发来研究和阐明热现象的规律。在研究分子热运动规律之前,我们先对分子热运动的微观特征进行初步介绍。

7.1.1　气体系统的微观特征

　　(1) 气体系统是由大量微观粒子(分子或原子)组成的。

　　实验表明,1 mol 的任何物质中所含有的分子或原子数均为 $N_A = 6.022\ 136\ 7(36) \times 10^{23}\ \text{mol}^{-1}$,$N_A$ 称为阿伏加德罗常数。对于一个宏观物体,其内部所包含的微观粒子的数目是很大的。

　　(2) 组成气体系统内部的分子(或原子)在永不停息地运动着,这种运动是无规则的,其剧烈程度与气体的温度有关。

　　由于分子间不断发生相互碰撞,每个分子的运动方向和速率都在不断改变,产生沿各个方向运动的分子,因此每个分子在某一时刻可能受到来自各个方向的碰撞,从而运动轨迹是杂乱无章的。温度越高,分子的无规则运动就越剧烈。正因为分子的无规则运动与物体的温度有关，所以通常就把这种运动叫作**分子的热运动**。

（3）分子(或原子)之间存在相互作用力。

物质内部分子(或原子)之间存在复杂的相互作用力。两分子间的相互作用力 f 与分子之间的距离 r 的关系可近似用如图 7.1.1 所示的曲线表示。从图中可以看出，当分子间距离较近($r<r_0$)时，相互作用力表现为斥力，且随着距离的减小，斥力迅速增大；当分子间距离较远($r>r_0$)时，相互作用力表现为引力，且随着 r 继续增大，引力逐渐减小并逐渐趋近于零。固体中的分子间隙普遍较小，引力较大，而液体中的分子间隙较大，引力较小，所以固体能维持一定的形状，而液体则不能。

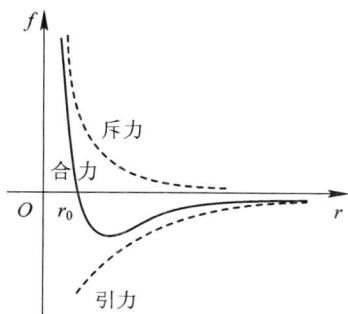

图 7.1.1　分子间的相互作用力

分子的作用力有使分子聚集在一起并在空间形成某种规则分布的趋势；而分子的热运动则有使分子分散从而破坏这种规则排列的趋势。这两种相互对立的作用使得物质分子在不同的温度下表现为不同的聚集态。

对于气体系统而言，气体动理论的微观特征可以总结为：气体系统由大量分子组成，分子作无规则的热运动，分子间存在相互作用力，分子的运动遵循经典的牛顿力学。根据气体分子的上述微观特征，可以采用统计平均的方法来考察大量分子的集体行为，这为研究气体的宏观热学性质和规律提供了方法。

7.1.2　气体分子热运动满足的统计规律

分子热运动的最大特点是无序性。如果追踪某一个分子的运动，我们会发现它运动速度的大小和方向不断变化，很难发现有什么规律性。组成宏观物体的微观粒子数目很大，碰撞很频繁，每一次碰撞，分子速度的大小和方向都发生改变。如果采用经典力学来处理分子的碰撞问题，就必须研究每一个分子的运动情况，即必须求解一个数目庞大的动力学方程组，这是相当困难的。

尽管单个分子的运动是杂乱无章的，但是如果我们对大量分子的运动进行统计，就会发现存在一定的规律，这种规律来自大量偶然事件的集合，故称为**统计规律**。处于平衡态下的气体分子服从以下统计假设：

（1）在忽略重力和其他外力作用的条件下，每一个分子在容器中任意位置出现的概率都是相等的。就大量分子而言，任意时刻分布在任一位置单位体积内的分子数都相等，由此可得分子数密度：

$$n = \frac{\mathrm{d}N}{\mathrm{d}V} = \frac{N}{V}$$

即理想气体处于平衡状态时，大量做无规则热运动的气体分子的密度处处相等。

（2）分子沿各个方向运动的概率都相同。根据这一假设可知，大量分子的速度在各个方向上的分量的各种统计平均值相等。

在直角坐标系 $OXYZ$ 中，沿坐标轴正方向的速度分量为正，沿坐标轴负方向的速度分量为负，分子速度各个分量的算术平均值为

$$\bar{v}_i = \frac{\sum v_i}{N}, \quad i = x, y, z$$

式中，N 为分子总数，求和表示对所有分子速度沿 i 方向的分量求和，则有

$$\bar{v}_x = \bar{v}_y = \bar{v}_z = 0$$

定义分子速率分量平方的平均值为

$$\overline{v_i^2} = \frac{\sum v_i^2}{N}, \quad i = x, y, z$$

则有

$$\overline{v_x^2} = \overline{v_y^2} = \overline{v_z^2}$$

由于对每个分子都有 $v^2 = v_x^2 + v_y^2 + v_z^2$，所以 $\overline{v^2} = \overline{v_x^2} + \overline{v_y^2} + \overline{v_z^2}$，于是有

$$\overline{v_x^2} = \overline{v_y^2} = \overline{v_z^2} = \frac{1}{3}\overline{v^2}$$

7.2 理想气体的压强

理想气体是一种最简单的热力学系统，它在一定范围内表达了真实气体共有的一些性质，因此该模型系统在气体动理论中被广泛研究。我们将根据理想气体的微观模型，用统计的方法推导出理想气体的压强公式，并讨论理想气体压强的统计意义。

7.2.1 理想气体的微观模型

理想气体的微观模型实际上就是在压强不太大和温度不太低的条件下对真实气体理想化、抽象化的结果，其微观模型如下：

（1）气体分子本身的线度比分子之间的平均距离小得多，分子被视为质点。

（2）除了碰撞的瞬间外，分子之间以及分子与容器壁之间的相互作用力忽略不计。

（3）分子之间以及分子与容器壁之间的碰撞都是完全弹性碰撞，即气体分子的动能不因碰撞而损失。

7.2.2 理想气体的压强公式

胡克提出气体压强是大量气体分子与器壁碰撞的结果，下面根据这一物理思想来分析气体压强产生的机制。我们知道，在容器中每个分子都在做无规则运动，分子之间及分子与器壁之间不断地发生碰撞。就某一个分子来说，它每次与器壁碰撞都是断续的，碰撞时给予器壁的冲量大小和碰撞发生的位置都是偶然的。但对大量分子整体来说，每一时刻都有许多分子与器壁相碰，正是这种碰撞表现出一个恒定的、持续的作用力，对器壁产生一个恒

视频 7-1

定的压强。这和雨点打在雨伞上的情形很相似，一个雨点打在雨伞上是断续的，大量密集的雨点打在伞上就使我们感受到一个持续向下的压力。

　　综上所述，容器中气体对容器壁的压强，是大量气体分子对器壁不断碰撞从而对容器壁产生冲力的集体效应。下面利用上述理想气体模型以及统计假设，推导出处于平衡态下的理想气体的压强公式。

　　设有一个任意形状的容器，体积为 V，其中储有分子质量均为 m 并处于平衡状态的一定量的理想气体，气体分子数为 N，单位体积中的分子数 $n = \dfrac{N}{V}$。

　　为了讨论方便，我们把所有分子按速度区间分为若干组，每组分子具有相同的速度，设速度为 v_i 的一组分子数为 ΔN_i，容器内每单位体积内速度为 v_i 的分子数 $\Delta n_i = \dfrac{\Delta N_i}{V}$。由于气体处于平衡态，器壁上各处的压强相等，所以只研究器壁上任意一小块面积所受的压强就够了。

　　取直角坐标系 $OXYZ$，在器壁上取一小块微元面积 $\mathrm{d}A$，使其与 X 轴垂直，如图 7.2.1 所示。首先考虑在 $\mathrm{d}t$ 时间内所有速度为 v_i 的分子中能与微元面积 $\mathrm{d}A$ 相碰撞的个数。以 $\mathrm{d}A$ 为底，v_i 为轴线，$v_{ix}\mathrm{d}t$ 为高，作一个斜柱体，如图 7.2.1 所示，其体积为 $v_{ix}\mathrm{d}t\mathrm{d}A$。在所有速度为 v_i 的分子中，在 $\mathrm{d}t$ 时间内只有处于上述斜柱体中的分子才能与 $\mathrm{d}A$ 相碰撞，能够碰撞的分子数为

$$\Delta n_i v_{ix}\,\mathrm{d}t\,\mathrm{d}A$$

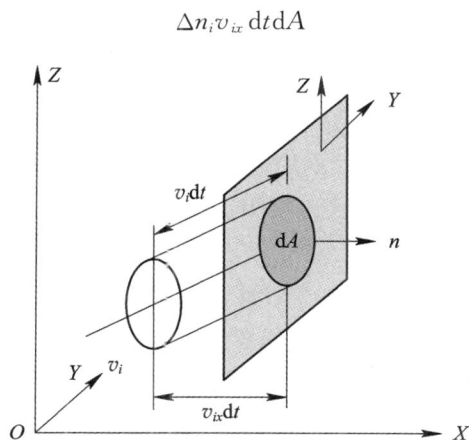

图 7.2.1　理想气体的压强公式推导图

　　由于碰撞是完全弹性的，分子在 X 方向的速度分量由 v_{ix} 变为 $-v_{ix}$，沿 X 方向动量的变化量为 $-mv_{ix} - mv_{ix} = -2mv_{ix}$，在 $\mathrm{d}t$ 时间内在圆柱体内的分子对 $\mathrm{d}A$ 的总冲量为

$$\Delta n_i v_{ix}\,\mathrm{d}t\,\mathrm{d}A(2mv_{ix})$$

考虑到只有 $v_{ix} > 0$ 的气体分子才可能与 $\mathrm{d}A$ 碰撞，而且平衡态下分子热运动沿各个方同运动的机会是均等的，故气体分子 $v_{ix} > 0$ 的数目占总分子数的一半，所以 $\mathrm{d}t$ 时间内对 $\mathrm{d}A$ 的总冲量为

$$\mathrm{d}I = \sum_{v_{ix}>0} 2\Delta n_i m v_{ix}^2\,\mathrm{d}t\,\mathrm{d}A = \frac{1}{2}\sum_i 2\Delta n_i m v_{ix}^2\,\mathrm{d}t\,\mathrm{d}A \tag{7.2.1}$$

因而这些分子施于 $\mathrm{d}A$ 的力为

$$dF = \frac{dI}{dt} = \sum_i \Delta n_i m v_{ix}^2 dA \qquad (7.2.2)$$

气体对容器壁的压强为

$$p = \frac{dF}{dA} = \sum_i \Delta n_i m v_{ix}^2 = m \sum_i \Delta n_i v_{ix}^2 \qquad (7.2.3)$$

根据平均值的定义 $\dfrac{\sum\limits_i \Delta N_i v_{ix}^2}{N} = \dfrac{\sum\limits_i V \Delta n_i v_{ix}^2}{N} = \overline{v_x^2}$，则

$$p = mn \overline{v_x^2} \qquad (7.2.4)$$

由分子沿各个方向运动的机会均相等这一假设，利用 $\overline{v_x^2} = \overline{v_y^2} = \overline{v_z^2} = \dfrac{1}{3}\overline{v^2}$ 可得

$$p = \frac{1}{3} nm \overline{v^2} \qquad (7.2.5)$$

引入分子的平均平动动能 $\overline{\varepsilon_t} = \dfrac{1}{2} m \overline{v^2}$，则

$$p = \frac{2}{3} n \overline{\varepsilon_t} \qquad (7.2.6)$$

式(7.2.6)就是理想气体的压强公式，是气体动理论的基本公式之一。

7.2.3　压强公式的统计意义及微观本质

由理想气体的压强公式(7.2.6)可知，理想气体的压强与单位体积内的分子数 n 和分子的平均平动动能 $\overline{\varepsilon_t}$ 有关，n 和 $\overline{\varepsilon_t}$ 越大，压强 p 就越大。压强是描述气体状态的状态参量，是可以直接测量的宏观量。气体的分子数密度 n 是微观量，是一个统计平均量。气体分子的平均平动动能 $\overline{\varepsilon_t}$ 是微观量 ε_t 的统计平均值，也是一个统计平均量，微观量的统计平均量是不能用实验方法直接测量的。理想气体的压强公式将描述气体性质的宏观量压强 p 与微观量统计平均值 n、$\overline{\varepsilon_t}$ 联系起来了。

从气体动力学理论的观点来看，理想气体的压强公式表明，当 $\overline{\varepsilon_t}$ 一定时，单位体积内的分子数 n 越大，在单位时间内与单位面积器壁碰撞的分子数就越多，器壁所受的压强就越大。当理想气体的分子数密度 n 一定时，$\overline{\varepsilon_t}$ 越大，压强 p 就越大。气体一定时，$\overline{\varepsilon_t}$ 越大，表明分子的方均根速率越大，分子的平均速率将越大，一方面单位时间内分子碰撞器壁的平均次数越多，另一方面分子与器壁碰撞时分子对器壁作用的平均冲力越大。

压强具有统计意义，是大量气体分子微观量的统计平均值，其数值等于单位面积器壁上气体分子的平均作用力，这就是压强的微观本质。

7.3　温度的微观解释

温度是热学中最基本的概念之一，下面将从气体的压强公式推导出温度公式，并阐明温度的微观实质，说明温度的统计意义。

对理想气体，设一个分子的质量为 m，气体的分子数为 N，气体的总质量为 M，气体的摩尔质量为 M_{mol}，则有 $M = Nm$，$M_{mol} = N_A m$。代入理想气体的物态方程 $pV = \dfrac{M}{M_{mol}} RT$，

可得

$$pV = \frac{M}{M_{\text{mol}}}RT = \frac{Nm}{N_{\text{A}}m}RT = \frac{N}{N_{\text{A}}}RT \tag{7.3.1}$$

所以

$$p = \frac{N}{V}\frac{R}{N_{\text{A}}}T \tag{7.3.2}$$

定义 $n = N/V$ 为单位体积内的分子数，即分子数密度，引入玻耳兹曼常量 $k = R/N_{\text{A}} = 1.38 \times 10^{-23}$ J/K，则

$$p = nkT \tag{7.3.3}$$

式(7.3.3)是理想气体状态方程的另一种表示，表明了宏观量 p 与单位体积内的分子数(即分子数密度 n)及宏观量温度 T 的关系。

将气体动理论的压强公式(7.2.5)与理想气体状态方程(7.3.3)相比较可得

$$T = \frac{2}{3k}\bar{\varepsilon}_{\text{t}} \tag{7.3.4}$$

式(7.3.4)可改写为

$$\bar{\varepsilon}_{\text{t}} = \frac{3}{2}kT \tag{7.3.5}$$

这说明理想气体分子的平均平动动能只与温度有关，并与热力学温度成正比，而与气体的其他性质无关。在相同温度下，一切气体分子的平均平动动能都相等。式(7.3.4)是气体分子动理论的一个基本方程，称为气体动理论的温度公式。温度公式的重要物理意义在于它揭示了温度的微观本质：气体的温度标志着气体内部大量分子做无规则热运动的剧烈程度，温度是大量分子平均平动动能的量度。气体的温度越高，平均地讲，气体内部分子的热运动越剧烈，分子的平均平动动能就越大。

温度公式反映了大量分子所组成的系统的宏观量 T 与微观量的统计平均值 $\bar{\varepsilon}_{\text{t}}$ 之间的关系。所以，温度和压强一样，也是大量分子做无规则热运动的集体表现，具有统计平均的意义。对于单个分子或少量分子组成的系统，不能说它们的温度为多高，也就是说，对单个分子或由少量分子组成的系统，温度的概念是没有意义的。

温度不相同的两个系统，通过热接触而达到热平衡的微观实质是分子与分子之间相互碰撞交换能量引起系统之间能量的交换而重新分配能量，宏观上表现为有净能量从温度高的系统传递到温度低的系统，直到两个系统的温度相等。两个系统的分子平均平动动能相等，即温度相等，两个系统就达到了热平衡，而与这两个系统中气体的性质无关，也与这两个系统的分子数无关。

由式(7.3.4)可知，随着温度的降低，气体分子的平均平动动能将减少。当热力学温度 $T = 0$ K 时，$\bar{\varepsilon}_{\text{t}} = 0$，表明理想气体分子的无规则热运动要停息，这与实验事实相矛盾。实际上，分子的热运动是永远不会停息的，即不可能通过任何有限的过程达到绝对零度。在温度还没有达到热力学温度零度以前，气体已经变成液体或固体了，基于经典力学规律的气体动理论模型已经不适用了，而此时量子力学规律起主要作用，温度的统计公式也就不成立了。

根据理想气体分子的平均平动动能的定义 $\bar{\varepsilon}_{\text{t}} = m\overline{v^2}/2$，应用式(7.3.5)，可得到

$$\sqrt{\overline{v^2}} = \sqrt{\frac{3kT}{m}} = \sqrt{\frac{3RT}{M_{mol}}} \qquad (7.3.6)$$

$\sqrt{\overline{v^2}}$ 表示大量气体分子的速率平方平均值的平方根,称为气体分子的**方均根速率**,它表示气体分子微观量的统计平均值。式(7.3.6)表明,气体分子的方均根速率与气体的热力学温度的平方根成正比,而与气体分子质量或摩尔质量的平方根成反比。温度越高,气体分子的质量(或摩尔质量)越小,分子的方均根速率越大。

例 7.3.1　设有 N 种不同的理想气体混合储存在同一容器中,温度相同。证明混合气体的压强等于组成混合气体的各成分的分压强之和。

证明　根据式(7.3.5)可知,温度相同的各种气体分子的平均平动动能相等,即

$$\overline{\varepsilon}_{t1} = \overline{\varepsilon}_{t2} = \cdots = \overline{\varepsilon}_{tN} = \overline{\varepsilon}_t = \frac{3}{2}kT$$

设单位体积含各种气体的分子数分别为 n_1,n_2,$\cdots$,n_N,则单位体积混合气体的分子数 $n = n_1 + n_2 + \cdots + n_N$,于是可得混合气体的压强为

$$p = \frac{2}{3} n \overline{\varepsilon}_t = \frac{2}{3}(n_1 + n_2 + \cdots + n_N) \overline{\varepsilon}_t$$

$$= \frac{2}{3} n_1 \overline{\varepsilon}_{t1} + \frac{2}{3} n_2 \overline{\varepsilon}_{t2} + \cdots + \frac{2}{3} n_N \overline{\varepsilon}_{tN}$$

$$= p_1 + p_2 + \cdots + p_N$$

因此可得**道尔顿分压定律**。其中 $p_1 = \frac{2}{3} n_1 \overline{\varepsilon}_{t1}$,$p_2 = \frac{2}{3} n_2 \overline{\varepsilon}_{t2}$,$\cdots$,$p_N = \frac{2}{3} n_N \overline{\varepsilon}_{tN}$,分别表示各种气体的分压强。

例 7.3.2　一容器内储有氢气,压强为一个大气压,温度为 27℃。求容器中:

(1) 单位体积内的分子数;

(2) 氢气的质量密度;

(3) 氢气分子的方均根速率;

(4) 氢气分子的平均平动动能。

解　(1) 根据式(7.3.3)可得,单位体积内的分子数为

$$n = \frac{p}{kT} = \frac{1.013 \times 10^5}{1.38 \times 10^{-23} \times 300} = 2.45 \times 10^{25}$$

(2) 设氢气的质量为 M,体积为 V,则氢气的质量密度:

$$\rho = \frac{M}{V} \qquad ①$$

而单位体积内的分子数为

$$n = \frac{\frac{M}{M_{mol}} N_A}{V} = \frac{M N_A}{M_{mol} V} \qquad ②$$

联立①②两式可得氢气的质量密度

$$\rho = \frac{M_{mol}}{N_A} n = \frac{2 \times 10^{-3}}{6.02 \times 10^{23}} \times 2.45 \times 10^{25} \ \text{kg/m}^3 = 8.14 \times 10^{-2} \ \text{kg/m}^3$$

(3) 氢分子的方均根速率为

$$\sqrt{\overline{v^2}} = \sqrt{\frac{3RT}{M_{mol}}} = \sqrt{\frac{3 \times 8.31 \times 300}{2 \times 10^{-3}}} \text{ m/s} = 1.93 \times 10^3 \text{ m/s}$$

（4）氢分子的平均平动动能为

$$\overline{\varepsilon}_t = \frac{3kT}{2} = \frac{3}{2} \times 1.38 \times 10^{-23} \times 300 \text{ J} = 6.21 \times 10^{-21} \text{ J}$$

7.4　能量均分定理

在前面的讨论中，我们只研究了理想气体分子的平均平动动能，即将理想气体分子视为质点。当理想气体分子由两个或两个以上原子构成时，它具有一定的大小和内部结构。除了分子整体的平动外，构成分子的原子可能还有振动以及转动。这些运动形式都对应一定的能量，分子热运动的能量就包括这些运动形式的能量。

在研究气体的能量时，我们将理想气体分子分为单原子分子气体、双原子分子气体和多原子分子气体。为了运用统计方法计算分子热运动的平均能量，下面首先介绍自由度的概念。

7.4.1　能量均分定理

自由度是描述物体运动自由程度的物理量，它是指确定一个物体的空间位置所需要的独立变量的个数。

气体系统可以是由单原子、双原子或多原子的气体分子组成的。对于单原子分子组成的理想气体，单原子分子可以看作质点，只需要知道在直角坐标系的三个坐标(x, y, z)就可以确定它在空间的位置，如图 7.4.1 所示，因此单原子气体分子的自由度是 3。

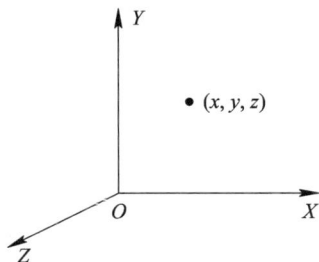

图 7.4.1　单原子分子

我们知道，单原子分子的平均平动动能为

$$\overline{\varepsilon}_t = \frac{1}{2} m \overline{v^2} \tag{7.4.1}$$

单原子分子只具有平动动能，其平均能量的表达式为

$$\overline{\varepsilon} = \overline{\varepsilon}_t = \frac{1}{2} m \overline{v_x^2} + \frac{1}{2} m \overline{v_y^2} + \frac{1}{2} m \overline{v_z^2} \tag{7.4.2}$$

考虑到气体处于平衡态时，分子向各个方向运动的概率都相等，即

$$\overline{v_x^2} = \overline{v_y^2} = \overline{v_z^2} = \frac{1}{3} \overline{v^2} \tag{7.4.3}$$

根据式(7.3.5)，可得

$$\frac{1}{2}m\overline{v_x^2} = \frac{1}{2}m\overline{v_y^2} = \frac{1}{2}m\overline{v_z^2} = \frac{1}{6}m\overline{v^2} = \frac{1}{3}\overline{\varepsilon_t} = \frac{1}{2}kT \qquad (7.4.4)$$

式(7.4.4)表明，每一个平动自由度上都具有相同的平均平动动能，其值为$\frac{1}{2}kT$。这个结论是对平动而言的，玻耳兹曼将这一结论进行了推广。玻耳兹曼假设，处于温度 T 的热平衡态下的理想气体系统中，分子的每一个自由度都具有相同的平均动能，其值为$\frac{1}{2}kT$，这称为**能量按自由度均分定理**。

用 t、r、s 分别表示平动、转动和振动自由度，则分子的平均动能：

$$\overline{\varepsilon} = (t + r + s)\frac{1}{2}kT \qquad (7.4.5)$$

若用 i 表示分子的总自由度，则 $i = t + r + s$，一个分子的平均动能：

$$\overline{\varepsilon} = \frac{i}{2}kT$$

对单原子分子，$t = 3$，$r = 0$，$s = 0$，$\overline{\varepsilon} = \frac{3}{2}kT$。

对于双原子分子组成的理想气体，我们仅仅讨论刚性双原子分子气体，即分子中两个原子之间的距离固定不变。对于刚性双原子分子气体，气体分子可看作是用质量不计的细棒连接在一起的，分子运动可看作质心 C 的平动以及通过质心 C 绕 X、Y 和 Z 方向的转动的叠加。取 X 轴为分子中两个原子连线的方向，如图 7.4.2 所示，要确定细棒在空间的位置，首先应确定质心的位置，需要三个平动自由度($t = 3$)；其次确定细棒的方位，需要三个方位角 α、β、γ。因为 $\cos^2\alpha + \cos^2\beta + \cos^2\gamma = 1$，三个方位角中只有两个是独立的，所以刚性双原子分子具有两个转动自由度($r = 2$)。根据能量按自由度均分定理，刚性双原子分子的平均动能为

$$\overline{\varepsilon} = \frac{1}{2}(t + r)kT \qquad (7.4.6)$$

其中 $t = 3$，$r = 2$，则

$$\overline{\varepsilon} = \frac{5}{2}kT$$

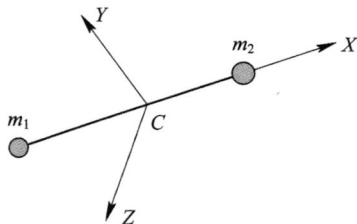

图 7.4.2　刚性双原子分子

对于多原子的刚性分子，如果分子结构是线性结构(如 CO_2)，则按刚性双原子分子对待，$t = 3$，$r = 2$，$s = 0$，$\overline{\varepsilon} = \frac{5}{2}kT$；如果是非线性刚性分子，则需要再加上确定绕轴转动的一个独立坐标，$t = 3$，$r = 3$，$s = 0$，总自由度为 6，分子的平均动能$\overline{\varepsilon} = \frac{6}{2}kT = 3kT$。

能量按自由度均分定理可以从普遍的统计理论导出，它是经典统计物理的一个重要结论。对于气体中的单个分子来说，每个自由度的能量不一定相等。但对大量分子这一集体来说，由于分子间的频繁碰撞，能量在各分子之间以及各自由度之间发生相互交换和转移，因此当气体达到平衡时，能量就被平均分配到每个自由度了。能量按自由度均分定理

不仅适用于气体，对于液体和固体也同样适用。

7.4.2　理想气体的内能

热力学系统中，分子热运动能量的总和称为系统的内能。对理想气体而言，分子之间的相互作用力不计，势能为零，系统的内能是系统内所有分子的动能之和。若在温度为 T 时处于平衡态的理想气体系统的总分子数为 N，则内能可表示为

$$E = N\bar{\varepsilon} = N\frac{i}{2}kT \tag{7.4.7}$$

1 mol 理想气体的内能为

$$E_{mol} = N_A\bar{\varepsilon} = N_A\frac{i}{2}kT = \frac{i}{2}RT \tag{7.4.8}$$

式中，N_A 为阿伏加德罗常数，R 是普适气体常数。

ν mol 理想气体的内能为

$$E = \nu\frac{i}{2}RT \tag{7.4.9}$$

式(7.4.9)表明，平衡态下一定质量的某种理想气体的内能仅取决于系统的温度。

当气体的温度改变 ΔT 时，内能的变化为

$$\Delta E = \frac{M}{M_{mol}}\frac{i}{2}R\Delta T = \nu\frac{i}{2}R\Delta T \tag{7.4.10}$$

例 7.4.1　某刚性双原子理想气体，处于 0℃。试求：

(1) 分子平均平动动能；

(2) 分子平均转动动能；

(3) 分子平均动能；

(4) 分子平均能量；

(5) 0.5 mol 该气体的内能。

解　因理想气体为刚性双原子分子，故其自由度 $i=5$，其中平动自由度为 3，转动自由度为 2，根据能量均分定理有：

(1) 平均平动动能为

$$\bar{\varepsilon}_t = \frac{3}{2}kT = \frac{3}{2}\times 1.38\times 10^{-23}\times 273 \text{ J} = 5.65\times 10^{-21} \text{ J}$$

(2) 平均转动动能为

$$\bar{\varepsilon}_r = \frac{2}{2}kT = \frac{2}{2}\times 1.38\times 10^{-23}\times 273 \text{ J} = 3.77\times 10^{-21} \text{ J}$$

(3) 平均动能为

$$\bar{\varepsilon}_k = \frac{5}{2}kT = \frac{5}{2}\times 1.38\times 10^{-23}\times 273 \text{ J} = 9.42\times 10^{-21} \text{ J}$$

(4) 平均能量为

$$\bar{\varepsilon} = \bar{\varepsilon}_k = 9.42\times 10^{-21} \text{ J}$$

(5) 0.5 mol 该气体的内能为

$$E = \nu\frac{i}{2}RT = \frac{1}{2}\times\frac{5}{2}\times 8.31\times 273 \text{ J} = 2.84\times 10^3 \text{ J}$$

7.5　麦克斯韦速率分布律

　　气体分子处于无规则的热运动之中，由于碰撞，每个分子的速度都在不断地改变，所以在某一时刻，对某个分子来说，其速度的大小和方向完全是偶然的。然而，就大量分子整体而言，在一定条件下分子的速率分布遵守一定的统计规律——气体速率分布律。

　　气体分子按速率分布的统计规律最早是由麦克斯韦于 1859 年在概率论的基础上推导出的，1920 年斯特恩在实验中证实了麦克斯韦分子按速率分布的统计规律。

7.5.1　速率分布函数

　　在一定温度的平衡态下，气体分子数按速率分布的统计规律，称为**速率分布**。设 N 为体系总分子数，dN 为速率取值在区间 $v \sim v + dv$ 中的分子数，于是 dN/N 就是速率分布于区间 $v \sim v + dv$ 内的分子数占体系总分子数的百分比，或者就某单个分子来说，它表示分子速率处在区间 $v \sim v + dv$ 内的概率，用 $f(v)$ 表示，$f(v)$ 称为速率分布函数。这一百分比在不同的速率区间是不同的，即它是速率 v 的函数。在速率区间，当 dv 足够小时，$f(v)$ 还与区间的大小成正比，于是有

$$\frac{dN}{N} = f(v)dv \tag{7.5.1}$$

其中：

$$f(v) = \frac{dN}{Ndv} \tag{7.5.2}$$

式(7.5.2)表示速率 v 附近单位速率区间内的分子数占体系分子总数的比率，称为速率分布函数。速率分布函数的物理意义在于：$f(v)$ 既表示分布在速率 v 附近单位速率区间内的分子数 $\dfrac{dN}{dv}$ 与总分子数 N 的比率（百分比），也表示任意一分子的速率出现在 v 附近单位速率区间内的概率。以速率 v 为横坐标轴、速率分布函数 $f(v)$ 为纵坐标轴画出的一条表示 v 和 $f(v)$ 之间关系的曲线，称为**气体分子的速率分布曲线**，它形象地描绘出了气体分子按速率分布的情况，如图 7.5.1 所示。

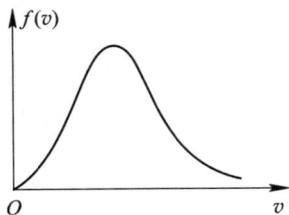

图 7.5.1　速率分布曲线

　　将式(7.5.2)对速率积分，就可得到所有速率区间内的分子数（等于分子总数 N）占分子总数 N 的百分比，它等于 1，即

$$\int_0^N \frac{dN}{N} = \int_0^\infty f(v)dv = 1 \tag{7.5.3}$$

式(7.5.3)叫作**速率分布函数的归一化条件**。式(7.5.3)表示一个分子的速率出现在所有速率区间内的概率为 1。

7.5.2　麦克斯韦速率分布律

1859 年，英国物理学家麦克斯韦运用统计物理的方法从理论上推导出了平衡态下的理想气体分子按速率分布的统计规律为

$$\frac{\mathrm{d}N}{N} = 4\pi \left(\frac{m}{2\pi kT}\right)^{\frac{3}{2}} \mathrm{e}^{-\frac{mv^2}{2kT}} v^2 \mathrm{d}v \qquad (7.5.4)$$

式中，T 为系统的温度；m 为一个分子的质量；k 称为玻耳兹曼常数，它与理想气体普适常量 R 和阿伏伽德罗常数 N_A 的关系为 $k = \dfrac{R}{N_A} = 1.38 \times 10^{-23}$ J/K。比较式(7.5.1)与式(7.5.4)可得

$$f(v) = 4\pi \left(\frac{m}{2\pi kT}\right)^{\frac{3}{2}} \mathrm{e}^{-\frac{mv^2}{2kT}} v^2 \qquad (7.5.5)$$

式(7.5.5)给出的函数 $f(v)$ 称为**麦克斯韦速率分布函数**。可见，$f(v)$ 只与气体的种类及温度 T 有关。

图 7.5.2 是氮气在几种不同温度下的速率分布曲线。曲线从原点出发，随着速率的增大而上升，经过一个极大值后，随速率的增大而下降，并趋于横坐标轴。这表明气体分子的速率可以取大于零的一切可能值，但速率很大和速率很小的分子数占总分子数的比率小，具有中等速率的分子数占总分子数的比率较大。

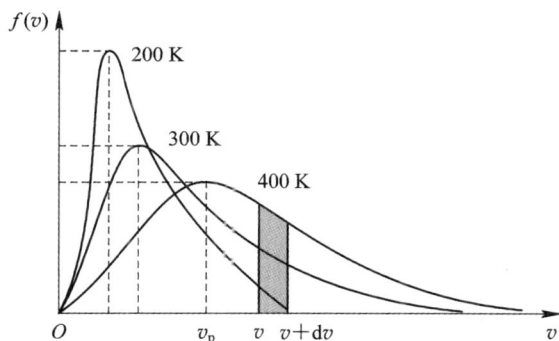

图 7.5.2　氮气速率分布曲线

在速率分布曲线中，任一速率区间 $v \sim v + \mathrm{d}v$ 内曲线下的窄条面积，表示速率分布在这一区间内的分子数 $\mathrm{d}N$ 占总分子数的比率 $\dfrac{\mathrm{d}N}{N}$，也表示一个分子的速率处在速率区间 $v \sim v + \mathrm{d}v$ 内的概率。速率分布曲线下的整个面积，表示 $0 \sim \infty$ 速率区间内所有分子数之和与总分子数的比值，也表示一个分子的速率出现在 $0 \sim \infty$ 速率区间内的概率。这是必然事件，其概率应当等于 1，此即为速率分布函数的归一化条件。

7.5.3　速率分布的三种统计速率

从图 7.5.2 中可以看出，速率分布曲线中 $f(v)$ 的极大值对应的速率 v_p 称为最概然速

率,它的物理意义是:如果将 $0 \sim \infty$ 的整个速率范围分成许多相等的速率区间,每个速率区间为 dv,那么速率处在速率区间 $v_p \sim v_p + dv$ 内的分子数占总分子数的比率最大,也表示一个分子的速率处在速率区间 $v_p \sim v_p + dv$ 内的概率最大。v_p 的表达式可以通过对速率分布函数求极值得到,即

$$\frac{\mathrm{d}f(v)}{\mathrm{d}v} = 0 \tag{7.5.6}$$

将式(7.5.5)代入式(7.5.6),可得

$$v_p = \sqrt{\frac{2kT}{m}} = \sqrt{\frac{2RT}{M_{mol}}} \approx 1.41\sqrt{\frac{RT}{M_{mol}}} \tag{7.5.7}$$

式(7.5.7)表明,v_p 随分子质量 m 的增大而减小,随温度的升高而增大。利用速率分布函数 $f(v)$ 还可求出另外两个常用的统计平均值:平均速率 $\bar{v}$ 和方均根速率 $\sqrt{\overline{v^2}}$。

平均速率 $\bar{v}$ 定义为

$$\bar{v} = \frac{\int v \mathrm{d}N}{N} = \int_0^\infty v f(v) \mathrm{d}v \tag{7.5.8}$$

将式(7.5.5)代入式(7.5.8),可求得平衡态时理想气体分子的平均速率:

$$\bar{v} = \sqrt{\frac{8kT}{\pi m}} = \sqrt{\frac{8RT}{\pi M_{mol}}} \approx 1.60\sqrt{\frac{RT}{M_{mol}}} \tag{7.5.9}$$

同理,可得

$$\overline{v^2} = \frac{\int v^2 \mathrm{d}N}{N} = \int_0^\infty v^2 f(v) \mathrm{d}v \tag{7.5.10}$$

将式(7.5.5)代入式(7.5.10),可求得平衡态时理想气体分子的方均根速率:

$$\sqrt{\overline{v^2}} = \sqrt{\frac{3kT}{m}} = \sqrt{\frac{3RT}{M_{mol}}} \approx 1.73\sqrt{\frac{RT}{M_{mol}}} \tag{7.5.11}$$

可见,这三个速率 v_p、$\bar{v}$ 和 $\sqrt{\overline{v^2}}$ 的值都与 $\sqrt{T}$ 成正比,与 $\sqrt{m}$ 成反比;其大小关系为 $v_p < \bar{v} < \sqrt{\overline{v^2}}$,如图 7.5.3 所示。

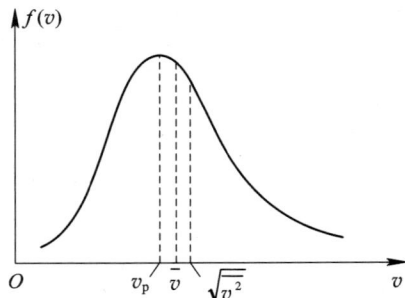

图 7.5.3 三种统计速率

当气体种类一定时,速率分布曲线仅与温度有关。当温度升高时,气体中速率较小的分子数减少,而速率较大的分子数增多,最概然速率 v_p 变大,所以曲线的高峰向速率大的一方移动。速率分布函数满足归一化条件,曲线下的总面积应恒等于1,所以温度升高时

曲线变得较为平坦。从图 7.5.4(a)可见，温度越高，$f(v_p)$ 的值越小，同时，由于曲线下的面积等于 1，因此温度升高时曲线将变得较低而平坦，并向速率大的区域扩展。

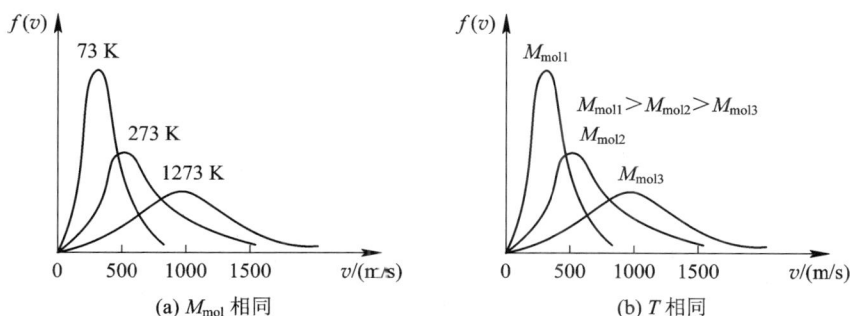

图 7.5.4　气体分子在不同温度、不同分子质量情况的速率分布曲线

当温度一定时，速率分布曲线仅与气体种类有关。对于不同种类的气体，由于最概然速率 v_p 与气体分子质量的平方根 $\sqrt{m}$ 成反比，分子质量较小的气体有着较大的最概然速率 v_p，因此，随着气体分子质量的减小，最概然速率 v_p 变大，曲线的高峰向速率大的一方移动。由于速率分布函数需满足归一化条件，曲线下的总面积应恒等于 1，所以气体分子质量减小时曲线变得平坦。在同一温度 T 下，不同种类气体的速率分布曲线如图 7.5.4 (b)所示。

需要强调的是，上面给出的三个统计速率公式仅仅是在麦克斯韦速率分布理论下计算得出的结果，对于不同的速率分布函数，三个统计速率的计算公式有可能与上面的不同，需要重新推导。

例 7.5.1　有 N 个粒子，其速率分布函数为

$$\begin{cases} f(v) = \dfrac{av}{v_0}, & 0 \leqslant v \leqslant v_0 \\ f(v) = a, & v_0 < v \leqslant 2v_0 \\ f(v) = 0, & v > 2v_0 \end{cases}$$

(1) 作速率分布曲线并求常数 a；
(2) 求速率在区间 $(1.5v_0, 2v_0)$ 内的粒子数；
(3) 求粒子的平均速率 $\overline{v}$。

视频 7 - 2

解　(1) 速率分布曲线如图 7.5.5 所示。

由归一化条件 $\int_0^\infty f(v)\mathrm{d}v = 1$ 得

$$\int_0^{v_0} a\frac{v}{v_0}\mathrm{d}v + \int_{v_0}^{2v_0} a\mathrm{d}v = 1$$

则

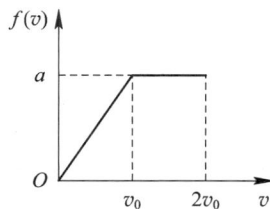

图 7.5.5　例 7.5.1 图

$$a = \frac{2}{3v_0}$$

(2) 速率在区间 $(1.5v_0, 2v_0)$ 内的粒子数为

$$\Delta N = N\int_{1.5v_0}^{2v_0} f(v)\mathrm{d}v = N\int_{1.5v_0}^{2v_0} a\mathrm{d}v = N\int_{1.5v_0}^{2v_0} \frac{2}{3v_0}\mathrm{d}v = \frac{N}{3}$$

（3）粒子平均速率为

$$\bar{v} = \int_0^\infty v f(v) \mathrm{d}v = \int_0^{v_0} v \frac{av}{v_0} \mathrm{d}v + \int_{v_0}^{2v_0} av \mathrm{d}v = \frac{11}{9} v_0$$

7.6 玻耳兹曼分布律

7.6.1 麦克斯韦速度分布律

前面讨论的分子速率分布未考虑分子速度的方向，要找出分子按速度的分布，就是要找出在速度空间中，分布于速度 v 附近小体积元 $\mathrm{d}v_x\mathrm{d}v_y\mathrm{d}v_z$ 内的分子数 $\mathrm{d}N_v$ 占总分子数的百分比，则速度分布函数定义为

$$f(v) = \frac{\mathrm{d}N_v}{N\mathrm{d}v_x\mathrm{d}v_y\mathrm{d}v_z} \tag{7.6.1}$$

式(7.6.1)表示在速度 v 附近单位速度空间体积内的分子数占总分子数的比例，即速度概率密度，又称气体分子的速度分布函数。

1859 年麦克斯韦首先推导出了理想气体的速度分布律为

$$\frac{\mathrm{d}N_v}{N} = \left(\frac{m}{2\pi kT}\right)^{\frac{3}{2}} \mathrm{e}^{-\frac{m}{2kT}(v_x^2+v_y^2+v_z^2)} \mathrm{d}v_x\mathrm{d}v_y\mathrm{d}v_z \tag{7.6.2}$$

则麦克斯韦速度分布函数为

$$f(v) = \left(\frac{m}{2\pi kT}\right)^{\frac{3}{2}} \mathrm{e}^{-\frac{m}{2kT}(v_x^2+v_y^2+v_z^2)} \tag{7.6.3}$$

7.6.2 玻耳兹曼分布律

麦克斯韦分布律是理想气体分子不受外力作用，或者外力场可以忽略不计时，处于热平衡态下的气体分子速度分布律。由于没有外力场的作用，分子按空间位置的分布是均匀的，即在容器中分子数密度 n 处处相同。当有保守外力（如重力场、电场等）作用时，气体分子在各空间位置的分布就不再均匀了，不同位置处的分子数密度不同。

玻耳兹曼将麦克斯韦速度分布律推广到理想气体处在保守力场的情况，他认为：

（1）分子在外场中应以总能量 $E = E_k + E_p$ 取代式(7.6.2)中的 $\frac{mv^2}{2}$；

（2）粒子的分布不仅按速度区间 $v_x \sim v_x + \mathrm{d}v_x$、$v_y \sim v_y + \mathrm{d}v_y$、$v_z \sim v_z + \mathrm{d}v_z$ 分布，还应按位置区间 $x \sim x + \mathrm{d}x$、$y \sim y + \mathrm{d}y$、$z \sim z + \mathrm{d}z$ 分布。

玻耳兹曼作了这两个推广并运用概率理论导出了下述公式

$$\mathrm{d}N' = n_0 \mathrm{e}^{-\frac{E_p}{kT}} \mathrm{d}x\mathrm{d}y\mathrm{d}z \tag{7.6.4}$$

式中，$\mathrm{d}N'$ 为气体分子处在空间小体元 $\mathrm{d}x\mathrm{d}y\mathrm{d}z$ 中的分子数，n_0 为 $E_p = 0$ 处的分子数密度。式(7.6.4)即为玻耳兹曼分布律的常用形式之一。式(7.6.4)还可改写为下列形式

$$n = \frac{\mathrm{d}N'}{\mathrm{d}x\mathrm{d}y\mathrm{d}z}$$

也即

$$n = n_0 e^{-\frac{E_p}{kT}} \tag{7.6.5}$$

式(7.6.5)即分子数密度的玻耳兹曼分布，是分子数密度按势能的分布。在玻耳兹曼的推导过程中，假定任一宏观小体元 $dxdydz$ 内的分子数 $dN' = ndxdydz$ 仍为大量，仍含有各种速度，且体积元中分子遵守麦克斯韦速度分布。设 dN' 个分子中，速率位于 $v_x \sim v_x + dv_x$、$v_y \sim v_y + dv_y$、$v_z \sim v_z + dv_z$ 中的分子数为 dN 个，则由麦克斯韦分布可知：

$$\frac{dN}{dN'} = f(v) dv_x dv_y dv_z$$

$$dN = dN' f(v) dv_x dv_y dv_z$$

$$dN = n_0 e^{-\frac{E_p}{kT}} \left(\frac{m}{2\pi kT}\right)^{\frac{3}{2}} e^{-\frac{m}{2kT}(v_x^2 + v_y^2 + v_z^2)} dv_x dv_y dv_z dxdydz$$

即

$$dN = n_0 \left(\frac{m}{2\pi kT}\right)^{\frac{3}{2}} e^{-\frac{E_k + E_p}{kT}} dv_x dv_y dv_z dxdydz \tag{7.6.6}$$

式(7.6.6)即分子既按速率区间又按位置区间分布的玻耳兹曼分布。玻耳兹曼分布示意图如图 7.6.1 所示。若将式(7.6.6)对速度积分就应得到分子按位置的分布 dN'。令 $E = E_k + E_p$，则有

$$dN = n_0 \left(\frac{m}{2\pi kT}\right)^{\frac{3}{2}} e^{-\frac{E}{kT}} dv_x dv_y dv_z dxdydz \tag{7.6.7}$$

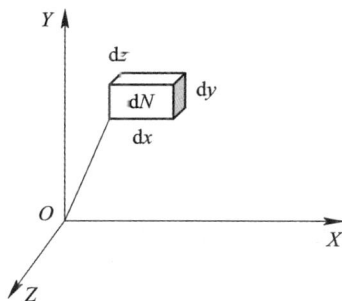

图 7.6.1　玻耳兹曼分布示意图

玻耳兹曼分布是描述理想气体在受到不可忽略的保守外力作用或保守外力场作用时，处于热平衡态下的气体分子按能量的分布规律。在等宽的区间内，若 $E_1 > E_2$，则能量大的粒子数 dN_1 小于能量小的粒子数 dN_2，即 $dN_1 < dN_2$，或者说粒子优先占据能量小的状态，这是玻耳兹曼分布律的一个重要结果。需要指出的是，玻耳兹曼分布律适用于分子、原子、布朗粒子，但不适用于电子、光子组成的系统。

7.6.3　玻耳兹曼分布律在工程技术中的应用

玻耳兹曼分布律是统计力学的一条基本原理，适用于任何物质的微粒在任何保守力场作用下的热平衡态，它不但具有重要的科学意义还具有广泛的工程应用价值。

在核反应、生物化学和地质化学等方面有广泛应用的同位素分离技术，本质上就是利用了玻耳兹曼分布律。将同位素气体分子放入半径为 R 的离心机转筒中，转筒以恒定角速

度 ω 转动，筒内的分子就处在恒定的惯性离心力场中。在热平衡状态下，气体的密度按玻耳兹曼分布 $n = n_0 e^{\frac{m\omega^2 r^2}{2kT}}$。可见，不同质量的分子在相同的半径处其密度不同，这样就可以把它们分离开。目前，核工业中就是采用这种方法分离产生同位素 ^{235}U 的。

利用玻耳兹曼分布律可以寻找制造激光器的激活介质。激活介质是指在一定的外界条件下，它的某两个能级实现了粒子数反转并对特定频率的光基有放大作用的介质。不是任何物质的任意两个能级间都能实现粒子数反转的，因此必须寻找建立某两个能级间粒子数反转的条件。根据热平衡态下不同能级上粒子数分布满足玻耳兹曼分布律而建立起的速率方程，就可以判断满足粒子数反转的条件。

玻耳兹曼分布律虽然是从热力学和统计物理推导而来的，但它被推广应用于流体力学、机器学习和人工智能等领域。玻耳兹曼分布律反映了能量与概率之间的对应关系，此关系被应用于机器学习随机神经网络算法中的采样分布，如玻耳兹曼机、受限玻耳兹曼机和深度玻耳兹曼机。

7.7 气体分子的平均自由程

室温下气体分子热运动的平均速率大约为 $10^2 \sim 10^3$ m/s。根据这个速率来判断，气体中的扩散、热传导等过程似乎都应进行得很快。但实际情况并非如此，气体的混合（扩散过程）就进行得相当缓慢。其原因为在分子由一处移至另一处的过程中，它要不断地与其他分子碰撞，这就使分子沿着迂回的折线前进，如图 7.7.1 所示。因此，气体的扩散、热传导等过程进行的快慢都与分子相互碰撞的频繁程度有关。

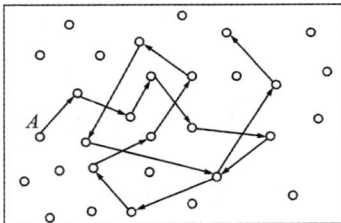

图 7.7.1 分子运动轨迹示意图

气体分子在与其他分子的频繁碰撞中，在连续两次碰撞之间所经过的路程的长短是不同的，经历的时间也不同，我们没有必要也不可能一个一个地求出这些距离和时间，但可以用统计的方法处理这个问题。分子在两次相邻碰撞之间自由通过的路程，称为**自由程**。连续两次碰撞间自由通过路程的平均值称为分子的**平均自由程**，用 $\bar{\lambda}$ 表示。在单位时间内，一个分子与其他分子的平均碰撞次数称为分子的**平均碰撞频率**，用 $\bar{Z}$ 表示。若用 $\bar{v}$ 表示分子的平均速率，那么

$$\bar{\lambda} = \frac{\bar{v}}{\bar{Z}} \tag{7.7.1}$$

下面我们推导平均碰撞频率 $\bar{Z}$ 的表达式。假设气体分子可以看作是具有一定直径 d 的刚体小球，并且其他分子静止不动。跟踪分子 A 以平均相对速率 $\bar{u}$ 运动，在其运动过程中，与 A 相碰的分子中心与 A 的中心之间的距离等于分子的有效直径 d。于是，若以 A 的中心

运动轨迹为轴线,以分子的有效直径 d 为半径,作一个曲折的圆柱体,则中心在圆柱体内的分子都会与 A 相碰,如图 7.7.2 所示。这个柱体的横截面积 $\sigma = \pi d^2$ 称作分子的碰撞截面。

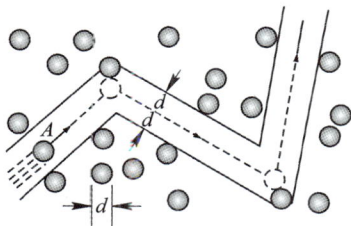

图 7.7.2　分子碰撞过程示意图

在 dt 时间内,分子 A 所走过的路程为 $\bar{u} dt$,相应的圆柱体的体积为 $\sigma \bar{u} dt$,若以 n 表示气体单位体积内的分子数,则体积为 $\sigma \bar{u} dt$ 的圆柱体内的分子数为 $n\sigma \bar{u} dt$,这个数也就是 dt 时间内 A 分子与其他分子碰撞的次数。所以,单位时间内 A 分子与其他分子碰撞的平均次数,即碰撞频率 $\bar{Z}$ 为

$$\bar{Z} = \frac{n\sigma \bar{u} \, dt}{dt} = n\sigma \bar{u} \tag{7.7.2}$$

利用麦克斯韦速度分布律可以证明,气体分子的平均相对速率 $\bar{u}$ 与平均速率 $\bar{v}$ 的关系为

$$\bar{u} = \sqrt{2} \bar{v} \tag{7.7.3}$$

于是平均碰撞频率为

$$\bar{Z} = \sqrt{2} n\sigma \bar{v} = \sqrt{2} \pi d^2 n \bar{v} \tag{7.7.4}$$

式(7.7.4)表明,平均碰撞频率与分子数密度、分子平均速率成正比,还与分子直径的平方成正比。

利用式(7.7.4)与式(7.7.1),可得平均自由程

$$\bar{\lambda} = \frac{1}{\sqrt{2} n\sigma} = \frac{1}{\sqrt{2} \pi d^2 n} \tag{7.7.5}$$

式(7.7.5)表明,平均自由程与分子碰撞截面、分子数密度成反比,与分子平均速率无关。再利用理想气体状态方程 $p = nkT$,$\bar{\lambda}$ 又可表示为

$$\bar{\lambda} = \frac{kT}{\sqrt{2} \sigma p} \tag{7.7.6}$$

需要指出的是,实际分子一般不是球体,且分子之间相互作用很复杂。上述推导过程中,我们把气体分子看作直径为 d 的刚性小球,并且认为碰撞是弹性碰撞,因此,通过式(7.7.4)和式(7.7.5)求出的分子直径只能认为是上述条件下分子的有效直径。

例 7.7.1　已知氮分子的有效直径为 3.8×10^{-10} m。试求在标准状态下,氮气分子的平均自由程、平均碰撞频率、连续两次碰撞间的平均时间间隔 $\bar{\tau}$。

解　标准状态即一个标准大气压,零摄氏度的状态。

平均自由程为

$$\bar{\lambda} = \frac{1}{\sqrt{2} \pi d^2 n} = \frac{kT}{\sqrt{2} \pi d^2 p} = \frac{1.38 \times 10^{-23} \times 273}{\sqrt{2} \pi (3.8 \times 10^{-10})^2 \times 1.013 \times 10^5} \text{ m} = 5.80 \times 10^{-8} \text{ m}$$

平均速率为

$$\bar{v} = \sqrt{\frac{8RT}{\pi M_{mol}}} = \sqrt{\frac{8 \times 8.31 \times 273}{\pi \times 28 \times 10^{-3}}} \text{ m/s} = 4.54 \times 10^2 \text{ m/s}$$

根据 $\bar{\lambda} = \dfrac{\bar{v}}{\bar{Z}}$ 可得

$$\bar{Z} = \frac{\bar{v}}{\bar{\lambda}} = 7.83 \times 10^9 \text{ s}^{-1}$$

连续两次碰撞间的平均时间间隔 $\bar{\tau}$

$$\bar{\tau} = \frac{\bar{\lambda}}{\bar{v}} = \frac{1}{\bar{Z}} = 1.28 \times 10^{-10} \text{ s}$$

例 7.7.2 真空管的线度尺寸为 10^{-2} m，真空度为 1.33×10^{-3} Pa，设空气分子的有效直径为 3×10^{-10} m。现有在 27℃ 真空管中的空气，求：

(1) 分子数密度；

(2) 平均自由程；

(3) 平均碰撞频率。

视频 7-3

解 根据 $p = nkT$ 可得真空管内的分子数密度为

$$n = \frac{p}{kT} = \frac{1.33 \times 10^{-3}}{1.38 \times 10^{-23} \times 300} \text{ 个/m}^3 = 3.21 \times 10^{17} \text{ 个/m}^3$$

分子的平均自由程为

$$\bar{\lambda} = \frac{1}{\sqrt{2}\pi d^2 n} = \frac{1}{\sqrt{2}\pi \times (3 \times 10^{-10})^2 \times 3.2 \times 10^{17}} \text{ m} = 7.82 \text{ m}$$

这个 $\bar{\lambda}$ 比真空管的线度 10^{-2} m 大得多，这意味着空气分子之间实际上不大可能发生相互碰撞，而只能与管壁碰撞。故平均自由程应该就是真空管的线度，即 $\bar{\lambda} = 10^{-2}$ m，而非 $\bar{\lambda} = 7.82$ m。于是，平均碰撞频率为

$$\bar{Z} = \frac{\bar{v}}{\bar{\lambda}} = \frac{1}{\bar{\lambda}} \sqrt{\frac{8RT}{\pi M_{mol}}} = \frac{1}{10^{-2}} \sqrt{\frac{8 \times 8.31 \times 300}{3.14 \times 29 \times 10^{-3}}} \text{ s}^{-1} = 47\ 000 \text{ s}^{-1}$$

例 7.7.3 求氢在标准状态下，在一秒钟内分子的平均碰撞次数。已知氢分子的有效直径为 2×10^{-10} m。

解 气体分子平均速率：

$$\bar{v} = \sqrt{\frac{8RT}{\pi M_{mol}}}$$

理想气体的压强：

$$p = nkT$$

平均自由程：

$$\bar{\lambda} = \frac{1}{\sqrt{2}\pi d^2 n}$$

分子的平均碰撞次数：

$$\bar{Z} = \frac{\bar{v}}{\bar{\lambda}}$$

由以上四式可得

$$\overline{Z} = 4\sqrt{\frac{R\pi}{M_{mol}T}}\frac{d^2 p}{k}$$

代入数据，可得

$$\overline{Z} = 8.12 \times 10^9 \text{ s}^{-1}$$

即在标准状态下，一秒钟内一个氢分子的平均碰撞次数约有 80 亿次。

科学家简介

玻耳兹曼

玻耳兹曼（Ludwig Edward Boltzmann，1844—1906 年），奥地利物理学家，热学和统计物理学的奠基人之一。

他发展了麦克斯韦分子运动学说，将麦克斯韦速率分布律推广到了多原子分子和有外力场作用的场合。在研究非平衡态输运过程的规律时，引进了由非平衡态分子分布函数定义的一个函数 H，并得到了著名的 H 定理。H 定理可以给出在从非平衡态趋向平衡态的过程中熵的增加率，第一次用统计物理的微观理论证明了宏观过程的不可逆性或方向性。

他提出了熵与宏观态所对应的微观态数目即热力学概率 W 的关系，此关系被表述为

$$S = k\ln W$$

这就是著名的玻耳兹曼熵公式。他在空腔热辐射的研究中，用热力学第二定律直接从理论上证明了斯忒藩的实验公式 $M(T) = \sigma T^4$，后来这个关系就被称为斯忒藩-玻耳兹曼定律，对后来普朗克的黑体辐射理论有很大的启示。

他还是一位优秀的教师，对学生极为严格而从不以权威自居，经常与学生平等地讨论问题。他认为科学进展的最大祸害就是故步自封、自我孤立，科学只有在充分的讨论中方会有进步。1906 年 9 月 5 日，由于疾病等苦恼，玻耳兹曼在意大利休假时自杀而卒。逝世后，人们在他的墓碑上醒目地刻着 $S = k\ln W$。

延伸阅读

物理学发展史上的悖论——四大"神兽"

悖论是指同一个命题能推导出两个对立矛盾的结论。悖论分为两种，一种叫真悖论，这种悖论是无法解决的，比如究竟是先有鸡还是先有蛋；另一种悖论叫认知悖论，这种悖论乍听上去十分离谱，或者极度违背直觉，但事实上却只是漏掉了一些微妙的因素，只要将这些因素考虑进来，就可以破除悖论。在物理学发展中，科学家用思想实验创造了四只

动物，代表了四个最著名的悖论，他们分别是芝诺龟、拉普拉斯兽、麦克斯韦妖和薛定谔的猫，有人将它们合称为物理学四大"神兽"。它们分别对应着微积分、经典力学、热力学、量子力学四大板块，见证了物理学从古至今的发展。

第一个悖论，芝诺的乌龟悖论也叫阿基里斯悖论。这个悖论是由2500年前希腊哲学家芝诺提出来的，说的是古希腊神话中善于奔跑的英雄阿基里斯与乌龟赛跑，乌龟被允许先跑100米，阿基里斯在后面追，然而当阿基里斯追到100米时，乌龟已经又往前爬了10米；阿基里斯再追10米，乌龟又爬了1米；阿基里斯再追1米，乌龟又爬了0.1米。就这样，乌龟一直领先，他总能在自己和阿基里斯中间制造出一个距离。在古希腊时代，数学还没有形成无穷大的概念，而这个悖论的症结就在于，无穷多的数字相加之后，总和却不见得是无穷大的。两千年后，数学巨匠莱布尼茨与科学巨匠牛顿建立了"微积分"理论，用微积分中的"极限"解决了时空连续性，让阿基里斯追上了芝诺之龟。

第二个悖论是1814年拉普拉斯根据牛顿经典力学理论创造的拉普拉斯兽。拉普拉斯和牛顿一样是决定论的支持者，他提出这世间存在一种神兽，只要它愿意动动手指和眼睛，记录下某一刻它能知道的宇宙中每个原子确切的位置和动量，就能用牛顿的简洁公式瞬间算出宇宙的过去与未来。拉普拉斯的基本理论：了解了物质前一刻的运动状态，就可以推出下一刻的运动状态；把整个宇宙的每一个粒子的运动状态确定以后，就可以推出下一刻的运动状态。而当今的量子力学彻底否定了人类预测未来的可能性，这只无所不能的拉普拉斯兽才最终退出了物理学舞台。因为量子具有测不准效应，他只能用概率描述而不能精确测量，这是大自然在微观世界的法则，我们永远无法预知哪一种未来会得以实现。

1871年热力学催生出了第三个悖论——麦克斯韦妖。麦克斯韦被认为是牛顿之后、爱因斯坦之前最伟大的理论物理学家。麦克斯韦提出了这样一个思想实验，有一个充满气体的盒子，里面装着一个无摩擦的光滑阀门，关上阀门可以把容器一分为二，盒子里有一只妖，它可以操纵这个阀门，让冷热原子分开，这样盒子会保持一边冷一边热，盒子中的熵逆向运转，而且由于阀门光滑无摩擦，也不耗费任何能量。20世纪50年代，信息熵的概念被提出来，证明了麦克斯韦妖若要实现热力学上的熵减，势必需要获取分子运动的信息，不耗损能量而获得信息是不可能的，因此，在孤立系统中麦克斯韦妖不可能存在。

第四个悖论是1935年由量子力学的奠基人之一薛定谔构想出来的薛定谔的猫。量子力学有一个诡异的原理叫作状态叠加，他是说一个微观粒子可以有无数种状态同时存在。现在将一只猫和一个放射性原子装在一个密闭盒子里，一旦原子衰变，释放出的粒子就会触发开关，释放毒药毒死小猫。根据状态叠加效应，原子可能同时处于已衰变和未衰变两种状态，那么猫将既是死的又是活的。更加离奇的是，只要没人打开盒子看，这种叠加状态就能够一直存在；一旦有人打开盒子观察，猫就会立刻选择其中的一种状态出现在我们眼前，要么生，要么死，好像决定猫生死的就是我们打开盒子看的那一眼。解决这个悖论的关键在于要解释状态叠加为何在猫身上会失灵，观测这个动作本身干扰着叠加状态，当一个原子被人观测时，就一定会有光子或其他粒子与这个原子发生碰撞，这就干扰和破坏了叠加状态，造成叠加状态的坍塌。早在人们打开盒子之前，猫就不知道与环境发生了多少次粒子碰撞了，叠加状态早已坍塌，因此，我们永远都不可能捕捉到一只又死又活的猫。

如今，物理学界的四大神兽都已经完成了各自的使命。然而物理学却并未停止脚步，也不会停止脚步。如今的前沿物理依旧在马不停蹄地前进，物理学家们依旧在不辞辛劳地探索着宇宙的未知。新的理论也会在探索的过程中慢慢地形成，未来也许还会出现类似四大神兽一样的物理学新概念。

思　考　题

7.1　在推导理想气体压强公式的过程中，什么地方用到了理想气体的微观模型？什么地方用到了平衡态的条件？什么地方用到了统计平均的概念？

7.2　速率分布函数 $f(v)$ 的物理意义是什么？试说明下列各量的物理意义（n 为分子数密度，N 为系统分子总数）。

(1) $f(v)\mathrm{d}v$；　　　　　　　　(2) $nf(v)\mathrm{d}v$；

(3) $Nf(v)\mathrm{d}v$；　　　　　　　　(4) $\displaystyle\int_0^v f(v)\mathrm{d}v$；

(5) $\displaystyle\int_0^\infty f(v)\mathrm{d}v$；　　　　　　(6) $\displaystyle\int_{v_1}^{v_2} Nf(v)\mathrm{d}v$。

7.3　如果盛有气体的容器相对某坐标系运动，容器内的分子速度相对这个坐标系也增大了，那么温度也会因此而升高吗？

7.4　试说明下列各量的物理意义。

(1) $\dfrac{1}{2}kT$；　　　　(2) $\dfrac{3}{2}kT$；　　　　(3) $\dfrac{i}{2}kT$；

(4) $\dfrac{M}{M_{\mathrm{mol}}}\dfrac{i}{2}RT$；　　(5) $\dfrac{i}{2}RT$；　　　(6) $\dfrac{3}{2}RT$。

7.5　一定质量的理想气体，在等压膨胀时分子的 $\overline{Z}$ 和 $\overline{\lambda}$ 与温度的关系如何？在体积不变而温度升高时，$\overline{Z}$ 和 $\overline{\lambda}$ 将怎样变化？

练　习　题

7.1　已知温度为 27℃ 的气体作用于器壁上的压强为 10^5 Pa，求此气体内单位体积的分子数。

7.2　设有 N 个粒子的系统，其速率分布如图 T7-1 所示。求：

(1) 分布函数 $f(v)$ 的表达式；

(2) a 与 v_0 之间的关系；

(3) 速度在 $0.5v_0$ 到 $2.0v_0$ 之间的粒子数；

(4) 粒子的平均速率；

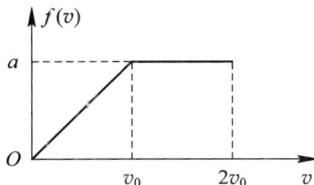

图 T7-1　练习题 7.2 图

(5) $0.5v_0$ 到 v_0 区间内粒子的平均速率。

7.3 一瓶氧气，一瓶氢气，等压、等温，氧气体积是氢气的 2 倍，求：

(1) 氧气和氢气分子数密度之比；

(2) 氧分子和氢分子的平均速率之比。

7.4 一个能量为 1.6×10^{-7} J 的宇宙射线粒子射入氖管中，氖管中含有氖气 0.01 mol，如射线粒子的能量全部转变成氖气的内能，那么氖气温度升高多少？

7.5 体积为 $V = 1.20 \times 10^{-2}$ m^3 的容器内储有氧气，其压强为 8.31×10^5 Pa，温度为 300 K，求：

(1) 单位体积中的分子数 n；

(2) 分子的平均平动动能；

(3) 气体的内能。

7.6 1 mol 氢气在温度为 27℃时，它的平动动能、转动动能和内能各是多少？

7.7 氮分子的有效直径为 3.8×10^{-10} m，求它在标准状态下的平均自由程和连续碰撞的平均时间间隔。

7.8 一真空管的真空度约为 1.38×10^{-3} Pa(即 1.0×10^{-5} mmHg)，试求在 27℃时单位体积中的分子数及分子的平均自由程(设分子的有效直径 $d = 3 \times 10^{-10}$ m)。

提 升 题

7.1 密勒和库什做过一个实验，比较精确地验证了麦克斯韦的速率分布律。如图 T7-2 所示，O 是蒸气源，铊或钾原子通过小孔逸出形成射线；R 是一个用铝合金制成的圆柱体，D 是检测器。整个仪器放在高真空的容器中，圆柱体可绕中轴转动。圆柱长 $L = 20.40$ cm，半径 $r = 10.0$ cm，上面刻有许多宽度 $l = 0.0424$ cm 的螺旋形细槽，槽的入口和出口的半径之间的夹角为 $\varphi = 4.8°$。原子射线通过细槽后，可由检测器测定原子射线的强度。

(1) 试说明检测原理；

(2) 在理论曲线附近采集实验数据，模拟实验结果。

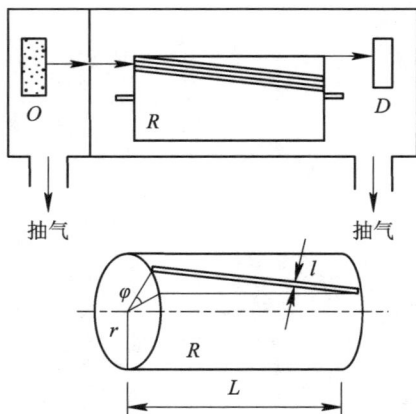

图 T7-2 提升题 7.1 图   提升题 7.1 参考答案

7.2 （1）求证：在重力场中分子数密度按高度分布的规律为

$$n = n_0 \exp\left(-\frac{mgz}{kT}\right)$$

其中，z 是高度。氢气、氖气、氮气、氧气和氟气的分子量分别为 2、20、28、32 和 38，氢气、氖气、氮气、氧气和氟气在 300 K 时分子数密度按高度分布的曲线有什么特点？氧气在温度分别为 100 K 到 400 K（间隔为 50 K）时分子数密度按高度分布的曲线有什么特点？

提升题 7.2 参考答案

（2）用点表示分子，通过点的密集程度表示分子按高度分布的规律。

第 8 章   热 力 学 基 础

人类很早就对热现象有所认识,有所应用,但将热力学作为一门科学并进行定量研究是 17 世纪末才开始的。热力学发展史基本上就是热力学与统计力学的发展史,大约可分成四个阶段。第一个阶段:17 世纪末到 19 世纪中叶,此时期累积了大量的实验与观察结果,并制造出了蒸汽机,对于热的本质展开了研究与争论,但是热力学的研究这时还停留在热力学现象的描述上,并未引进任何的数学描述。第二个阶段:19 世纪中叶到 19 世纪 70 年代末,此时期建立了热力学第一定律,第一定律和卡诺理论相结合产生了热力学第二定律,此阶段热力学的第一定律和第二定律已完全理论化,热力学的基础理论框架已初步形成。同时,以牛顿力学为基础的气体动理论也开始发展,但这个时期人们并不了解热力学与气体动理论之间的关系。第三个阶段:19 世纪 70 年代末到 20 世纪初,这个时期内玻耳兹曼首先将热力学与分子动力学的理论结合,提出了系综理论,诞生了统计热力学。同时,他也提出了非平衡态统计理论的思想。第四个阶段:20 世纪 30 年代至今,主要是非平衡态理论的更进一步发展并与量子理论进行结合,形成了近现代热物理学丰富而庞大的理论体系,它的思想和研究方法已经渗透到不同的科学领域。

热力学基础主要是研究热现象的宏观理论所涉及的一些最基本的概念和定律。本章是从能量守恒和转换的角度来研究热力学系统在状态变化过程中满足的性质和遵循的规律,内容包括热力学第一定律和热力学第二定律,并且从这些定律出发研究热力学过程具有的特征;其次,根据热力学第二定律,讨论热与功转换的条件和热力学过程进行的方向性,以此为基础引入卡诺定理并讨论热力学系统的熵变。

8.1   热力学的基本概念

8.1.1   平衡态和状态参量

研究热力学问题时,通常将研究的宏观物体称为热力学系统,与热力学系统发生相互作用的其他物体,称为**外界(或环境)**。根据能量与质量传递的情况,将系统分为开放系统、孤立系统和封闭系统。与外界既有能量交换又有物质交换的热力学系统称为**开放系统**;与外界没有任何相互作用的热力学系统称为**孤立系统**;与外界有能量交换,但没有物质交换的热力学系统称为**封闭系统**。

平衡态是指热力学系统内部的各种宏观性质不随时间发生变化的状态。对于一个孤立系统而言,经过足够长的时间后,系统必将达到宏观性质不随时间变化的状态,此时就可看作一个平衡态,它是热力学系统的一种特殊状态。在平衡态下,组成系统的微观粒子仍处在不停的无规则运动之中,只是它们的统计平均效果不变而已,因此,通常我们也把这种动态的热力学平衡称为热动平衡。

为了描述一个热力学系统的平衡态，我们需要引入若干状态参量。任何物体都是由大量的微观粒子（分子、原子）组成的，通常把描述这些微观粒子特征的物理量（如质量、速度、能量等）称为微观量，而把描述宏观物体特征的物理量（如压强、温度、体积、内能等）称为宏观量。宏观量都是可以由实验观测的物理量。

物体的温度是描述物体热现象的重要状态参量之一，它表示物体的冷热程度，温度的数值表示法叫作**温标**。在热力学中采用一种不依赖于任何物质特性的热力学温标，这种温标叫作**绝对温标**，由该温标确定的温度称为热力学温度或绝对温度，用 T 表示。1960 年以来，国际上规定，热力学温度是基本的物理量，在国际单位制中其单位是开（K），通常称于尔文温度或开氏温度。

人们在生活和技术中常用摄氏温标，用 t 表示（单位是度，记为℃），摄氏温度与热力学温度之间的关系为

$$t = T - 273.15 \tag{8.1.1}$$

在热力学中我们研究的对象是气体系统，气体系统只有在平衡态下的宏观性质才可以用一组确定的状态参量来描写。对于一定量的气体系统，一般可用气体所占的体积（V）、压强（p）、温度（T）三个量来表征气体的平衡态，这三个参量称为气体的状态参量。对于气体系统的三个状态参量，如果它们之间满足一定的函数关系，那么该函数关系称为气体系统的状态方程。

8.1.2　理想气体的状态方程

对于任意的气体系统，其状态方程是很复杂的，这里我们仅仅讨论理想气体的状态方程。一般的气体系统，在温度不太低、压强不太大时都可以近似认为是理想气体。在大量实验的基础上，对于一定量的理想气体总结出了三个定律，即玻意耳定律、盖吕萨克定律和查理定律，这三个定律可以用一个状态方程来概括，函数表达式如下：

$$\frac{pV}{T} = C \tag{8.1.2}$$

式中，C 是一个常数。

克拉伯龙研究了在平衡态下，对于质量为 M、压强为 p、体积为 V 和温度为 T 的理想气体系统，状态方程可表示为

$$pV = \frac{M}{M_{mol}}RT \tag{8.1.3}$$

式中，$R = 8.31 \ \text{J/(mol·K)}$ 是气体的普适常数。该方程也称为理想气体的克拉伯龙方程。

8.2　热力学第一定律

8.2.1　准静态过程

当热力学系统从一个状态变化到另一个状态时，称系统经历了一个**热力学过程**。如果系统状态发生变化的过程中，系统经历的中间状态是一系列非平衡态，这种过程称为非准

静态过程。若在初、末两平衡态之间经历的每一个状态都无限接近于平衡态，则此过程称为**准静态过程**。准静态过程是一个理想过程，中间任何一个状态都可以看作一个平衡态，它可用一组确定的状态参量来描述。

由于平衡态可以用参数空间的一个点表示，因此一个准静态过程就可用参数空间中的一条连续曲线表示，这样的曲线称为**过程曲线**。图 8.2.1 中的曲线表示系统从平衡态 1 经历一个准静态过程到达平衡态 2。

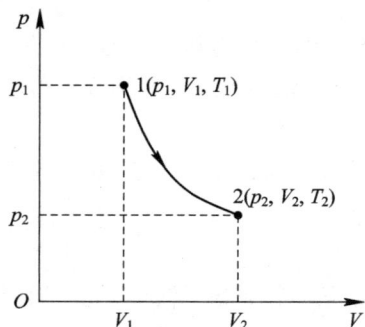

图 8.2.1　过程曲线

8.2.2　准静态过程中的功和热量

热力学系统状态的变化可以通过与外界交换能量而发生，能量交换可以通过做功和热交换来实现。我们首先讨论热力学系统在准静态过程中的做功。

假设一密闭汽缸中的气体作准静态膨胀，活塞的横截面积为 S，汽缸中气体的压强为 p，如图 8.2.2 所示。在活塞发生微元位移 dl 的过程中，气体对活塞所做的元功为

$$dW = Fdl = pSdl = pdV \qquad (8.2.1)$$

式中，$dV = Sdl$ 为气体体积的增量。虽然式(8.2.1)是通过图 8.2.2 中的特例导出的，但它可以推广应用于任何准静态过程。显然，当 $dV > 0$ 时，气体体积膨胀，$dW > 0$，系统对外界做正功；当 $dV < 0$ 时，气体体积缩小，$dW < 0$，系统对外界做负功。

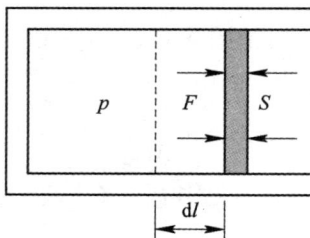

图 8.2.2　气体做功示意图

当系统经历一个准静态过程，体积从 V_1 变到 V_2 时，气体所做的功为

$$W = \int_{V_1}^{V_2} pdV \qquad (8.2.2)$$

如图 8.2.3 所示，在 p-V 图上元功 dW 对应于过程曲线下 $V \sim V + dV$ 间的窄条面积，则体积从 V_1 变到 V_2，系统对外界做的总功就等于过程曲线下 V_1 到 V_2 的总面积。

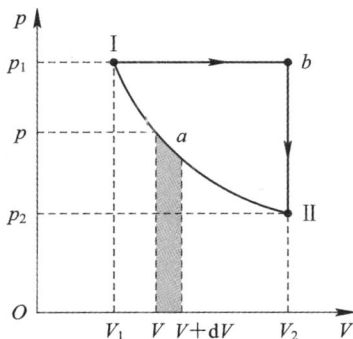

图 8.2.3　过程曲线和功

若系统从同一初态 Ⅰ 出发，经过两个不同的准静态过程 Ⅰ→a→Ⅱ 和 Ⅰ→b→Ⅱ，到达同一末状态 Ⅱ，两过程曲线下的面积不同，则表明在这两个不同的热力学过程中，系统对外界做的功可能不相同。因此，功是一个与热力学过程相关的过程量。

在热力学过程中，系统与外界之间进行热交换时，其状态可能发生变化，这种热交换的能量称为**热量**，用 Q 表示。对于给定的初态和末态，不同的热力学过程中热传递的能量一般不同，因此热量和功一样是过程量，而非状态量，我们不能说系统处于某一状态时具有多少热量。

做功和热量传递都可以改变热力学状态，但它们在本质上是有区别的。做功是通过物体做宏观位移来完成的，是外界有序运动的能量与系统分子无序热运动的能量之间的转换。热量传递是通过分子之间的相互碰撞来完成的，是外界分子无规则运动的能量与系统内分子无规则运动的能量的相互交换。

8.2.3　准静态过程中的内能

在焦耳的热功当量实验中，绝热条件下通过各种方式对系统做功，比如搅拌、电流加热等，但只要系统的初态和末态是一定的，不管通过哪种方式所需做的功都是一样的。这说明系统通过绝热过程从一个状态过渡到另一个状态时，所需做的功只与系统的初、末状态有关，而与具体的做功过程和方式无关。因此，热力学系统在一定的状态具有一定的能量，这个能量仅是状态的单值函数，称作**内能**，用 E 表示。对一般的气体系统，内能可以表示为 $E=E(p, V, T)$；对于理想气体，焦耳-汤姆逊实验表明，内能只是温度的函数，即

$$E = E(T) \tag{8.2.3}$$

8.2.4　热力学第一定律

一般情况下，在系统状态变化的过程中，做功与热传递往往是同时存在的。假设系统从一个状态过渡到另一个状态，在这个过程中系统从外界吸收热量 Q，对外界做功 W，系统内能从初态的 E_1 变化为末态的 E_2，那么根据能量转化和守恒定律，有

$$Q = E_2 - E_1 + W = \Delta E + W \tag{8.2.4}$$

式(8.2.4)就是**热力学第一定律**，它表明在任何热力学过程中，系统从外界吸收的热量等于系统内能的增加与系统对外界做的功之和。式中，Q 和 W 分别表示此过程中系统从外界

吸收的热量和对外所做的功，ΔE 表示初、末状态系统内能的改变量。规定 $Q>0$ 表示系统吸热，$Q<0$ 表示系统放热；$W>0$ 表示系统对外做正功，$W<0$ 表示外界对系统做正功；$\Delta E>0$ 表示系统内能增大，$\Delta E<0$ 表示系统内能减小。若系统经历一个微小的变化过程，则热力学第一定律可表示为

$$dQ = dE + dW \qquad (8.2.5)$$

其中，dQ 是过程中外界向系统传递的热量，dW 是系统对外界做的功，dE 是系统内能的改变量。

式(8.2.4)可以改写为 $\Delta E = Q - W$，它将过程量和状态量联系在一起，并且表明传热和做功在热力学过程中的地位相当，功和热都是与过程有关的量，都可作为系统内能改变的量度。历史上曾有很多人企图研制一种装置，这种装置不需要动力和燃料，但可以不断对外做功，这种装置被称为**第一类永动机**。根据热力学第一定律可知，制造这种机器的想法是不可能实现的。所以，热力学第一定律又可表述为第一类永动机是不可能制成的。

8.3　热　容　量

8.3.1　热容量的定义

当温度升高 ΔT 从外界吸收的热量为 ΔQ 时，系统在该给定的过程中的**热容量**定义为

$$C = \lim_{\Delta T \to 0} \frac{\Delta Q}{\Delta T} = \frac{dQ}{dT} \qquad (8.3.1)$$

热容量用符号 C 表示，在国际单位制中其单位是 J/K。

单位质量物质的热容量称为比热容 c，单位为 J/(kg·K)。热容量和比热容的关系为

$$C = Mc \qquad (8.3.2)$$

1 mol 物质的热容量称为该物质的**摩尔热容量**，用符号 C_m 表示，在国际单位制中其单位是 J/(mol·K)。

热容量与摩尔热容量的关系为

$$C_m = \frac{M_{mol}}{M}C \qquad (8.3.3)$$

实验表明，不同物质的比热容不同，并且同一物质的比热容一般随温度变化，但在温度变化范围不太大时，可近似看成常量。对于气体系统，给定系统的初态、末态，在初态和末态之间可发生的过程有很多种，在不同的过程中，系统从外界吸收的热量可能是不相等的，因而热容量对不同的过程是不相同的。这表明热容量不仅取决于系统的结构，而且取决于具体的过程，是一个过程函数。下面介绍理想气体在等容过程中的定容热容量及等压过程中的定压热容量。

8.3.2　定容摩尔热容量

对于质量为 m 的某种理想气体，在体积 V 保持一定的条件下，根据热容量的定义式，

定容热容量可写为

$$C_V = \lim_{\Delta T \to 0} \frac{(\Delta Q)_V}{\Delta T} = \left(\frac{dQ}{dT}\right)_V \tag{8.3.4}$$

由等容过程的热力学第一定律可得 $dQ = dE$，式(8.3.4)可以进一步写为

$$C_V = \left(\frac{dQ}{dT}\right)_V = \frac{dE}{dT} \tag{8.3.5}$$

1 mol 物质的定容热容量称为**定容摩尔热容量**，记作 $C_{V,m}$：

$$C_{V,m} = \frac{1}{\nu}C_V = \frac{1}{\nu}\left(\frac{dQ}{dT}\right)_V \tag{8.3.6}$$

8.3.3　定压摩尔热容量

对于质量为 m 的某种理想气体，在压强 p 保持一定的条件下，根据热容量的定义式，定压热容量可写为

$$C_p = \lim_{\Delta T \to 0} \frac{(\Delta Q)_p}{\Delta T} = \frac{dE}{dT} + \frac{pdV}{dT} \tag{8.3.7}$$

理想气体的内能只是温度 T 的单值函数，所以有

$$C_p = \frac{dE}{dT} + p\frac{dV}{dT} \tag{8.3.8}$$

1 mol 物质的定压热容量称为**定压摩尔热容量**，记为 $C_{p,m}$，显然：

$$C_{p,m} = \frac{1}{\nu}C_p = \frac{1}{\nu}\left(\frac{dQ}{dT}\right)_p \tag{8.3.9}$$

8.3.4　定压摩尔热容量与定容摩尔热容量的关系

对于 1 mol 的理想气体，由式(8.3.7)和理想气体状态方程 $pV = RT$ 可得

$$C_{p,m} = C_{V,m} + R \tag{8.3.10}$$

式(8.3.10)称为**迈耶公式**。迈耶公式表明，理想气体的定压摩尔热容量比定容摩尔热容量要大 R。这是因为升高相同的温度，等容过程中吸收的热量全部转化为内能的增量，而等压过程中吸收的热量除了转化为与等容过程增加相同的内能外，还需要对外做功。

对理想气体，定容摩尔热容量为

$$C_{V,m} = \frac{i}{2}R \tag{8.3.11}$$

其中，i 为理想气体的自由度。这样，理想气体的定压摩尔热容量：

$$C_{p,m} = C_{V,m} + R = \frac{i+2}{2}R \tag{8.3.12}$$

定义定压摩尔热容量与定容摩尔热容量之比为**比热容比**，用 γ 表示：

$$\gamma = \frac{C_{p,m}}{C_{V,m}} = \frac{i+2}{i} \tag{8.3.13}$$

表 8.3.1 列出了一些气体摩尔热容量和比热容比的实验值和理论值。

表 8.3.1 一些气体摩尔热容量和比热容比的实验和理论值数据($T=300$ K)

分子种类	气体	理 论 值			实 验 值		
		$C_{V,m}/R$	$C_{p,m}/R$	γ	$C_{V,m}/R$	$C_{p,m}/R$	γ
单原子	He Ar	1.5	2.5	1.67	1.5	2.5	1.67
双原子	H_2 N_2 CO	2.5	3.5	1.4	2.45 2.49 2.53	3.46 3.50 3.53	1.41 1.41 1.40
多原子	CO_2 H_2O CH_4	3	4	1.33	3.42 3.25 3.26	4.44 4.26 4.27	1.30 1.31 1.31

由表 8.3.1 可以看出,对单原子分子、双原子分子气体,理论值与实验值较为相符,而对多原子分子气体,理论值与实验值差别较大。这种差别表明,理想气体模型只能近似地处理简单分子(原子)构成的气体。

虽然经典气体动理论给出的定压热容量、定容热容量都与温度无关,但实验测得的热容量是随温度变化的。图 8.3.1 给出了氢气的定压摩尔热容量随温度的变化关系。可见,定压摩尔热容量随温度的变化呈现三个明显的台阶,这反映了经典理论的缺陷,这些结果只能用量子理论才能正确地解释。

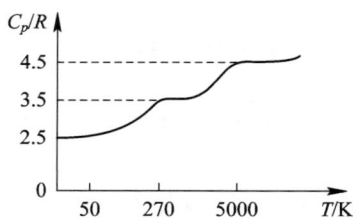

图 8.3.1 氢气的定压摩尔热容量随温度的变化关系

8.4 热力学第一定律的应用

热力学第一定律阐明了热力学系统在状态变化过程中内能、功和热量之间的相互关系。下面我们结合理想气体的状态方程,将热力学第一定律应用到理想气体的准静态等值过程中。

视频 8-1

8.4.1 等容过程

设密闭的容器中装有一定量的理想气体,物质的量为 ν。系统经一准静态等容过程从状态(p_1, V_1, T_1)变化到状态(p_2, V_1, T_2),如图 8.4.1 所示。由于该过程中体积始终保持不变,因此该过程对应的 $p\text{-}V$ 曲线是一条平行于 p 轴的直线,叫**等容线**。该过程中任一状态参量(p, V, T)满足过程方程:

$$V = C_1 \quad \text{或} \quad \frac{p}{T} = C_2 \tag{8.4.1}$$

其中，C_1 和 C_2 为两个常量，可由过程中某一已知状态参量确定。

在等容过程中，$\mathrm{d}W = p\mathrm{d}V = 0$，所以系统做功：

$$W_V = 0$$

由热力学第一定律可知，系统所吸收的热量等于内能的增量。假设系统的定容摩尔热容 $C_{V,m}$ 为常量，则可得

$$Q_V = \Delta E = \nu C_{V,m}(T_2 - T_1) = \frac{i}{2}\nu R(T_2 - T_1) \tag{8.4.2}$$

系统从外界吸收的热量全部转化为系统的内能。

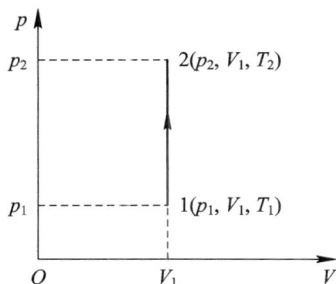

图 8.4.1　等容过程

8.4.2　等压过程

设一定质量的理想气体系统，物质的量为 ν，经一准静态等压过程从状态 $1(p_1, V_1, T_1)$ 变化到状态 $2(p_1, V_2, T_2)$，如图 8.4.2 所示。由于压强恒定，因此等压过程的 $p-V$ 曲线是一条平行于 V 轴的直线，称为**等压线**。对应的过程方程为

$$p = C_1 \quad \text{或} \quad \frac{V}{T} = C_2 \tag{8.4.3}$$

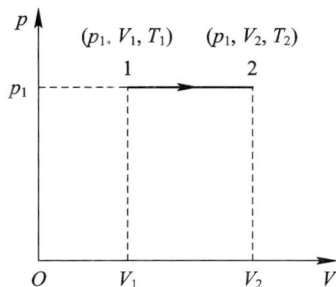

图 8.4.2　等压过程

在等压过程中，p 是常量，所以系统对外界所做的功：

$$W_p = \int_{V_1}^{V_2} p\mathrm{d}V = p_1(V_2 - V_1) = \nu R(T_2 - T_1) \tag{8.4.4}$$

由于内能是状态量，且理想气体的内能只是温度的函数，所以等压过程中内能的增量也可表示为

$$\Delta E = \nu C_{V,\,\text{m}}(T_2 - T_1) = \frac{i}{2}\nu R(T_2 - T_1) \tag{8.4.5}$$

根据热力学第一定律可得过程中系统吸收的热量：

$$Q_p = W_p + \Delta E = \nu C_{p,\,\text{m}}(T_2 - T_1) = \frac{i+2}{2}\nu R(T_2 - T_1) \tag{8.4.6}$$

系统从外界吸收的热量中，一部分转化为系统的内能，另一部分则用来对外界做功。

例 8.4.1　一汽缸中储有氮气，质量为 1.25 kg。在标准大气压下缓慢地加热，使温度升高 1 K。试求气体膨胀时所做的功 W_p、气体内能的增量 ΔE 以及气体所吸收的热量 Q_p。注：氮气分子按刚性双原子分子处理，活塞的质量以及它与汽缸壁的摩擦均可略去。

解　该过程是等压过程，故气体膨胀时所做的功：

$$W_p = \int_{V_1}^{V_2} p \cdot \text{d}V = p_1(V_2 - V_1) = \nu R(T_2 - T_1)$$

$$= \frac{m}{M_{\text{mol}}}R\Delta T = \frac{1.25}{0.028} \times 8.31 \times 1 \text{ J} = 371 \text{ J}$$

因为氮气为双原子分子，其自由度 $i=5$，所以 $C_{V,\,\text{m}} = \frac{i}{2}R = 20.8$ J/(mol·K)。

气体内能的增量：

$$\Delta E = \frac{M}{M_{\text{mol}}}C_{V,\,\text{m}}\Delta T = \frac{1.25}{0.028} \times 20.8 \times 1 \text{ J} = 929 \text{ J}$$

所以，气体在这一过程中吸收的热量为

$$Q_p = W_p + \Delta E = 1300 \text{ J}$$

例 8.4.2　1 mol 单原子分子的理想气体，由 0℃ 分别经等容和等压过程变为 100℃，试分别求两个过程中吸收的热量。

解　单原子分子的理想气体的自由度 $i=3$。

（1）等容过程：

$$Q_V = \frac{m}{M_{\text{mol}}}C_{V,\,\text{m}}(T_2 - T_1) = 1 \times \frac{i}{2}R(T_2 - T_1)$$

$$= \frac{3}{2} \times 8.31 \times 100 \text{ J}$$

$$= 1.25 \times 10^3 \text{ J}$$

（2）等压过程：

$$Q_p = \frac{m}{M_{\text{mol}}}C_{p,\,\text{m}}(T_2 - T_1) = 1 \times \frac{i+2}{2}R(T_2 - T_1)$$

$$= \frac{5}{2} \times 8.31 \times 100 \text{ J}$$

$$= 2.08 \times 10^3 \text{ J}$$

8.4.3　等温过程

设一定量的理想气体，物质的量为 ν，经历一准静态等温过程从状态 1(p_1，V_1，T_1)变化到状态 2(p_2，V_2，T_1)，如图 8.4.3 所示。由于系统温度保持不变，因此等温过程的 p-V 曲线是一条双曲线，称为**等温线**。等温线把 p-V 图分为两个区域，等温线以上的区

域气体的温度大于 T，等温线以下的区域气体的温度小于 T。其过程方程为

$$T = C_1 \quad \text{或} \quad pV = C_2 \tag{8.4.7}$$

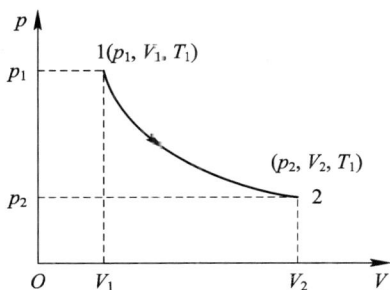

图 8.4.3 等温过程

理想气体的内能只与温度有关，所以内能的增量 $\Delta E = 0$。因为过程方程 $p = C_2/V = \nu RT_1/V$，所以等温过程系统做功：

$$W_T = \int_{V_1}^{V_2} p\mathrm{d}V = \int_{V_1}^{V_2} \frac{\nu RT_1}{V}\mathrm{d}V = \nu RT_1 \ln\frac{V_2}{V_1} = \nu RT_1 \ln\frac{p_1}{p_2} \tag{8.4.8}$$

根据热力学第一定律，系统吸收的热量：

$$Q_T = W_T = \nu RT_1 \ln\frac{V_2}{V_1} = \nu RT_1 \ln\frac{p_1}{p_2} \tag{8.4.9}$$

在等温过程中，系统从外界吸收的热量全部用来对外做功。

例 8.4.3 质量为 2.8×10^{-3} kg、压强为 3 atm、温度为 27℃的氮气，经等温膨胀，使压强降至 1 atm。求此过程中系统内能的变化，系统对外界做的功以及系统吸收的热量。注：1 atm = 101 325 Pa。

解 由于此过程为等温过程，所以系统内能的变化 $\Delta E = 0$，系统对外界做的功等于系统吸收的热量。

利用等温过程方程可得

$$p_1 V_1 = p_2 V_2$$

即

$$\frac{V_2}{V_1} = \frac{p_1}{p_2} = 3$$

系统对外界做的功等于系统吸收的热量：

$$Q_T = W_T = \nu RT_1 \ln\frac{V_2}{V_1} = \nu RT_1 \ln\frac{p_1}{p_2} = 0.1 \times 8.31 \times 300 \times \ln 3 \text{ J} = 274 \text{ J}$$

8.4.4 绝热过程

绝热过程是气体系统在状态变化过程中与外界始终不交换热量的过程。自然界中并不存在严格的绝热过程，不过在某些过程中，如内燃机汽缸内混合气体的燃烧和爆炸、声波在传播中引起空气的压缩和膨胀，过程进行得极快，系统来不及与外界交换热量，则可近似地看作绝热过程。

设一定质量的理想气体系统，物质的量为 ν，经一准静态绝热过程从状态 1(p_1, V_1, T_1)

变化到状态 $2(p_2, V_2, T_2)$，由于绝热过程系统与外界始终不交换热量，即 $dQ=0$，由热力学第一定律可得

$$dE + pdV = 0 \tag{8.4.10}$$

表明在准静态绝热过程中，外界对系统做的功完全转化为系统的内能。

对于理想气体

$$dE = \nu C_{V,m} dT \tag{8.4.11}$$

将式(8.4.11)代入式(8.4.10)，可得

$$\nu C_{V,m} dT + pdV = 0 \tag{8.4.12}$$

另一方面，对理想气体状态方程

$$pV = \nu RT$$

两边同时求微分，可得

$$pdV + Vdp = \nu RdT \tag{8.4.13}$$

联立式(8.4.12)和式(8.4.13)，消去 dT 得

$$(C_{V,m} + R)pdV + C_{V,m}Vdp = 0 \tag{8.4.14}$$

上式两边同时除以 $C_{V,m}pV$，并利用迈耶公式和 γ 的定义，可得

$$\frac{dp}{p} + \gamma \frac{dV}{V} = 0 \tag{8.4.15}$$

这是理想气体准静态绝热过程中状态参量满足的微分方程。对式(8.4.15)两边积分得

$$\ln p + \gamma \ln V = C \tag{8.4.16}$$

式中，C 为积分常数。式(8.4.16)常写为

$$pV^{\gamma} = C_1 \tag{8.4.17}$$

式中，C_1 为一常量。利用理想气体状态方程，还可推导出准静态绝热过程中 T 与 V 的关系，及 p 与 T 的关系：

$$TV^{\gamma-1} = C_2 \tag{8.4.18}$$

$$p^{\gamma-1}T^{-\gamma} = C_3 \tag{8.4.19}$$

式中，C_2 和 C_3 是另外两个常量。式(8.4.17)～式(8.4.19)都是理想气体准静态绝热过程方程。

根据绝热过程方程，可在 p-V 图上画出绝热过程曲线，如图 8.4.4 所示，简称**绝热线**。

气体系统经绝热过程从初状态 (p_1, V_1, T_1) 到末状态 (p_2, V_2, T_2) 的变化过程，内能的变化为

$$\Delta E = E_2 - E_1 = \nu \frac{i}{2} R(T_2 - T_1) \tag{8.4.20}$$

系统所做的功为

$$W = \int_{V_1}^{V_2} pdV = -\Delta E = -\frac{i}{2}\nu R(T_2 - T_1) \tag{8.4.21}$$

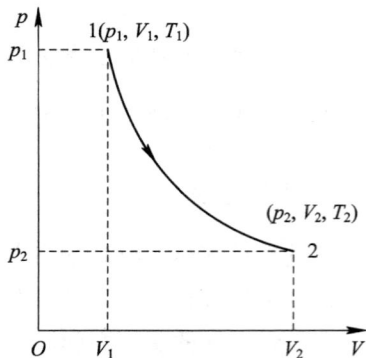

图 8.4.4　绝热过程曲线

利用绝热过程方程式(8.4.17)，绝热过程中系统对外界所做的功还可写为

$$W = \int_{V_1}^{V_2} p \, \mathrm{d}V = \frac{p_1 V_1 - p_2 V_2}{\gamma - 1} \tag{8.4.22}$$

图 8.4.5 中同时给出了质量一定的某种理想气体的准静态等温过程曲线和绝热过程曲线，设等温线与绝热线相交于 A 点，则根据等温过程和绝热过程的过程方程，求得它们在相交点的斜率分别为

$$\left(\frac{\mathrm{d}p}{\mathrm{d}V}\right)_T = -\frac{p_A}{V_A} \tag{8.4.23}$$

$$\left(\frac{\mathrm{d}p}{\mathrm{d}V}\right)_Q = -\gamma \frac{p_A}{V_A} \tag{8.4.24}$$

由于 $\gamma > 1$，交点处绝热线斜率的绝对值大于等温线斜率的绝对值，即绝热线较等温线陡。

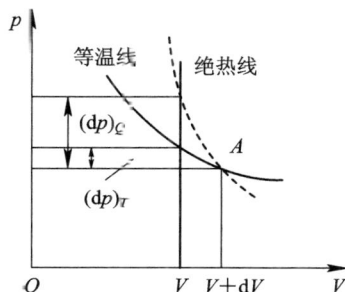

图 8.4.5　等温线和绝热线

例 8.4.4　试讨论理想气体在图 8.4.6 的 I 和 III 两个过程中是吸热还是放热？已知 II 过程为绝热过程。

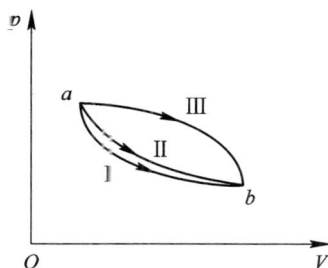

图 8.4.6　例 8.4.4 图

解　由图 8.4.6 可知，三个过程的功满足关系：

$$0 < W_{\mathrm{I}} < W_{\mathrm{II}} < W_{\mathrm{III}} \tag{①}$$

对第二个绝热过程，应用热力学第一定律可得

$$(E_b - E_a) + W_{\mathrm{II}} = 0$$

即

$$-(E_b - E_a) = W_{\mathrm{II}} > 0 \tag{②}$$

由图 8.4.6 知，三个过程的初态和终态相同，因为内能是状态量，故内能增量都相同。

对第一个过程应用热力学第一定律得

$$Q_{\mathrm{I}} = (E_b - E_a) + W_{\mathrm{I}}$$

结合①式和②式可得 $Q_I < 0$，该过程系统向外界放热。

对第三个过程应用热力学第一定律可得

$$Q_{\text{III}} = (E_b - E_a) + W_{\text{III}}$$

结合①式和②式，可得 $Q_{\text{III}} > 0$，该过程系统从外界吸热。

例 8.4.5 质量为 0.014 kg 标准状态下的 N_2 气体经下列准静态过程使其体积膨胀为原来的两倍：(1) 等压过程；(2) 等温过程；(3) 绝热过程。

试求每一过程中系统内能的增量、对外所做的功和吸收的热量(氮气分子按刚性双原子分子处理)。

解 氮气分子的自由度 $i = 5$。

(1) 利用等压过程方程可得

$$\frac{V_1}{T_1} = \frac{V_2}{T_2}$$

所以末态温度

$$T_2 = \frac{V_2}{V_1} T_1 = 2 \times 273 \text{ K} = 546 \text{ K}$$

则系统内能的增量、对外所做的功和吸收的热量分别为

$$\Delta E = \frac{i}{2} \nu R (T_2 - T_1) = \frac{5}{2} \times \frac{0.014}{0.028} \times 8.31 \times (546 - 273) \text{ J} = 2.84 \times 10^3 \text{ J}$$

$$W = p_1 (V_2 - V_1) = p_1 V_1 = \nu R T_1 = \frac{0.014}{0.028} \times 8.31 \times 273 \text{ J} = 1.13 \times 10^3 \text{ J}$$

$$Q = \Delta E + W = 3.97 \times 10^3 \text{ J}$$

(2) 等温过程内能增量

$$\Delta E = 0 \text{ J}$$

系统对外做的功和吸收的热量分别为

$$W = \nu R T_1 \ln \frac{V_2}{V_1} = \frac{0.014}{0.028} \times 8.31 \times 273 \times \ln 2 \text{ J} = 7.86 \times 10^2 \text{ J}$$

$$Q = W = 7.86 \times 10^2 \text{ J}$$

(3) $\gamma = \dfrac{C_{p,\text{m}}}{C_{V,\text{m}}} = \dfrac{i+2}{i} = \dfrac{7}{5}$，根据绝热过程方程可得

$$T_1 V_1^{\gamma-1} = T_2 V_2^{\gamma-1}$$

所以末态温度

$$T_2 = \left(\frac{V_1}{V_2}\right)^{\gamma-1} T_1 = 206.9 \text{ K}$$

绝热过程吸收的热量为

$$Q = 0 \text{ J}$$

系统内能的增量为

$$\Delta E = \frac{i}{2} \nu R (T_2 - T_1) = \frac{5}{2} \times \frac{0.014}{0.028} \times 8.31 \times (206.9 - 273) \text{ J} = -6.87 \times 10^2 \text{ J}$$

对外所做的功为

$$W = -\Delta E = 6.87 \times 10^2 \text{ J}$$

8.5　循　环　过　程

在热力学的发展过程中, 对热机的研究是一个不可缺少的重要部分, 热机在工作时需要持续不断地把热量转换为功, 但是依靠一个单一的热力学过程不能实现这一目的, 需要利用循环过程。

视频 8-2

8.5.1　循环过程

热机的工作物质从某一状态出发, 经过一系列不同的状态变化, 又回到原来出发时的状态, 这样完整的热力学过程叫作**循环过程**, 简称**循环**。参与循环过程的物质叫作**工作物质**, 简称**工质**。由于工质经历一个循环过程回到初始状态时, 内能没有改变, 所以循环过程的重要特征是 $\Delta E = 0$ J。根据热力学第一定律可知, 循环过程中系统对外界所做的净功等于系统吸收的净热量。如果工质所经历的循环过程中, 每个分过程都是准静态过程, 那么整个过程就是准静态循环过程。图 8.5.1 所示为 p-V 图中一条闭合的曲线, 系统所做的净功等于曲线所包围的面积。

如果循环过程沿顺时针方向进行, 如图 8.5.1 所示, 系统对外做的净功为正, 那么该循环为**正循环**; 如果系统对外所做的净功为负, 如图 8.5.2 所示, 那么该循环为**逆循环**。工作物质做正循环的机器叫热机, 如蒸汽机、内燃机和汽轮机等; 工作物质做逆循环的机器叫制冷机, 如电冰箱、制冷空调等。

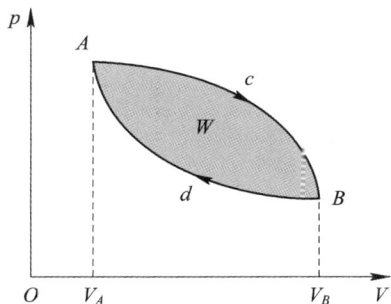

图 8.5.1　正循环过程曲线

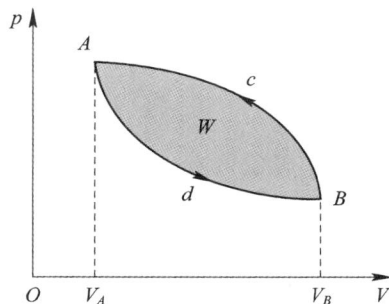

图 8.5.2　逆循环过程曲线

8.5.2　热机的效率

热机的工作物质做正循环, 完成一个循环后其内能不变, 根据热力学第一定律, 在一个循环中系统对外做的净功为

$$W = Q_1 - Q_2 \tag{8.5.1}$$

其中, Q_1 是在一次循环中工作物质从高温热源吸收的热量, Q_2 是向低温热源放出的热量, 能流示意图如图 8.5.3 所示。

衡量热机效能的一个重要的物理量是热机的效率, 是指热机把吸收来的热量有多少转化为有用功, 其定义为: 在一个循环过程中热机对外做的净功与它从高温热源吸收的热量的比值,

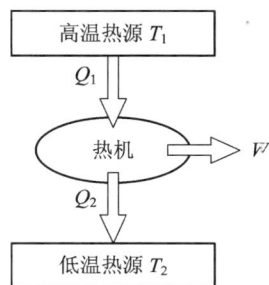

图 8.5.3　热机能流示意图

表示为

$$\eta = \frac{W}{Q_1} = \frac{Q_1 - Q_2}{Q_1} = 1 - \frac{Q_2}{Q_1} \tag{8.5.2}$$

8.5.3　制冷系数

在制冷机的一次循环中，外界对工质作净功 W，工质从低温热源吸热 Q_2，向高温热源放热 Q_1，能流示意图如图 8.5.4 所示。

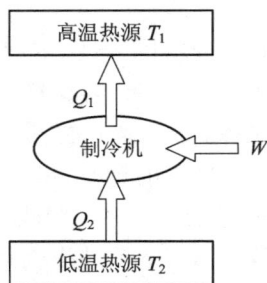

图 8.5.4　制冷机能流示意图

根据热力学第一定律有

$$Q_1 = Q_2 + W \tag{8.5.3}$$

对制冷机，工质从低温热源取走热量 Q_2 是其工作目的，外界对工质做功 W 是必须付出的代价。制冷机工作的效能常用制冷系数表示，其定义为在一次循环中工作物质从低温热源吸收的热量与外界对它做的功的比值，表示为

$$w = \frac{Q_2}{|W|} = \frac{Q_2}{Q_1 - Q_2} \tag{8.5.4}$$

例 8.5.1　汽缸内有 2 mol 水蒸气（视为刚性分子理想气体），经 $abcda$ 循环过程，如图 8.5.5 所示，其中 $a{\to}b$、$c{\to}d$ 为等容过程，$b{\to}c$ 为等温过程，$d{\to}a$ 为等压过程。试求：

（1）$d{\to}a$ 过程中水蒸气做的功 W_{da}；

（2）$a{\to}b$ 过程中水蒸气内能的增量 ΔE_{ab}；

（3）循环效率。

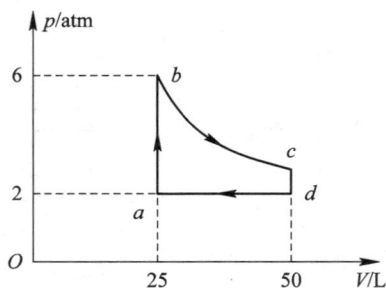

图 8.5.5　例 8.5.1 图

视频 8-3

解　（1）$d{\to}a$ 等压过程中水蒸气做的功为

$$W_{da} = p(V_a - V_d) = -5.065 \times 10^3 \text{ J} < 0 \text{ J}$$

所以外界对水蒸气做功。

（2）刚性多原子分子理想气体自由度 $i=6$，$a \rightarrow b$ 等容过程中水蒸气内能的增量 ΔE_{ab} 为

$$\Delta E_{ab} = \nu\left(\frac{i}{2}\right)R(T_b - T_a) = \frac{6}{2}V_a(p_b - p_a) = 3.039 \times 10^4 \text{ J}$$

（3）对 b 状态，根据理想气体状态方程 $p_b V_b = \nu R T_b$ 及 $V_b = V_a$ 得

$$T_b = \frac{p_b V_a}{\nu R} = 914 \text{ K}$$

$b \rightarrow c$ 为等温过程，气体做的功为

$$W_{bc} = \nu R T_b \ln\left(\frac{V_c}{V_b}\right) = 1.05 \times 10^4 \text{ J}$$

整个循环过程，系统做的净功、吸收的热量分别为

$$W = W_{bc} + W_{da} = 5.44 \times 10^3 \text{ J}$$

$$Q_1 = Q_{ab} + Q_{bc} = \Delta E_{ab} + W_{bc} = 4.09 \times 10^4 \text{ J}$$

循环效率为

$$\eta = \frac{W}{Q_1} = 13\%$$

8.5.4 卡诺循环

1. 卡诺循环

为了提高热机的效率，1824 年法国工程师卡诺提出了一种理想的但具有重要理论意义的热机循环——卡诺循环。

卡诺循环由两个准静态等温过程和两个准静态绝热过程构成，如图 8.5.6 所示，在 p-V 图中为由温度为 T_1 和 T_2 的两条等温线和两条绝热线组成的封闭曲线。可见，卡诺循环过程中工质只与两个恒温热源交换热量，完成卡诺正循环的热机叫**卡诺热机**。

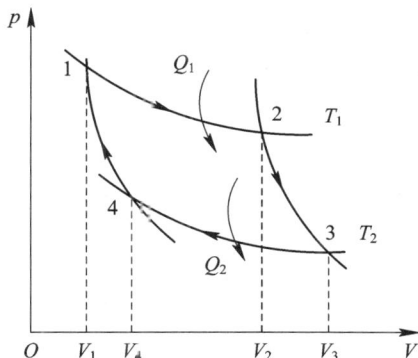

图 8.5.6　卡诺正循环

2. 卡诺热机

以理想气体为工质的卡诺正循环，其循环过程如图 8.5.6 所示，各个过程如下：

（1）$1 \rightarrow 2$：气体与温度为 T_1 的高温热源接触作等温膨胀，体积由 V_1 增大到 V_2。它从

高温热源吸收的热量为

$$Q_1 = \frac{M}{M_{mol}}RT_1 \ln \frac{V_2}{V_1} \tag{8.5.5}$$

(2) $2 \to 3$：气体与高温热源分开，作绝热膨胀，温度降到 T_2，体积增大到 V_3，过程中无热量交换，但对外界做功。

(3) $3 \to 4$：气体与低温热源 T_2 接触作等温压缩，体积缩小到 V_4，使状态 4 和状态 1 位于同一条绝热线上。过程中外界对气体做功，气体向温度为 T_2 的低温热源放热 Q_2，其大小为

$$Q_2 = \frac{M}{M_{mol}}RT_2 \ln \frac{V_3}{V_4} \tag{8.5.6}$$

(4) $4 \to 1$：气体与低温热源分开，经绝热压缩回到初始状态 1，完成一次循环，过程中无热量交换，外界对气体做功。

根据热机效率定义，可得理想气体为工质的卡诺热机循环效率

$$\eta_卡 = 1 - \frac{Q_2}{Q_1} = 1 - \frac{T_2 \ln \dfrac{V_3}{V_4}}{T_1 \ln \dfrac{V_2}{V_1}} \tag{8.5.7}$$

对绝热过程 $2 \to 3$ 和 $4 \to 1$ 分别应用绝热方程(8.4.18)，有

$$\begin{cases} T_1 V_2^{\gamma-1} = T_2 V_3^{\gamma-1} \\ T_1 V_1^{\gamma-1} = T_2 V_4^{\gamma-1} \end{cases} \tag{8.5.8}$$

两式相比，则有

$$\frac{V_2}{V_1} = \frac{V_3}{V_4} \tag{8.5.9}$$

代入式(8.5.7)，可得

$$\eta_卡 = 1 - \frac{T_2}{T_1} = \frac{T_1 - T_2}{T_1} \tag{8.5.10}$$

式(8.5.10)表明，要完成一次卡诺循环必须有温度一定的高温和低温两个热源；卡诺循环的效率只与两个热源温度有关，高温热源温度越高，低温热源温度越低，卡诺循环的效率越高，卡诺循环的效率总是小于1。

3. 卡诺制冷机

以理想气体为工质的卡诺逆循环，其循环过程如图 8.5.7 所示，气体与低温热源接触，从低温热源中吸收的热量为

$$Q_2 = \frac{M}{M_{mol}}RT_2 \ln \frac{V_3}{V_4} \tag{8.5.11}$$

气体向高温热源放出的热量大小为

$$Q_1 = \frac{M}{M_{mol}}RT_1 \ln \frac{V_2}{V_1} \tag{8.5.12}$$

一次循环中的净功：

$$W = Q_1 - Q_2 \tag{8.5.13}$$

所以卡诺制冷机的制冷系数：

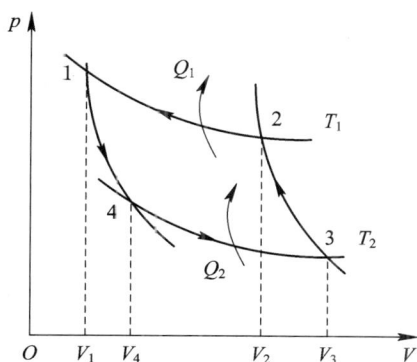

图 8.5.7　卡诺逆循环

$$w_{卡} = \frac{Q_2}{|W|} = \frac{\dfrac{M}{M_{\text{mol}}} RT_2 \ln \dfrac{V_3}{V_4}}{\dfrac{M}{M_{\text{mol}}} RT_1 \ln \dfrac{V_2}{V_1} - \dfrac{M}{M_{\text{mol}}} RT_2 \ln \dfrac{V_3}{V_4}} \tag{8.5.14}$$

由理想气体绝热方程(8.4.18),可得

$$T_1 V_2^{\gamma-1} = T_2 V_3^{\gamma-1}$$

$$T_1 V_1^{\gamma-1} = T_2 V_4^{\gamma-1}$$

以上两式相除得

$$\frac{V_2}{V_1} = \frac{V_3}{V_4}$$

将上式代入式(8.5.14),可得卡诺制冷机的制冷系数:

$$w_{卡} = \frac{Q_2}{|W|} = \frac{T_2}{T_1 - T_2} \tag{8.5.15}$$

可见,卡诺制冷机的制冷系数也只与两个热源的温度有关,与热机的效率不同的是,高温热源温度越高,低温热源温度越低,则制冷系数越小,制冷系数可以大于 1。

8.5.5　热力学循环过程在工程技术中的应用

热机是实现将热能转化为机械能的主要设备,汽油机和柴油机是工程上普遍使用的两种内燃机。内燃机的一种循环叫作奥托循环,其工质为燃料与空气的混合物,利用燃料的燃烧热产生巨大压力而做功,图 8.5.8 为一内燃机做四冲程循环的 p-V 图。其中,ab 为绝热压缩过程,bc 为电火花引起燃料爆炸瞬间的等容过程,cd 为绝热膨胀对外做功过程,da 为打开排气阀瞬间的等容过程。奥托循环的效率为

$$\eta_{奥} = 1 - \left(\frac{V_2}{V_1}\right)^{\gamma-1} \tag{8.5.16}$$

由式(8.5.16)可以看出,奥托循环的效率由汽缸容积压缩比决定,压缩比指发动机混合气体被压缩的程度,即压缩前的汽缸总容积与压缩后的汽缸容积(即燃烧室容积)之比。目前绝大部分汽车采用往复式发动机,就是在发动机汽缸中,当活塞的行程到达最低点时,此时的位置点称为下止点,整个汽缸包括燃烧室所形成的容积便是最大行程容积;当活塞反向运动到达最高点位置时,这个位置点便称为上止点,所形成的容积为整个活塞运

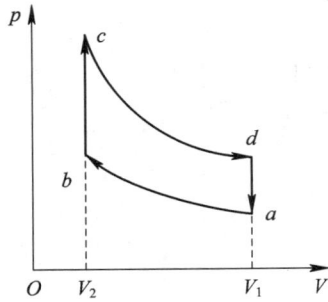

图 8.5.8   内燃机的奥托循环

动行程容积最小的状况，需计算的压缩比就是最大行程容积与最小行程容积的比值。因此，内燃机汽缸总容积与燃烧室容积的比值是内燃机的重要结构参数。压缩比越高，热效率越高，但随压缩比的增高，热效率增长幅度越来越小；同时，压缩比增高使压缩压力、最高燃烧压力均升高，故使内燃机机械效率下降；而且汽油机压缩比过高容易产生爆震。现代柴油机的压缩比一般为 12～22，汽油发动机的压缩比为 9～12。

制冷机是通过外界做功实现热量转移的机器，冰箱是一种常见的制冷机。图 8.5.9 为冰箱的制冷逆循环，压缩机先将处在低温低压的气态制冷剂（如氨或氟利昂等）压缩至 1 MPa 的压强，温度升到高于室温（ab 绝热压缩过程）；然后制冷剂进入散热器放出热量 Q_1，并逐渐液化进入储液器（bc 等压压缩过程），再经过节流阀膨胀降温（cd 绝热膨胀过程）；最后进入冷冻室吸取电冰箱内的热量 Q_2，液态制冷剂汽化（da 等压膨胀过程）。随后，制冷剂再度被吸入压缩机进行下一个循环，可见，整个制冷过程就是压缩机做功，将制冷剂由气态变为液态放出 Q_1，再变成气态吸收热量 Q_2，这样周而复始循环以达到制冷降温的目的。

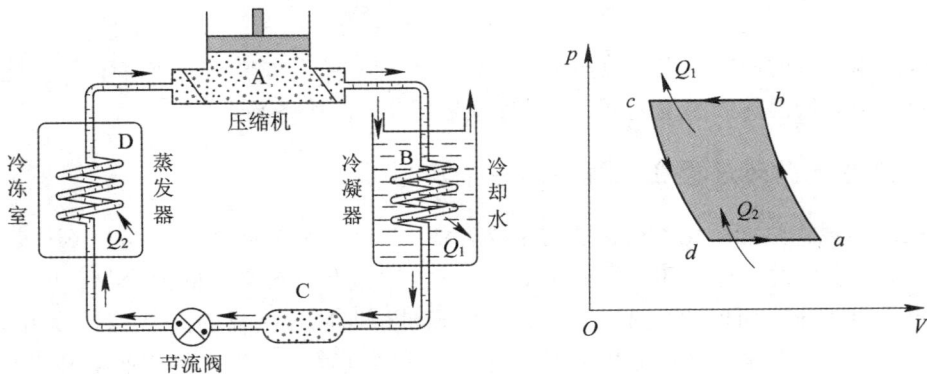

图 8.5.9   冰箱制冷逆循环

制冷剂中常用的是氟利昂，但氟利昂排放到大气中会导致臭氧含量下降，从而使地球上的生物受到严重的紫外线伤害，平流层下部和对流层温度上升。近年来，一种在制冷原理上与普通冰箱完全不同的半导体式电冰箱被发明出来。该类电冰箱利用帕尔帖效应，即用 n 型和 p 型两种半导体材料制成电偶，当电流流过半导体材料时，除产生不可逆的焦耳热外，在不同的接头处将出现吸热或放热现象。如果电流反向，吸热的接头处便放热，放热的接头处便吸热。目前常用的半导体冰箱温差可达 150℃之多。当这种冰箱制冷容量超过几十升时,其效率就会小于压缩式制冷冰箱;但对小容量冰箱,它是相当优越的。由于这种冰箱具有无机械传动、不用制冷剂、无噪声等特点,因此在车载冰箱、USB 冰箱、胰岛素冷藏设备等方面被广泛应用。

8.6　热力学第二定律

热力学第一定律指出了热力学过程中能量守恒的关系。然而,人们在研究热机工作原理时发现,满足能量守恒的热力过程不一定都能进行,实际的热力学过程只能按一定的方向进行。热力学第一定律并没有阐述系统变化进行的方向,而热力学第二定律就是关于自然过程方向性的规律。

8.6.1　热力学第二定律的表述

1. 开尔文表述

19 世纪初,蒸汽机已在许多领域得到了广泛应用,如何提高热机的效率就成为当时的一个研究热点。1851 年,开尔文在研究热机工作原理和功热转换时发现,功热转换具有不可逆性。他的这个发现可表述为在一个循环系统中,不可能从单一热源吸取热量使之完全变为有用功而不引起其他变化,这个表述被称为**热力学第二定律的开尔文表述**。热力学第二定律的开尔文表述说明,热功转换过程具有一定的方向性。

在开尔文表述中,"循环系统""单一热源"和"不引起其他变化"是三个关键条件。理想气体的等温膨胀过程,固然能把吸收的热量完全转变为对外做功,但它不是循环动作的热机,而且还产生了其他变化,如体积变大、压强降低等。

2. 克劳修斯表述

1850 年克劳修斯在研究制冷机的工作原理时提出:热量不能自动地从低温物体传向高温物体而不引起其他变化。这个表述被称为**热力学第二定律的克劳修斯表述**。热力学第二定律的克劳修斯表述说明,热传导过程也具有方向性。热力学第二定律还可以表述为第二类永动机是不可能制成的。

3. 开尔文表述和克劳修斯表述的等效性

热力学第二定律的克劳修斯表述和开尔文表述,表面上看各自表述的内容不同,但实质上它们都表述了自然宏观过程的不可逆性,两者是等效的。关于这两种表述的等效性,我们可以用反证法加以证明。

首先,假设克劳修斯表述不成立,即热量可以自动地从低温物体传向高温物体。我们把 Q_2 的热量从低温热源自动传向高温热源,如图 8.6.1(a)所示,再利用卡诺热机使它从高温热源 T_1 吸取热量 Q_1,对外做功 W,向低温热源 T_2 放热 Q_2,$Q_2 = Q_1 - W$,如图 8.6.1(b)所示。总效果就相当于热机从高温热源吸热 $Q_1 - Q_2$,并将它全部转变成了功,如图 8.6.1(c)所示。于是,克劳修斯表述不成立。

其次,假设开尔文表述不成立。我们可设计一台热机,使之在一次循环中将工质从高温热源 T_1 处吸收的热量 Q 全部转变为功 W,如图 8.6.2(a)所示;并用此功驱动一台工作在低温热源 T_2 和高温热源 T_1 之间的卡诺制冷机,使之通过做功 $W = Q$ 在一次循环中从低

温热源 T_2 处吸热 Q_2，在高温热源 T_1 处放热 $Q_1 = W + Q_2 = Q + Q_2$，如图 8.6.2(b)所示。这两个循环可看作是一个联合循环，其总的效果是在一次循环中无须外界做功，就有热量 Q_2 从低温热源 T_2 传向了高温热源 T_1，如图 8.6.2(c)所示。因而，开尔文表述不成立。

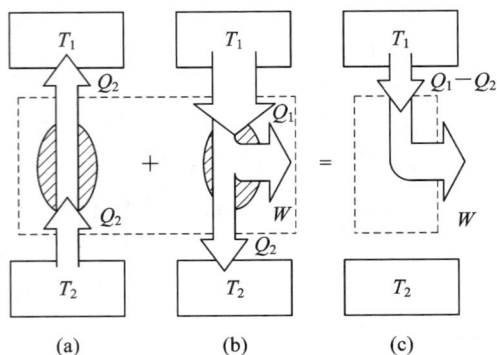

图 8.6.1　假设克劳修斯表述不成立　　　　图 8.6.2　假设开尔文表述不成立

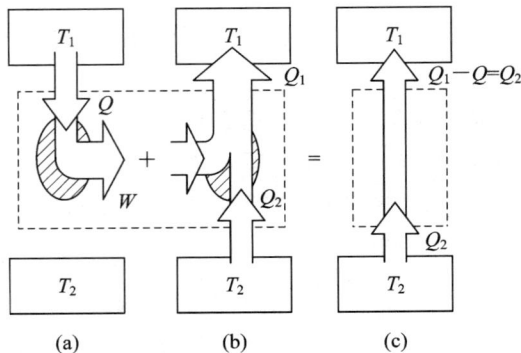

热力学第二定律表明，自然界中自发的宏观过程都具有方向性或不可逆性。开尔文表述与克劳修斯表述的等效性表明，自然界中热功转换过程的不可逆性与热传导过程的不可逆性是相互依存的。

在热力学系统状态变化过程中，如果逆过程能重复正过程中的每一个状态，并且不引起其他变化，这样的过程就称作**可逆过程**。只有一些理想过程，比如准静态等容、等温、等压和绝热过程等才是可逆过程。热力学过程的可逆与否与系统所经历的中间状态是否平衡密切相关。只有过程进行得无限缓慢，同时在过程进行当中没有摩擦力、黏滞力或其他耗散力做功，整个过程由无限接近于平衡状态的准静态过程组成，才是可逆过程。

如果在不引起其他变化的条件下，逆过程不能重复正过程的每一个状态，或逆过程能重复正过程的每一个状态但同时引起其他变化，这样的过程称作**不可逆过程**。自然界中的实际宏观自发过程都是不可逆过程，如气体的绝热自由膨胀过程、各种气体的相互扩散过程等。

8.6.2　卡诺定理

卡诺循环中每个过程都是准静态过程，所以卡诺循环是理想的可逆循环。卡诺在研究热机循环效率时，得到了一个在热机理论中非常重要的定理——卡诺定理，其内容如下：

（1）在相同的高温热源与相同的低温热源之间工作的一切可逆热机，其效率相等，与工作物质无关。

（2）在相同的高温热源与相同的低温热源之间工作的一切不可逆热机，其效率不可能大于可逆热机的效率。

如果我们在可逆热机中选取一个以理想气体为工作物质的卡诺热机，那么由卡诺定理可得

$$\eta = 1 - \frac{Q_2}{Q_1} = 1 - \frac{T_2}{T_1} \tag{8.6.1}$$

同样，若以 η' 表示不可逆热机的效率，那么由卡诺定理(2)可得

$$\eta' \leqslant 1 - \frac{T_2}{T_1} \qquad (8.6.2)$$

式中，等号适用于可逆热机，小于号适用于不可逆热机。

卡诺定理指出了提高热机效率的途径．即为了提高热机效率，首先应当使实际的不可逆热机尽量接近可逆热机，也就是减少摩擦、漏气和散热等耗散因素。其次，尽量地提高两热源的温度差，由于一般热机总是以周围环境作为低温热源，因此实际上只能是提高高温热源的温度。

卡诺定理还有一个重要的理论意义就是用它可以定义一个温标，由式(8.6.1)可得

$$\frac{Q_2}{Q_1} = \frac{T_2}{T_1} \qquad (8.6.3)$$

即卡诺循环中工作物质从高温热库吸收的热量与放给低温热库的热量之比等于两热库的温度之比。由于这一结论与工作物质的种类无关，因此可以利用任何进行卡诺循环的工作物质与高低温热库所交换的热量之比来量度两热库的温度，或者说定义两热库的温度。如果取水的三相点温度作为计量温度的定点，并规定它的值为 273.16，则由式(8.6.3)给出的温度比值就可以确定任意温度的值了。这种计量温度的方法是开尔文引进的，叫作**热力学温标**。

8.7　热力学第二定律的统计意义与熵增原理

8.7.1　热力学第二定律的统计意义

热力学第二定律指出，一切与热现象有关的自发过程都是不可逆过程，热功转换、热传导和气体的自由膨胀过程都是典型的不可逆过程。从分子动理论的观点上来看，热力学过程的不可逆性是由大量分子的无规则热运动决定的，而大量分子的无规则热运动遵循统计规律。下面我们从统计意义上来理解热力学第二定律。

以理想气体的自由膨胀过程为例。如图 8.7.1 所示，设一容器被分割成容积相等的 A、B 两部分。A 室充满某种气体，B 室抽成真空。现在讨论抽去隔板后，容器中气体分子的位置分布。气体中任一分子，出现在 A 室或者出现在 B 室的机会均等，出现的概率都是 $\frac{1}{2}$。设 A 室中有四个分子 a、b、c、d，则经过热运动后四个分子在容器中的分布方式有 16 种，如表 8.7.1 所示。分子在 A、B 两室中具有的各种可能的分布状态称为微观态。

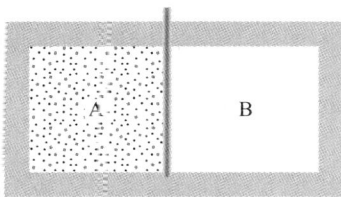

图 8.7.1　理想气体的自由膨胀

表 8.7.1　四个分子在容器中的分布情况

微观态		宏观态		微观状态数	概率
A	B	A	B		
a　b　c　d	0	4	0	1	$\dfrac{1}{16}$
a　b　c a　b　d a　c　d b　c　d	d c b a	3	1	4	$\dfrac{1}{4}$
a　b a　c a　d b　c b　d c　d	c　d b　d b　c a　d a　c a　b	2	2	6	$\dfrac{3}{8}$
d c b a	a　b　c a　b　d a　c　d b　c　d	1	3	4	$\dfrac{1}{4}$
0	a　b　c　d	0	4	1	$\dfrac{1}{16}$

　　从表 8.7.1 中可以看出，四个分子所处位置的分布情况有 $2^4=16$ 种，也就是有 16 个微观态。宏观上分子是不可区分的，只能指出 A 室和 B 室各有几个分子，而无法识别在 A 室（或 B 室）中的是哪几个分子。分子在 A、B 两室中的分子数确定的各种可能的分布状态称为宏观态。这样，四个分子在 A 室和 B 室的分布有 5 种宏观态。一种宏观态对应若干种微观态。不同的宏观态对应的微观态数不同；但每一个微观态出现的概率是相同的。四个分子经过热运动又自动全部回到 A 室的概率为 $\dfrac{1}{2^4}=\dfrac{1}{16}$。推广到气体分子总数为 N 的情况，原来在 A 室的 N 个分子在自由膨胀后，全部自动回到 A 室的概率为 $\dfrac{1}{2^N}$。由于热力学系统所包含的分子数巨大，如 1 mol 气体分子自由膨胀后，所有分子自动回到 A 室的概率为 $\dfrac{1}{2^{6\times10^{23}}}\approx10^{-2\times10^{23}}$，这个概率如此之小，实际上根本观察不到，因而可以说气体的自由膨胀是一个不可逆过程。

　　四个分子全部分布在 A 室的宏观态所对应的微观态只有一种，出现的概率最小。而四个分子均匀分布在 A、B 两室的宏观态所对应的微观态有 6 种，出现的概率最大。从以上的分析中可以得到这样一个结论：**在一个不受外界影响的孤立系统中发生的一切实际过**

程,总是由包含微观态数目少的宏观态向包含微观态数目多的宏观态转变。这就是热力学第二定律的统计意义。

8.7.2　熵与熵增原理

自发过程的不可逆性表明,孤立系统在任意的实际过程中,从某一初状态变化到另一终状态后,就再也不能回到初状态了。这反映了初状态和末状态存在着某种性质上的差别,正是这种差别,决定了过程进行的方向。为了描述热力学系统状态的这种性质,从而定量地说明自发过程进行的方向,我们引入了熵的概念,用 S 表示。

一个宏观态包含的微观态的数目称为该宏观态的热力学概率,用 W 表示。1877 年,玻耳兹曼对熵的概念给出了统计解释,指出系统处于某一宏观态的熵与该宏观态的热力学概率 W 的对数成正比,即

$$S = k \ln W \tag{8.7.1}$$

式(8.7.1)称为玻耳兹曼公式,式中 k 为玻耳兹曼常量。玻耳兹曼公式解释了熵的统计意义:热力学概率越大,即某一宏观态对应的微观态数目越多,分子内热运动的无序性越大,熵就越大,所以,**熵是系统微观粒子无序性的量度**。

假设一孤立系统经一自发过程,从热力学概率为 W_1 的宏观态变到热力学概率为 W_2 的宏观态,由于 $W_2 > W_1$,因此系统的熵增

$$\Delta S = S_2 - S_1 = k \ln W_2 - k \ln W_1 = k \ln \frac{W_2}{W_1} > 0$$

上式表明,孤立系统的一切自发过程,都是向熵增加的方向进行的,达到平衡态时,系统的熵最大。

如果孤立系统中进行的是可逆过程,则意味着过程的始末两个宏观态的热力学概率相等,即 $W_2 = W_1$,熵增

$$\Delta S = S_2 - S_1 = k \ln \frac{W_2}{W_1} = 0$$

由此得出结论:**孤立系统的熵永不会减少**,即 $\Delta S \geq 0$,式中的等号对应于可逆过程。这一结论称为**熵增原理**。它给出了热力学第二定律的数学表述,为判断过程进行的方向提供了可靠的依据。

必须指出,熵增原理仅适用于孤立系统,若系统不是孤立的,与外界有物质或能量交换,那么完全可以有系统熵减少的过程发生。

科学家简介

王 竹 溪

王竹溪(1911—1983 年),湖北省公安县人,物理学家、教育家、中国热力学统计物理研究开拓者。

王竹溪 1933 年毕业于清华大学物理系,1938 年获剑桥大学哲学博士学位,同年回国在昆明西南联合大学任清

华大学教授,1955 年当选为中国科学院院士。

王竹溪主要从事热力学、统计物理学、数学物理等方面的研究。在湍流尾流理论、吸附统计理论、超点阵统计理论、热力学平衡与稳定性等领域取得了多项重要成果,撰写了《热力学》《统计物理学导论》等我国第一批理论物理的优秀教材,为建立我国理论物理教学体系奠定了基础。他长期主编《物理学报》,主持审定中国物理学名词,为推动我国物理学的研究、传播和交流做出了重大贡献。

王竹溪前后在清华大学和北京大学物理系执教 40 余年,中国几代物理学家都听过他的讲课,杨振宁、李政道都师从过王竹溪,他培养的学生有数千人。他不仅是一位伟大的科学家,也是一位受人尊敬的良师益友。

延 伸 阅 读

从失败的永动机看科学探索的精神

永动机是一种不消耗能量或在仅有一个热源的条件下便能不断运动,且对外做功的理想设备。历史上有很多学术大家如达·芬奇、焦耳等,也有一些希望靠研究永动机获利的发明家进行永动机的探索,研究范围从第一类永动机、第二类永动机到第三类永动机,甚至到专利部门申请永动机方面的专利。中国科学院在《科学通报》的创刊号上就提出了永动机是不可行的,让相关研究人员不要将精力继续耗费在研究永动机上;在美国由于太多人申请永动机方面的专利,美国法院在 1990 年判定专利部门不再接受任何永动机方面的专利申请;法国科学院在 1775 年也出台过不接受审查永动机方向的专利。虽然永动机的设想没有实现,但科学家深入探索永动机的过程,使人们对热本质的认识不断深入,促进了热力学科的发展。

第一类永动机是历史上出现最早的永动机,最早可以追溯到公元 1200 年左右,由印度人巴斯卡拉提出,继而传遍了整个欧洲,其中最著名的是由一个叫亨内考的法国人提出来的,并且引起了他人的效仿,如图 Y8-1 所示。其原理为:一个圆轮上连接着若干根可以活动的杆,每根杆上都连接着一个球。在圆轮顺时针转动时,下行杆和球会远离中心,这时下行力矩变大;与此同时,上行的杆和球开始靠近中心,力矩逐渐减小,亨内考希望依靠这种原理使圆轮永远转动下去。此后达·芬奇也曾设计过类似的永动机,经过无数次失

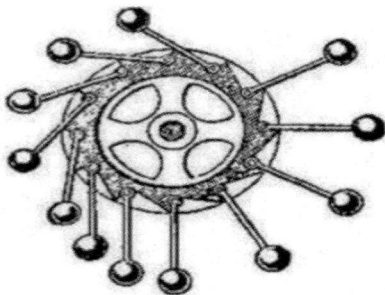

图 Y8-1　第一类永动机

败后，达·芬奇得出结论：永动机是不可能实现的。第一类永动机违反了能量守恒定律，虽然没有研究成功，但通过科学家包括一些研究永动机的发明家的研究，推动了热力学科的不断发展。

经过无数次第一类永动机研究的失败，尤其是在热力学第一定律提出后，人们不再进行第一类永动机的研究。于是一些发明家提出，既然能量不能凭空产生，是否能发明一种机械，它可以从外界吸收能量，然后用这些热量对外做功，驱动机械转动，这就是历史上有名的第二类永动机。1881 年美国人嘎姆吉首先设计出了第二类永动机的设计方案，企图利用海水将液氨汽化，从而给发动机提供挂力。因为液氨虽然被暂时汽化，但没有低温热源，液氨无法再重新液化进行循环过程，所以无法推动设备持续的运转。日后，在克劳修斯和开尔文对卡诺循环和热力学第一定律进行了研究并提出热力学第二定律之后，第二类永动机的构想基本上彻底破产。

热力学第一定律和第二定律已经否定了第一类永动机和第二类永动机的产生，也就是靠不使用能源就对外做功或者从外界吸收能源来对外做功是不可行的。此后，人们又将视野转向物质循环，在此背景下，科学家进行了生物圈 2 号实验。1990 年，美国人在沙漠中建造了 1 公顷的温室，然后参照地球的生物圈，分别在温室中加入空气、河流、树林、动物和人等各种要素，该温室称为生物圈 2 号。生物圈 2 号就是目前文献上提出的最多的第三类永动机。科学家希望生物圈 2 号里的各种要素在太阳的照射下能实现自循环。但这一类永动机违背了一个基本的物理学事实，就是物资不能完全回收。每个循环都会有垃圾产生，即参加循环的物质会越来越少，最后系统将无法循环而崩溃。通过深入分析发现，生物圈 2 号也是违反了热力学第二定律，只不过比较隐秘。热力学第二定律是熵增加原理，不仅是能量转化的方向，同样也可以说是物质转化的方向。物质总是从可用的变成不可用的，因此生物圈 2 号只能以失败告终。

综上所述，永动机的想法在人类历史上持续了近千年的时间，虽然现在仍有一些人还在研究永动机，但目前没有一例永动机成功的案例。永动机想法被驳倒，不仅有利于人们正确地认识科学，也有利于人们正确地认识世界。能量既不能凭空产生，也不能凭空消失，只能从一种形式转化为另一种形式，或者从一个物体转移到另一个物体。能量的转化和转移同样也是有方向的，就像热量可以自发地从热的物体转移到冷的物体，但不能自发地由冷的物体转移到热的物体。正是这些爱好者的设想与创造热情，促进了热力学科的发展。中国科学院院士、著名物理学家冯端就曾说过，除了要纪念发现热力学第一定律和第二定律的物理学家，还应该纪念研究过永动机的人们。

思 考 题

8.1 能否说系统含有多少热量，系统含有多少功。

8.2 为什么一般地说只有在准静态过程中，功才能用 $\int_{V_1}^{V_2} p\mathrm{d}V$ 来计算？

8.3 气体在平衡态时有何特征？气体的平衡态与力学中的平衡态有何不同？

8.4 有人说，因为在循环过程中，工质对外所作净功的值等于 p-V 图中闭合曲线包围的面积，所以闭合曲线包围的面积越大，循环的效率就越高。这种说法对吗？

8.5　如图 T8-1 所示，讨论在 adb 过程中 ΔE、ΔT、A、Q 的正负。其中 acb 是绝热过程，adb 在 p-V 图上是直线。

8.6　一定量的理想气体，其状态在 V-T 图是沿着一条从平衡态 a 改变到平衡态 b 的直线，如图 T8-2 所示，那么该过程是升压过程还是降压过程，是吸热过程还是放热过程。

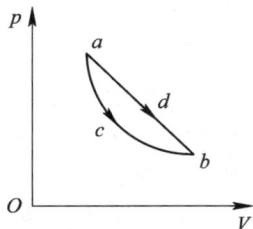

图 T8-1　思考题 8.5 图

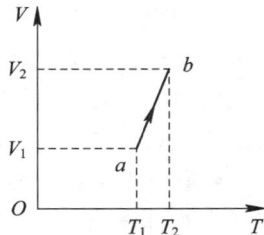

图 T8-2　思考题 8.6 图

练　习　题

8.1　如图 T8-3 所示，一系统由状态 a 沿 abc 到达 c，有 350 J 热量传入系统，而系统对外做功 126 J。

（1）经 adc，系统对外做功 42 J，系统吸热多少？

（2）当系统由状态 c 沿曲线 ca 回到状态 a 时，外界对系统做功为 84 J，系统是吸热还是放热，在这一过程中系统与外界之间传递的热量为多少？

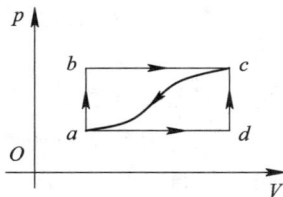

图 T8-3　练习题 8.1 图

8.2　1 mol 氧气由状态 1 变化到状态 2，所经历的过程如图 T8-4 所示，一次沿 $1 \rightarrow m \rightarrow 2$ 路径，另一次沿 $1 \rightarrow 2$ 直线路径。试求出这两个过程中系统吸收的热量 Q、对外界所做的功 A 以及内能的变化 $E_2 - E_1$。

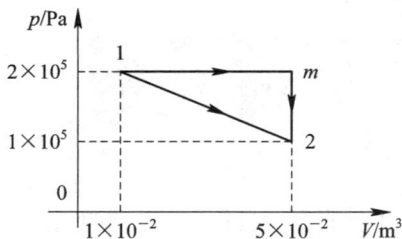

图 T8-4　练习题 8.2 图

8.3　2 mol 氢在压强为 1.013×10^5 Pa、温度为 20℃时的体积为 V_0，今使其经以下两种过程达到同一状态：① 保持体积不变，加热使其温度升高到 80℃，然后令其作等温膨胀,体积变为原体积的 2 倍;② 先使其作等温膨胀至原体积的 2 倍,然后保持体积不变,升温至 80℃。试分别计算以上两过程中吸收的热量、气体所做的功和内能增量。

8.4　0.01 m^3 的氮气在温度为 300 K 时,由 0.1 MPa 压缩到 10 MPa。试分别求氮气经等温及绝热压缩后的体积、温度及各过程对外所做的功。

8.5　1 mol 的理想气体经历如图 T8-5 所示的过程,ab 为直线,延长线通过原点 O。求 ab 过程气体对外做的功。

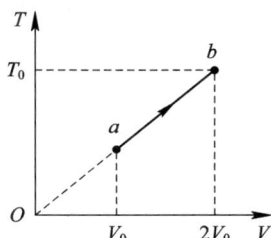

8.6　如图 T8-6 所示,1 mol 双原子分子理想气体由状态 $A(p_1,V_1)$ 沿 p-V 图所示的直线变化到状态 $B(p_2,V_2)$,试求:

(1) 气体内能的增量;

(2) 气体对外界所作的功;

(3) 气体吸收的热量;

(4) 此过程的摩尔热容。

图 T8-5　练习题 8.5 图

8.7　设有一以理想气体为工质的热机循环,如图 T8-7 所示。试证其循环效率为

$$\eta = 1 - \gamma \frac{\dfrac{V_1}{V_2} - 1}{\dfrac{p_1}{p_2} - 1}$$

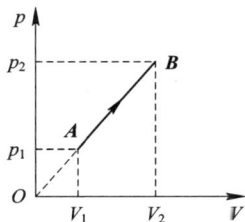

图 T8-6　练习题 8.6 图

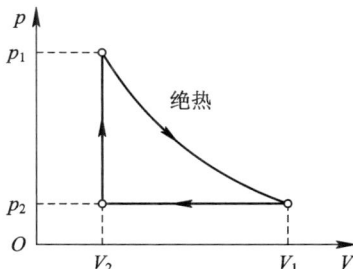

图 T8-7　练习题 8.7 图

8.8　图 T8-8 所示是一理想气体所经历的循环过程,其中 ab 和 cd 是等压过程,bc 和 da 为绝热过程,已知 b 点和 c 点的温度分别为 T_2 和 T_3。求此循环效率及此循环是否为卡诺循环。

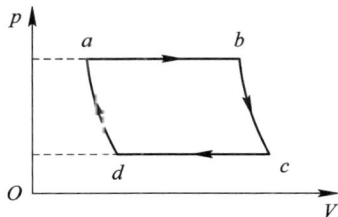

图 T8-8　练习题 8.8 图

8.9　一卡诺热机在 1000 K 和 300 K 的两热源之间工作,试计算:

(1) 热机效率;

(2) 若低温热源不变,要使热机效率提高到 80%,则高温热源温度需提高多少?

（3）若高温热源不变，要使热机效率提高到 80％，则低温热源温度需降低多少？

8.10　（1）用一卡诺循环的制冷机从 7℃ 的热源中提取 1000 J 的热量传向 27℃ 的热源，需要多少功？从 -173℃ 向 27℃ 呢？

（2）一可逆的卡诺机，作热机使用时，如果工作的两热源的温度差愈大，则对于做功就愈有利。当作制冷机使用时，如果两热源的温度差愈大，对于制冷是否也愈有利，为什么？

提 升 题

8.1　1 mol 范德瓦尔斯气体的状态方程为

$$\left(p+\frac{a}{v^2}\right)(v-b)=RT$$

其中，b 是体积的修正项，a 是压强的修正项。

（1）在临界温度以上，比较范氏气体和理想气体的等温线。

（2）在临界温度附近，范氏气体的等温线有什么特点？

提升题 8.1 参考答案

8.2　狄塞尔柴油机进行的循环如图 T8-9 近似表示。

（1）设工作物质为双原子理想气体，$a{\rightarrow}b$ 和 $c{\rightarrow}d$ 为绝热过程，$b{\rightarrow}c$ 是等压过程，$d{\rightarrow}a$ 为等容过程。绝热压缩比 $k_1=V_0/V_1=15$，绝热膨胀比 $k_2=V_0/V_2=5$，求循环效率和循环一周对外所作的功。

（2）讨论循环效率和循环一周对外所作的功分别与压缩比和膨胀比之间的关系。

提升题 8.2 参考答案

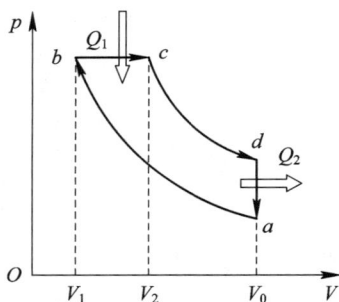

图 T8-9　提升题 8.2 图